# 雷达天线罩电磁理论与设计

## Radome Electromagnetic Theory and Design

[以]鲁文·沙维特(Reuven Shavit) 著

轩立新 译

国防工业出版社

·北京·

著作权合同登记　图字:01-2023-1584号

## 内容简介

本书分层次介绍了不同类型雷达天线罩的数值分析方法,包括多层夹层雷达天线罩、频率选择表面雷达天线罩、机载雷达天线罩、桁架雷达天线罩等典型雷达天线罩。本书主要内容包括:夹层结构雷达天线罩的分析和传输线理论的类比;基于Floquet模式和表面电流分布的任意频率选择单元求解方法;机载雷达天线罩的数值分析方法;不同材料无限大圆柱体散射特性的计算方法;桁架雷达天线罩散射参数的计算方法;雷达天线罩电磁参数的试验测量方法。

本书可供从事雷达天线罩研究的相关工程人员参考,也可供研究生学习使用。

**图书在版编目(CIP)数据**

雷达天线罩电磁理论与设计/(以)鲁文·沙维特(Reuven Shavit)著;轩立新译.—北京:国防工业出版社,2023.9

书名原文:Radome Electromagnetic Theory and Design

ISBN 978-7-118-13012-6

Ⅰ.①雷… Ⅱ.①鲁… ②轩… Ⅲ.①雷达-天线罩-研究 Ⅳ.①TN957.2

中国国家版本馆CIP数据核字(2023)第132308号

Title:Radome Electromagnetic Theory and Design by Reuven Shavit
ISBN:978-1-119-41079-9


※

国防工业出版社出版发行
(北京市海淀区紫竹院南路23号　邮政编码100048)
北京龙世杰印刷有限公司印刷
新华书店经售

*

**开本** 710×1000　1/16　印张 14¾　**字数** 270千字
2023年9月第1版第1次印刷　**印数** 1—2000册　**定价** 98.00元

(本书如有印装错误,我社负责调换)

国防书店:(010)88540777　书店传真:(010)88540776
发行业务:(010)88540717　发行传真:(010)88540762

# 译 者 序

雷达天线罩是集电磁波透明性与结构防护性于一体的结构/功能部件，保证雷达天线及通信系统等在各种复杂环境下正常工作。雷达天线罩作为综合航空电子系统和飞机机体的重要组成部分，与有源相控阵雷达、先进电子战系统、卫星通信系统、数据链系统等一起，成为了隐身、探测、跟踪、攻击目标以及全方位战场态势感知和协同作战的关键装备，为新一代战斗机超视距作战、隐身以及先敌发现、先敌摧毁能力的实现发挥着至关重要的作用。高性能雷达天线罩已经成为飞机、导弹、舰船、卫星、车辆、地面雷达等装备不可或缺的组成部分。雷达天线罩的结构形状因雷达天线所处的工作环境不同而异，其分析和设计难度也有很大差异。现代武器装备的雷达天线罩必须满足电性能、隐身性能、气动性能、结构及接口、力学性能等要求，还要满足可靠性、维修性、保障性、测试性、安全性和环境适应性等要求，是一项涉及电磁学、结构力学、空气动力学、传热学、材料学、工艺学等多学科领域的综合技术。

航空工业济南特种结构研究所是中国飞机和各类飞行器雷达天线罩专业化研究所，自成立以来承担了国家绝大多数军机雷达天线罩的研制工作，相关研究处于国内领先水平。为持续跟踪国际最先进雷达天线罩设计技术的发展动态，特种所组织开展了《雷达天线罩电磁理论与设计》图书的翻译工作。本书在雷达天线罩的电磁设计理论和模型方面结合应用背景进行了详细的阐述，并介绍了采用频率选择表面(FSS)技术的隐身雷达天线罩的设计和分析方法，对雷达天线罩的研制具有重要的指导意义。

本书翻译组成员长期从事雷达天线罩设计的相关研究工作，具有深厚的专业基础。本书由轩立新研究员牵头翻译，门薇薇研究员牵头审校，参与本书翻译的有庞晓宇、赵生辉、刘萌、李梦媛、傅艺祥、苏雨柔、侯敏敏等。本书的翻译还得到了航空工业济南特种结构研究所多位专家的支持和帮助。同时，感谢国防工业出版社的编辑为本书的出版付出大量心血。

限于译者的能力水平，本书的翻译难免存在未尽和疏漏之处，敬请广大专家、读者批评指正。

译者

2023 年 5 月

# 前　　言

30 年前,我从以色列的单位离职之后开始在美国太空电子系统公司(ESSCO)工作,那是我第一次接触到大型雷达天线罩设计的研究。我发现这个研究方向非常有趣,特别是它几乎包含了所有电磁学(Electromagnetics,EM)的分析理论和数值分析方法,如散射理论、阵列理论、积分方程和微分方程的数值分析方法、电路模型分析方法和试验方法(近场和远场试验)。更让我感到惊讶的是,这样一个应用电磁学领域的小众研究方向竟然涉及电磁学领域如此众多的学科知识。在 ESSCO 工作期间,我有幸认识了公司的 CEO 兼创始人 Al Cohen,他成功地让我对这个研究方向产生了巨大的热情。还有伊利诺伊大学厄巴纳 - 香槟分校的 R. Mittra 教授,从他那里我学到了很多关于计算电磁学方面的知识,Mittra 教授当时在 ESSCO 担任公司的顾问,并与他的学生一起开发了许多计算机程序代码。我还要提到我在 ESSCO 的同事, A. Smolski、C. Cook、E. Ngai、T. Wells、J. Sangiolo、T. Monk、A. Mantz、M. Naor 和 Y. Hozev,在与他们无数次的交流探讨中碰撞出了许多思维的火花,让我开阔了视野、丰富了知识。

我花了很长时间才得出这个结论,即出版这样一本书是非常有必要的。多年来,已经出版了一些关于雷达天线罩的书籍,但其中大多数是针对雷达天线罩设计工程师的工程类书籍。目前,雷达天线罩设计所需的主要理论和数值分析工具等内容分散在许多学术论文中,本书将这些内容进行了汇编,旨在为该领域工作的研究生和电磁设计工程师提供参考读物,他们除了使用商业电磁软件(如 CST 和 HFSS)进行模拟仿真,还可能对该研究方向的理论分析和数值分析方面的内容感兴趣,书中也给出了翔实的理论计算过程,读者可以据此编写自己的程序来验证设计思路或测试新的数值算法。

Reuven Shavit

2017 年 9 月

# 致　　谢

我要感谢 ESSCO 公司(现在是 L3 通信公司的子公司)的 Al Cohen,他向我介绍了这个研究课题;感谢我的主管领导 Joe Sangello,在 ESSCO 工作期间他给予了我全力的支持和鼓励;还要感谢 ESSCO 的顾问 R. Mittra 教授,从他那里我学到了很多计算电磁学的知识。

# 目　　录

# 第1章 导论

雷达天线罩(radome)一词是由“雷达”(radar)和“圆顶”(dome)的英文单词组合而成的,它是一种结构性的防风雨外壳,用于保护内部的雷达或通信天线。雷达天线罩可以对封闭式天线发射/接收的电磁能量完全透明,从这个意义上来说,其功能类似于光学中的玻璃窗对光的作用。雷达天线罩可以保护天线不受天气影响,与玻璃窗相比,它还可以将天线的电子设备隐藏起来,不被外面的观察者发现。使用雷达天线罩时还会有额外的好处,首先可以使用低功率的天线旋转系统和更简单的机械系统;其次是使用成本可以大大降低,因为内部的天线不会暴露在外面的恶劣天气中。雷达天线罩可以根据特定的应用场景,使用不同的材料(如玻璃纤维、石英、聚四氟乙烯(polytetrafluoroethylene, PTFE)涂层织物、闭孔泡沫、蜂窝)制造成多种形状(球形、穹顶形、平面形等)。雷达天线罩最终会被组装在飞机、船舶、汽车和固定的地面设施上。对于像飞机这样的高速移动平台,还要考虑与机体的流线型外形共形,以减少阻力。

制造雷达天线罩的材料通常可以防止冰和冻雨(雪)直接积聚在其外表面,以避免通信线路产生额外的损耗。对于机械旋转式雷达的碟形天线,雷达天线罩还可以保护天线不受雨雪和风引起的旋转问题的影响。对于固定位置的天线,雷达天线罩表面积聚过多的冰会使天线阻抗匹配失调,造成额外的损耗和内部反射,这些反射信号可能会反射回发射器并造成系统过热。一个设计良好的雷达天线罩可以防止此类情况的发生,它使用坚固的抗风化材料(如聚四氟乙烯)覆盖暴露在外面的部分,其可以保护天线免遭外部环境的影响。玻璃纤维作为结构材料发展的主要推动力之一,是第二次世界大战期间制造雷达天线罩的主要材料。有时,雷达天线罩可能通过内部加热的方式融化其外表面积聚的冰雪。地面雷达天线罩最常见的形状是球形,因为这样的外形具有旋转对称性。如第6章所述,大型地面雷达天线罩通常由夹层结构制成,通过接缝或横梁相互连接,不过这可能会影响内部天线的辐射方向图。小型或中型雷达天线罩通常由一个模压件制成,如第4章所述,在这种情况下,在设计中只需考虑雷达天线罩造成的传输损耗和瞄准误差问题。

空气阻力在雷达天线罩表面引起的静电会带来严重的电击危险。可以使用较薄的抗静电涂层来中和静电，为附着的结构提供一个导电路径。飞机遭受雷击是很常见的，使用金属分流条可以尽量减少雷击对雷达天线罩的结构损坏。但同时分流条会导致副瓣电平的增加，此类结构的影响可以用第 5 章中介绍的计算工具来评估。

冷战期间，美国空军航空防御司令部在美国（包括阿拉斯加）运营和维护着几十个防空雷达站。这些地面站使用的雷达大多数都由刚性或充气式雷达天线罩保护。这些雷达天线罩通常有 15m 以上的直径，被连接到标准化的雷达塔楼上，塔楼上有雷达发射器、接收器和天线。其中，一些雷达天线罩非常大。CW－620 是一个刚性的空间桁架雷达天线罩，最大直径为 46m，高度为 26m，该雷达天线罩由 590 块面板组成，可承受高达 240km/h 的风速。雷达天线罩总质量为 92700kg，表面积为 $3680\mathrm{m}^2$。CW－620 雷达天线罩是由斯佩里－兰德公司为北美航空公司哥伦布分部设计和建造的。这种雷达天线罩最初用于俄勒冈州贝克空军基地的 FPS－35 搜索雷达。图 1－1 和图 1－2 所示为两个典型的机载雷达天线罩。它们都是圆顶形的，但轮廓不同。

图 1－1　Tejas 飞机（印度）雷达天线罩

图1-2　诺顿B787梦幻客机雷达天线罩

对于海上卫星通信服务，在船舶经历俯仰、侧倾和偏航运动时，雷达天线罩被广泛用于保护持续跟踪卫星的碟形天线。大型邮轮和油轮可能有超过3m长的雷达天线罩来保护用于电视、语音、数据和互联网的宽带传输天线。最近的研究也发展出了一些小型化的卫星天线，如ASTRA2链接海上宽带系统中使用的85cm机动天线。小型游艇可以使用直径小至26cm的雷达天线罩进行语音和低速数据的传输/接收。

## 1.1　雷达天线罩的发展历程

第一个雷达天线罩于1940年出现在美国，第二次世界大战期间雷达开始安装在飞机上，同时为了减少飞机高速飞行时受到的阻力，在设计雷达天线罩时还需要考虑空气动力学。第一个报道的机载雷达天线罩采用了简单的薄壁结构设计。1941年，第一个进行飞行试验的雷达天线罩是用有机玻璃制作的半球形机载雷达天线罩[1-2]。它保护了一架B-18A飞机上西部电气公司所生产的实验性S波段雷达。从1943年开始，生产的机载雷达使用胶合板雷达天线罩[1]。

在这一时期，胶合板雷达天线罩也出现在海军鱼雷快艇和飞艇上，以及地面装备中。由于胶合板有吸湿的问题，而且难以弯曲加工成双曲线形状，所以开始出现一些新的雷达天线罩制造技术和材料。1944年，麻省理工学院辐射实验室开发了三层的A型夹层结构，它由高密度的蒙皮和低密度的芯层材料组成。蒙皮由玻璃纤维制成，芯层由聚苯乙烯制成。第二次世界大战以后，雷达天线罩材料在陶瓷、石英、玻璃纤维、蜂窝和泡沫材料等领域得到了快速发展。如今,大多数飞机雷达天线罩都采用了夹层结构设计。图1-3给出了几个安装在舰船上的典型雷达天线罩。

图1-3　安装在舰船上的典型雷达天线罩

许多学者发表了关于雷达天线罩的演变、设计和制造的文献。Cady等[3]介绍了普通和流线型雷达天线罩的电磁设计及制造方法,以及电磁波通过介质材料的反射和传输理论,其研究重点是机载雷达天线罩;Hansen[4]描述了大型地面雷达天线罩及其环境、结构和设计问题;Walton[5]介绍了一种新型的机载雷达天线罩;Skolnik[6]和Volakis[7]从理论上给出了夹层结构的电磁特性以及机载和地面雷达天线罩的典型要求。描述雷达天线罩理论和设计规则的章节也可以在参考文献[8-10]等资料中找到。

决定雷达天线罩性能的主要电磁参数有:

(1) 由于雷达天线罩的存在导致的插入损耗(insertion loss,IL)。

(2) 天线辐射方向图的副瓣电平抬高。

(3) 交叉极化的增大。

(4) 瞄准误差(boresight error,BSE)和瞄准误差变化率(boresight error slope,BSES)。

插入损耗是指电磁波通过雷达天线罩壁传播时信号强度的损耗。部分损耗是由于空气/电介质界面的反射造成的,部分损耗是由内部和外部的衍射、折射效应和极化转换引起的,其余的是由于电介质层内的耗散造成的。这些参数在多层雷达天线罩中的计算,包括频率选择表面(frequency selective surfaces,FSS)的分析,将在第2章和第3章中介绍。

来自雷达天线罩的反射和散射也会导致天线方向图主瓣形状的改变,并增加辐射方向图的副瓣电平。第5章描述了空间结构雷达天线罩中单波束的散射机制,第6章描述了天线前向所有波束阵列的总影响。

交叉极化是指能量从天线主极化转换到正交极化。这种现象是由雷达天线罩壁的曲率和正交极化矢量之间复杂传输系数的差异导致的。交叉极化是需要考虑的问题,特别是对于利用正交极化的频率复用的卫星通信(satellite communication,SATCOM)地面终端。在这类应用中,两个独立的信号在同一频率信道内传输或接收,但其极化方向是正交的。第4章和第6章将讨论这一主题。

瞄准误差是由电磁波在通过雷达天线罩壁传播时产生的波前扭曲引起的,它会使接收信号的到达角度相对于其实际到达角度发生弯曲。对于单脉冲天线来说,瞄准误差是雷达天线罩在差分模式的方向图中最小值方向上引起的偏移,或者是通过比较一对天线的相位而得到的偏移。瞄准误差变化率为瞄准误差相对于雷达天线罩和天线轴之间角度的变化率。雷达天线罩的瞄准误差变化率可能会导致现代制导系统以及部分传统导航系统的严重误差,这个主题将在第4章中讨论。

## 1.2　雷达天线罩的分类

现在我们将介绍并简要讨论雷达天线罩的一些基本形式,以便熟悉本书其余部分讨论的雷达天线罩类型。

### 1.2.1　实芯结构

实芯结构雷达天线罩是由双曲面的实芯玻璃纤维板制成的,其中小型雷达天线罩(直径小于1m)是由一块板制成的,若尺寸较大,则由整齐的垂直排列和水平排列的板组成。图1-4给出了一个典型的实芯结构雷达天线罩。

图1-4　马萨诸塞州康科德的L-3通信-ESSCO公司的实芯层压式雷达天线罩

当壁厚调整为窄带模式工作时,该雷达天线罩在3GHz以下或更高频率下表现出优异的性能。

### 1.2.2 充气式结构

充气式雷达天线罩实际上是一个由坚固的织物制成的截顶球形气球,通过充气加压保持其形状。就电磁性能而言,其从低频到高频的宽带高透射特性优于其他类型的雷达天线罩。它的缺点在于当加压系统受到电力故障的影响时,整个雷达天线罩可能会倒塌在内部天线上。这一缺点可以通过不间断电源(uninterruptible power supply,UPS)系统对主电源进行备份而得到解决。而且充气式雷达天线罩不能承受极端的环境条件,如大风、暴风雪。一个典型的充气式雷达天线罩如图1-5所示。

图1-5　一个典型的充气式雷达天线罩

### 1.2.3 夹层结构

夹层结构雷达天线罩是一种多层结构的双曲面雷达天线罩,对于小尺寸的雷达天线罩来说,它可以一体化成型制作;对于大尺寸的雷达天线罩来说,它可以采用网格状多面板的形式,用螺栓将多边形面板连接起来形成。雷达天线罩外壳是由高强度的复合材料制成的,以获得较好的一致性和强度。玻璃纤维表面完全包围了每个面板,使面板不受恶劣天气的影响。夹层结构雷达天线罩在相对较窄的频段或多个离散频率上都表现出非常好的性能。图1-6给出了一个典型的地面多面板夹层结构雷达天线罩。

图1-6 马萨诸塞州康科德的L-3通信-ESSCO公司的多面板夹层结构雷达天线罩

### 1.2.4 金属空间桁架结构

金属空间桁架(metal space frame,MSF)雷达天线罩是由在空间中准随机定向的三角形桁架组成的,并用螺栓连接起来,形成一个网格状球顶。桁架通常由金属铝挤压而成。由低介电常数和低损耗材料制成的薄膜被黏合在桁架上。为了避免雨雪积聚,将基于PTFE制作的薄层黏合在薄膜上。一个典型的MSF雷达天线罩如图1-7所示。

图1-7 马萨诸塞州康科德的L-3通信-ESSCO公司的金属空间框架雷达天线罩

MSF 雷达天线罩的工作频率为 1 ~20GHz,插入损耗低于 0.6dB。

### 1.2.5 介质空间桁架结构

介质空间桁架(dielectric space frame,DSF)雷达天线罩由规则形状和准随机形状的介质板组成。它在结构上与 MSF 相似,不同的是它的梁是由玻璃纤维而不是金属制成的。DSF 面板可以是平坦的,也可以是曲面的,一般是网络状或球形的故而具有光滑的外观。这种类型的雷达天线罩将 MSF 的工作频段扩展到小于 1GHz 的更低频率。对于 1GHz 以上的频率,DSF 的插入损耗会出现振荡和增加的趋势,这使得 MSF 雷达天线罩成为更合适的选择。图 1 - 8 给出了佛罗里达州 AFC 一个典型的 DSF 雷达天线罩。

图 1 - 8 佛罗里达州奥卡拉市 AFC 的介质空间桁架雷达天线罩

## 1.3 全书架构

本书共分为 7 章。第 2 章对多层夹层结构雷达天线罩的分析和传输线理论进行了类比分析。这种类比能够有效地分析和使用传输线理论中开发的所有工具,如匹配技术、史密斯圆图、散射矩阵等。第 2 章还介绍了各种类型的夹层雷达天线罩,如 A 型夹层、B 型夹层和 C 型夹层,并提供了设计数据和图表。

第 3 章阐述了使用 Floquet 模式和 FSS 单元表面电流分布的数值解分析任意结构类型的 FSS 单元的方法。第 3 章还给出了不同类型的 FSS 单元的传输系数和反射系数随频率、入射角和极化方向变化的仿真结果，如方形贴片、圆形贴片、交叉偶极子、耶路撒冷十字、双方形环等。同时，还给出了不同类型的 FSS 单元结构的优缺点。此外，还介绍了多层 FSS 结构的散射分析技术，以及基于超材料技术的雷达天线罩，它有较窄的通带带宽，允许内部的天线传输和接收信号，并在通带之上有一个宽带吸波带，具有较好的吸波性能。

第 4 章介绍了多种机载雷达天线罩的分析技术，这些雷达天线罩具有共形的形状，如卵形和锥形。对于封闭式共形雷达天线罩中的相对大孔径天线，基于射线追踪法与物理光学法相结合来确定封闭在雷达天线罩中天线的辐射方向图。射线追踪法在雷达天线罩的尖端和不连续的地方计算并不准确。在这些情况下，对于封闭在共形雷达天线罩中的小天线，要推导出积分方程（表面或体积），并用矩量法进行数值求解，有限元法（finite element method，FEM）是另一种积分方程的数值解法。

第 5 章介绍了计算具有任意截面的无限大圆柱体散射特性的方法，这些圆柱体由导体以及电介质材料和导电金属条的复合混合物制成。这些分析对于评估地基空间桁架雷达天线罩中的天线辐射方向图至关重要。可以通过求解积分方程（体积或表面）或微分方程来分析散射特性。积分方程可以通过矩量法进行数值求解，而微分方程可以通过 FEM 进行数值求解。表面积分方程可以高效地进行数值求解，但仅限于均匀介质圆柱体和导电圆柱体的分析。另外，体积分方程可以分析非均匀介质的圆柱体，但所需的计算量较大。

第 6 章介绍了地面空间桁架雷达天线罩的散射参数的计算方法，散射参数随单一梁和天线前向波束阵列因子的散射特性变化。第 6 章还介绍了在设计方面需要考虑的对天线的最小光学阻挡、单一梁的散射量（已调谐或未调谐）和梁形状的随机性方面的权衡。

第 7 章介绍了几种测量夹层结构雷达天线罩电参数（插入损耗和反射）的方法，以及使用近场和远场技术测量任意截面的电介质（已调谐和未调谐）与导电圆柱体的散射参数（正向散射和散射辐射方向图）的方法。

## 参考文献

1 Baxter, JP. Scientists against time. Boston: Little Brown and Company, 1952.

2 Tice, TE. Techniques for Airborne radome design. Air Force

Avionics Laboratory, Wright Patterson AFB, Ohio, 1966.

3 Cady, W, Karelitz, M, and Turner, L. Radar scanners and radomes. New York: McGraw-Hill, 1948.

4 Hansen, RC. Microwave scanning antennas. New York: Academic Press, 1964.

5 Walton, JD. Radome engineering handbook. New York: Marcel DeKker, 1976.

6 Skolnik, M. Radar handbook. New York: Wiley, 1990.

7 Volakis, JL. Antenna engineering handbook. New York: McGraw-Hill, 2007.

8 Lo, YT, and Lee, SW. Antenna handbook: theory, applications, and design. New York: Van Nostrand Reinhold, 1988.

9 Rudge, AW, Milne, K, Olver, AD, and Knight, P. The handbook of antenna design. London: Peter Peregrinus, 1986.

10 Kozakoff, DJ. Analysis of radome-enclosed antennas. Boston: Artech House, 1997.

# 第2章 夹层结构雷达天线罩

雷达天线罩被用作电磁窗口，一般由多层结构制成，通常称为夹层结构雷达天线罩。一般，它们的几何形状是共形的，旨在保护内部的天线免受环境的危害，并对通过它们传输或接收的电磁能量保持透明。雷达天线罩的形状需要综合考虑多方面的因素来决定，包括机械应力学、热学、空气动力学、环境和电磁学因素。然而，如果雷达天线罩的曲率相对于波长足够大，那么天线辐射场和雷达天线罩表面之间的相互作用问题，在局部上可以视为任意极化和斜入射电磁波照射在无限大 $x-y$ 平面内，而在 $z$ 方向上是有限大的平面多层结构。

2.1 节阐述多层夹层天线罩的分析及传输线模型之间的类比。这种类比是很重要的，因为它使我们能够将所有开发的工具和传输线分析的概念用于夹层雷达天线罩的设计中。在 2.2 节中，将此分析方法扩展到多层结构，在 2.3 ~ 2.6 节中，分析的重点将聚焦于单层结构、A 型夹层、B 型夹层和 C 型夹层等特殊结构。

## 2.1 传输线类比

入射平面波相对于 $z$ 轴的传播方向为 $\theta$，其传播常数为 $(k_x,k_y,k_z)$，如图 2-1所示。首先将沿 $z$ 轴传播的场分解为纵向分量($\boldsymbol{e}_z(x,y)\mathrm{e}^{-\mathrm{j}k_z z}$,$\boldsymbol{h}_z(x,y)\mathrm{e}^{-\mathrm{j}k_z z}$)和横向分量($\boldsymbol{e}_t(x,y)\mathrm{e}^{-\mathrm{j}k_z z}$,$\boldsymbol{h}_t(x,y)\mathrm{e}^{-\mathrm{j}k_z z}$)，它们在介电常数 $\varepsilon=\varepsilon_0\varepsilon_\mathrm{r}$ 和磁导率 $\mu=\mu_0\mu_\mathrm{r}$ 的介质里传播。

$$\begin{cases}\boldsymbol{E}(x,y,z)=(\boldsymbol{e}_t(x,y)+\boldsymbol{e}_z(x,y)\hat{z})\mathrm{e}^{-\mathrm{j}k_z z}\\ \boldsymbol{H}(x,y,z)=(\boldsymbol{h}_t(x,y)+\boldsymbol{h}_z(x,y)\hat{z})\mathrm{e}^{-\mathrm{j}k_z z}\end{cases} \tag{2-1}$$

$z$ 方向传播常数由 $k_z=\sqrt{k_0^2\varepsilon_\mathrm{r}\mu_\mathrm{r}-k_x^2-k_y^2}$ 给出。将式(2-1)代入麦克斯韦方程组第一个方程的时谐因子$\{\mathrm{e}^{\mathrm{j}\omega t}\}$中，即

$$\nabla\times\boldsymbol{E}=-\mathrm{j}\omega\mu\boldsymbol{H} \tag{2-2}$$

定义算子$\nabla = \nabla_t - \mathrm{j}k_z\hat{z}$,其中$\nabla_t = \frac{\partial}{\partial x}\hat{\boldsymbol{x}} + \frac{\partial}{\partial y}\hat{\boldsymbol{y}}$,得到两个方程式

$$\begin{cases}\nabla_t \times \boldsymbol{e}_t = -\mathrm{j}\omega\mu h_z\hat{z} \\ \hat{z} \times (\nabla_t e_z - \mathrm{j}k_z\boldsymbol{e}_t) = \mathrm{j}\omega\mu\boldsymbol{h}_t\end{cases} \tag{2-3}$$

以类似的方式,从第二个麦克斯韦方程得到

$$\nabla \times \boldsymbol{H} = \mathrm{j}\omega\varepsilon\boldsymbol{E} \tag{2-4}$$

以及

$$\begin{cases}\nabla_t \times \boldsymbol{h}_t = \mathrm{j}\omega\varepsilon e_z\hat{z} \\ \hat{z} \times (\nabla_t h_z - \mathrm{j}k_z\boldsymbol{h}_t) = \mathrm{j}\omega\varepsilon\boldsymbol{e}_t\end{cases} \tag{2-5}$$

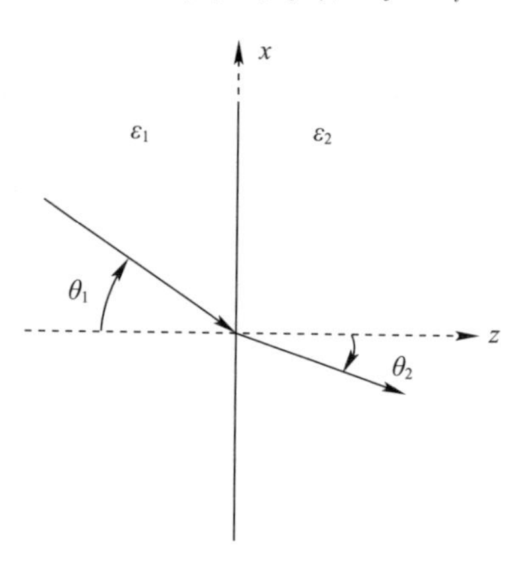


图2-1 入射平面波的示意图

观察式(2-3)和式(2-5)可发现,在横电波(TE)$e_z=0$和横向磁(TM)$h_z=0$情况下,横向电场和磁场的比率是常数。这个比率称为介质特性阻抗,分别为$\eta^{\mathrm{TE}}$和$\eta^{\mathrm{TM}}$,即

$$\begin{cases}\eta^{\mathrm{TE}} = \dfrac{|\boldsymbol{e}_t|}{|\boldsymbol{h}_t|} = \dfrac{\omega\mu}{k_z}, \text{TE 情况下} \\ \eta^{\mathrm{TM}} = \dfrac{|\boldsymbol{e}_t|}{|\boldsymbol{h}_t|} = \dfrac{k_z}{\omega\varepsilon}, \text{TM 情况下}\end{cases} \tag{2-6}$$

因此,平面波通过平面介质层的传播类似于通过传输线的传播,其特征阻抗由式(2-6)给出,由极化状态、传播常数$k_z$、电压波$\boldsymbol{e}_t$和电流波$\boldsymbol{h}_t$决定。这个类比使我们能够使用所有为传输线理论开发的工具,如匹配技术和史密斯圆图分析来优化雷达天线罩的性能。一旦使用传输线理论进行优化,就可以使用式(2-3)和式(2-5)来分析电磁场分布。

## 2.2 多层结构分析

图 2 -2 给出了一个 $m$ 层夹层雷达天线罩的模型。在多层雷达天线罩的问题中,假设电磁波入射、出射多层结构的介质都是自由空间;因此,为了方便起见,定义第 $i$ 层结构归一化到自由空间(入射、出射层)的特征阻抗:$\bar{\eta}_i^{\mathrm{TE}}$ 表示 TE 极化特征阻抗,$\bar{\eta}_i^{\mathrm{TM}}$ 表示 TM 极化特征阻抗。由此可得[1]

$$\begin{cases} \bar{\eta}_i^{\mathrm{TE}} = \dfrac{\mu_{\mathrm{r}i}k_{z0}}{k_{zi}} = \dfrac{\bar{\eta}_i\cos\theta_0}{\cos\theta_i}, \text{情况为 TE} \\[2ex] \bar{\eta}_i^{\mathrm{TM}} = \dfrac{k_{zi}}{\mu_{\mathrm{r}i}k_{z0}} = \dfrac{\bar{\eta}_i\cos\theta_i}{\cos\theta_0}, \text{情况为 TM} \end{cases} \tag{2-7}$$

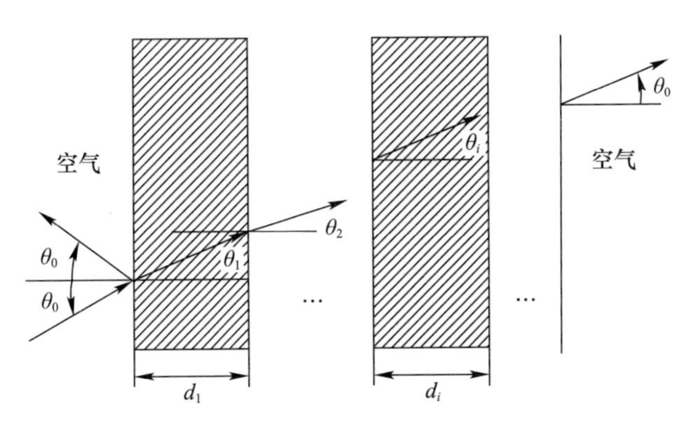

图 2 -2　多层夹层雷达天线罩的示意图

式中:$k_{zi} = k_0\sqrt{\varepsilon_{\mathrm{r}i}\mu_{\mathrm{r}i}}\cos\theta_i$;$k_{z0} = k_0\cos\theta_0$;$\bar{\eta}_i = \sqrt{\dfrac{\mu_{\mathrm{r}i}}{\varepsilon_{\mathrm{r}i}}}$。表示多层结构的等效传输线电路如图 2 -3 所示。

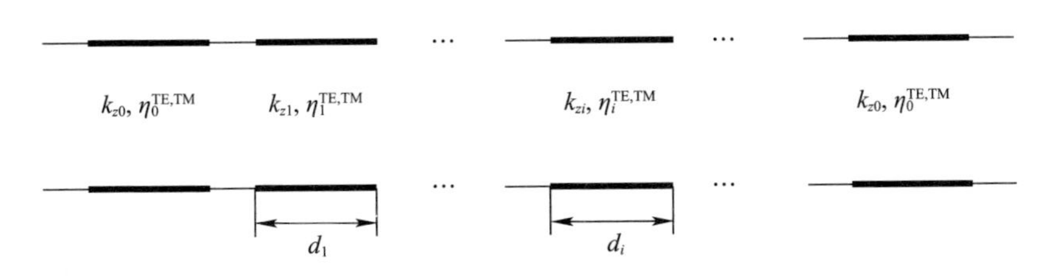

图 2 -3　多层结构的等效传输线电路

描述单层结构的 $ABCD$ 矩阵为[1]

$$\begin{bmatrix} A & B \\ C & D \end{bmatrix}\Bigg|_i = \begin{bmatrix} \cos\xi_i & \mathrm{j}\,\bar{\eta}_i^{\mathrm{TM,TE}}\sin\xi_i \\ \mathrm{j}\dfrac{1}{\bar{\eta}_i^{\mathrm{TM,TE}}}\sin\xi_i & \cos\xi_i \end{bmatrix} \tag{2-8}$$

和

$$\begin{cases} \xi_i = k_{zi}d_i = \dfrac{2\pi d_i\sqrt{n_i^2 - \sin^2\theta_0}}{\lambda_0} \\ \sin\theta_0 = n_1\sin\theta_1 = \cdots = n_m\sin\theta_m \end{cases} \tag{2-9}$$

式中：$n_i = \sqrt{\varepsilon_{\mathrm{r}i}\mu_{\mathrm{r}i}}$，$\varepsilon_{\mathrm{r}i} = \varepsilon_{\mathrm{r}i}' - \mathrm{j}\varepsilon_{\mathrm{r}i}''$，$\mu_{\mathrm{r}i} = \mu_{\mathrm{r}i}' - \mathrm{j}\mu_{\mathrm{r}i}''$，并且 $\theta_0$ 是自由空间平面波的入射和出射角。将式(2-9)代入式(2-7)中可得

$$\bar{\eta}_i^{\mathrm{TE}} = \frac{\bar{\eta}_i\cos\theta_0}{\sqrt{1 - \dfrac{\sin^2\theta_0}{n_i^2}}};\quad \bar{\eta}_i^{\mathrm{TM}} = \frac{\bar{\eta}_i}{\cos\theta_0}\sqrt{1 - \frac{\sin^2\theta_0}{n_i^2}} \tag{2-10}$$

此外，第 $i$ 层和第 $i+1$ 层边界处的横向电磁场分量通过文献[1]中所讲进行关联

$$\begin{bmatrix} E_t^i \\ H_t^i \end{bmatrix} = \begin{bmatrix} \cos\xi_i & \mathrm{j}\bar{\eta}_i^{\mathrm{TM,TE}}\sin\xi_i \\ \mathrm{j}\dfrac{1}{\bar{\eta}_i^{\mathrm{TM,TE}}}\sin\xi_i & \cos\xi_i \end{bmatrix}\begin{bmatrix} E_t^{i+1} \\ H_t^{i+1} \end{bmatrix} \tag{2-11}$$

并且，入射和出射边界的法向分量之间的关系为

$$E_z^1 = E_z^m \to \boldsymbol{E}^i = E_t^i\hat{\boldsymbol{t}} + E_z^i\hat{\boldsymbol{z}} \tag{2-12}$$

将所有层的 $ABCD$ 矩阵级联起来，得到多层结构的总 $ABCD$ 矩阵，它是所有 $m$ 层矩阵的乘积，即

$$\begin{bmatrix} A & B \\ C & D \end{bmatrix} = [1][2][3]\cdots[m] \quad \text{层} \tag{2-13}$$

一旦知道了多层结构的矩阵，横向电场和磁场的传输系数 $T$ 和反射系数 $R$ 就可以用如下形式来表示[1]：

$$T = \frac{2}{A+B+C+D};\quad R = \frac{A+B-C-D}{A+B+C+D} \tag{2-14}$$

在许多情况下，具有圆形截面（半径 $a$）和间距 $d$ 的平行 PEC 线栅[1]被用作

中间层,以匹配和优化多层雷达天线罩的性能。这种层也可以用 *ABCD* 矩阵来表示[1],并且与相对于轴线的电场极化方向有关。图2-4所示为一平行极化的电场垂直入射到 PEC 线栅屏的等效电路。

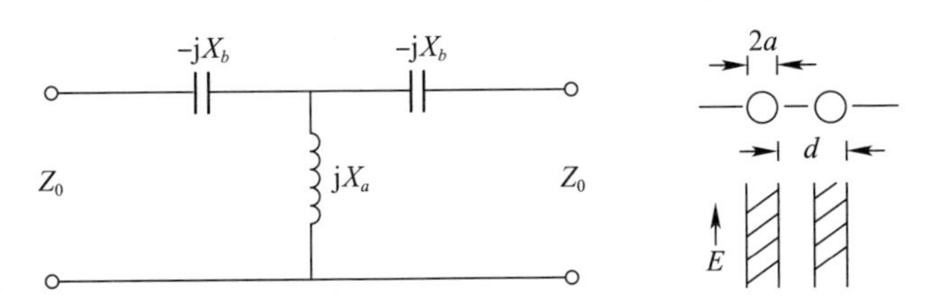


图2-4　平行极化波照射的周期性 PEC 线栅结构的示意图及其电路模型

这种平行极化的线栅结构的 *ABCD* 矩阵由下式给出[1]:

$$\begin{bmatrix} A & B \\ C & D \end{bmatrix} = \begin{bmatrix} 1-\dfrac{\bar{X}_b}{\bar{X}_a} & \mathrm{j}\bar{X}_b\left(\dfrac{\bar{X}_b}{\bar{X}_a}-2\right) \\ -\mathrm{j}\dfrac{1}{\bar{X}_a} & 1-\dfrac{\bar{X}_b}{\bar{X}_a} \end{bmatrix} \tag{2-15}$$

其中,归一化电感为 $\bar{X}_{a,b}=\dfrac{X_{a,b}}{Z_0}$,可以通过参考文献[1]计算,并通过模态分析推导得到。在这种情况下,线栅影响是感性的。

$$\bar{X}_a = \frac{d}{\lambda}\left\{\log\left(\frac{d}{2\pi a}\right)+\frac{1}{2}\sum_{m=-\infty}^{\infty}\left[\left(m^2-\frac{d^2}{\lambda^2}\right)^{-\frac{1}{2}}-\frac{1}{|m|}\right]\right\} \tag{2-16}$$

和

$$\bar{X}_b = \frac{d}{\lambda}\left(\frac{2\pi a}{d}\right)^2 \tag{2-17}$$

在法向入射电场和垂直极化的情况下,对于具有圆形截面(半径 $a$)和间隔 $d$[1] 的 PEC 线栅,线栅层的等效电路如图2-5所示,其影响主要是容性的。

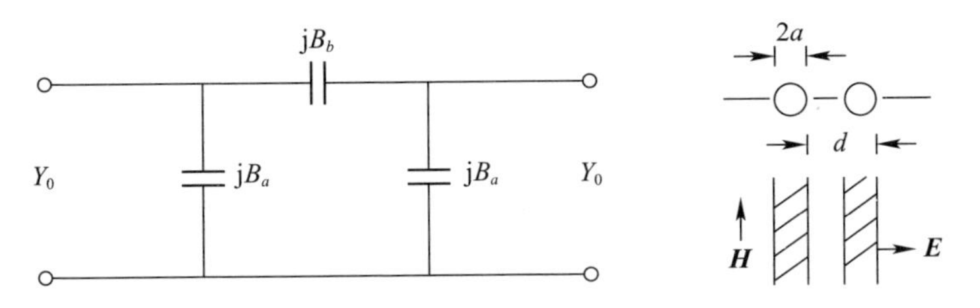


图2-5　用垂直极化照射的周期性线栅结构的示意图及其电路模型

此时 $ABCD$ 矩阵为

$$\begin{bmatrix} A & B \\ C & D \end{bmatrix} = \begin{bmatrix} 1 + \dfrac{\bar{B}_a}{\bar{B}_b} & -\mathrm{j}\dfrac{1}{\bar{B}_b} \\ \mathrm{j}\bar{B}_a\left(\dfrac{\bar{B}_a}{\bar{B}_b} + 2\right) & 1 + \dfrac{\bar{B}_a}{\bar{B}_b} \end{bmatrix} \tag{2-18}$$

其中,归一化电抗为 $\bar{B}_{a,b} = \dfrac{B_{a,b}}{Y_0}$,可以通过参考文献[1]来计算,并通过模态分析推导得出。在这种情况下,线栅影响是容性的。

$$\bar{B}_a = \frac{2\pi^2 a^2}{\lambda d}\left\{1 - \frac{\pi^2 a^2}{\lambda^2}\left[\frac{11}{2} + 2\log\left(\frac{2\pi a}{d}\right)\right] - \frac{\pi^2 a^2}{6d^2}\right\} \tag{2-19}$$

$$\bar{B}_b = \frac{d}{\lambda}\left[\frac{3}{4} - \log\left(\frac{2\pi a}{d}\right)\right] + \frac{d\lambda}{2\pi^2 a^2} \tag{2-20}$$

嵌入在介质板中的周期性 PEC 线栅有助于在工作频率内进行阻抗匹配,而不需要对板的厚度和电磁参数做任何改变。为了证明这种效果,考虑一个厚度为 $h=0.4$ 英寸(1 英寸 $=0.0254\text{m}$)、$\varepsilon_r=4.6$ 的电介质板。在 9GHz 的工作频率下,介质板是不匹配的,其插入损耗很高。为了改善它的匹配特性,两个 PEC 线栅的网格被嵌入电介质板中,如图 2-6 所示。PEC 线栅的宽度 $t=0.062$ 英寸,其水平 $d$ 和垂直 $h/2$ 间距分别为 0.277 英寸和 0.2 英寸。

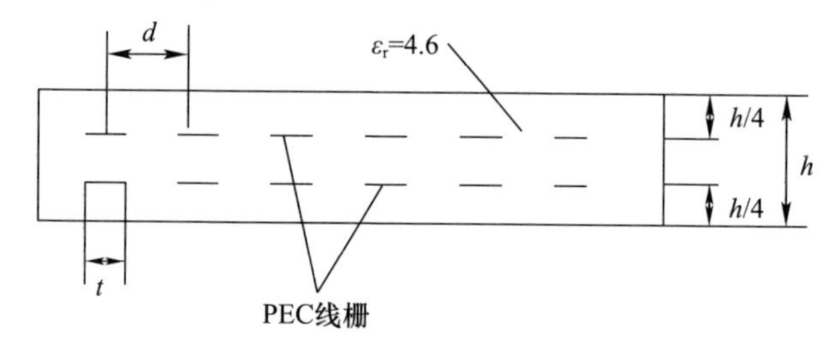


图 2-6　嵌入有两个 PEC 线栅的介质板

图 2-7 给出了普通介质板和带有 PEC 线栅的板在不同的入射角下,平行极化波入射到 PEC 线栅的传输效率随频率变化的仿真结果。

可以看到,工作频率为 9GHz 时,在不同入射角下,普通电介质板的传输效率是在 -1.8dB 和 -3.3dB 之间变化的。加入 PEC 线栅后,在入射角为 0° ~ 60° 时,传输效率增加到 -0.2dB。类似地,图 2-8 给出了垂直极化下的仿真结果。

在这种情况下,带有导电线栅的介质板的传输系数高于纯介质板,但是没有平行极化下展现得更明显。

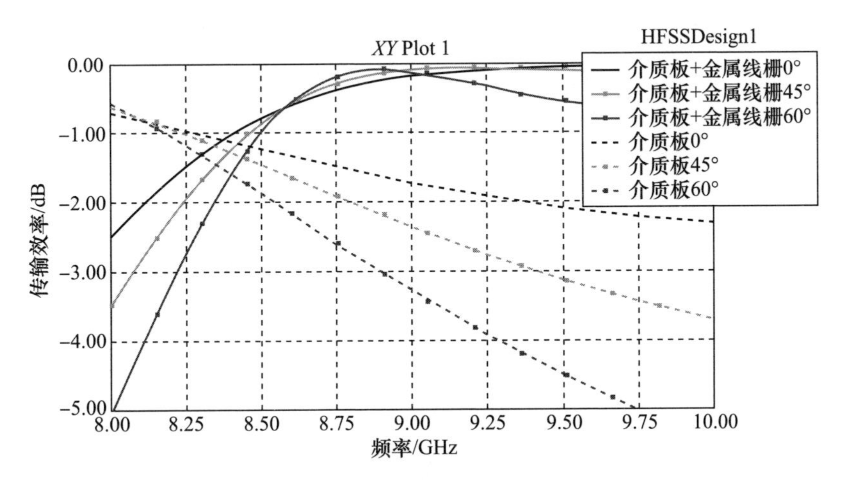


图 2－7　平行极化波在不同的角度入射到 PEC 线栅时，通过介质板和带有两个 PEC 线栅的电介质板的传输损耗随频率变化的仿真结果。所有仿真都是用 HFSS 进行的

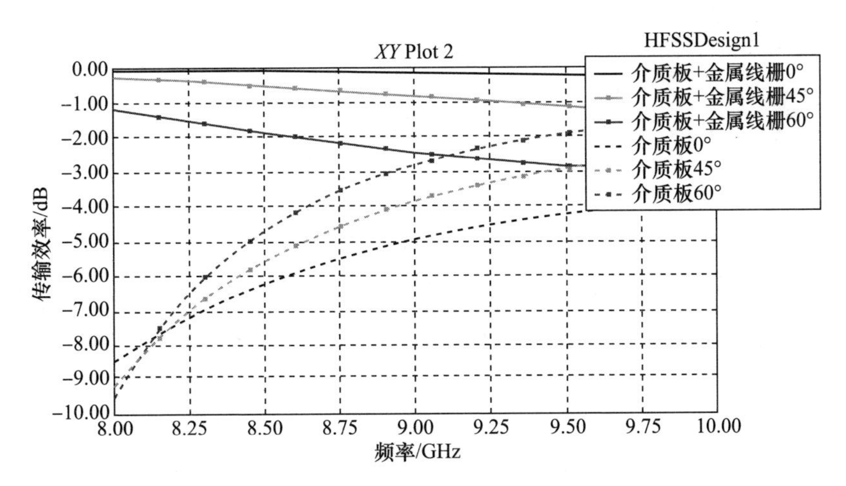


图 2－8　垂直极化波在不同的角度入射到 PEC 线栅时，通过电介质板和带有两个 PEC 线栅的电介质板的传输损耗随频率变化的仿真结果。所有仿真都是用 HFSS 进行的

## 2.3 单层结构分析

首先，考虑图 2－9 中所示具有相对电参数（$\varepsilon_r$，$\mu_r$）的单层，输入和输出介质是空气，电磁参数为（$\varepsilon_0$，$\mu_0$）。入射平面由面元的法线和入射平面波的传播方向定义。入射电场可以分解为入射平面的法线分量（TE 情况）和入射平面的分

量(TM 情况)。TE 情况也可称为垂直极化,而 TM 情况称为平行极化。入射角为 $\theta$。通过使用面元前后表面的边界条件,很容易表明,对于平行表面的面元,输出角也是 $\theta$,如图 2.9 所示。入射电场为 $E_i^{\mathrm{TE,TM}}$,反射、透射电场分别为 $E_{\mathrm{r}}^{\mathrm{TE,TM}}$ 和 $E_t^{\mathrm{TE,TM}}$。面元的反射 $S_{11}^{\mathrm{TM,TE}}$ 和透射 $S_{21}^{\mathrm{TM,TE}}$ 系数可以用传输线理论计算[1]:

$$S_{11}^{\mathrm{TM,TE}}=\frac{E_{\mathrm{r}}^{\mathrm{TM,TE}}}{E_i^{\mathrm{TM,TE}}}=\frac{\Gamma^{\mathrm{TM,TE}}(1-\mathrm{e}^{-\mathrm{j}2k_z d})}{1-(\Gamma^{\mathrm{TM,TE}})^2\mathrm{e}^{-\mathrm{j}2k_z d}} \tag{2-21}$$

$$S_{21}^{\mathrm{TM,TE}}=\frac{E_t^{\mathrm{TM,TE}}}{E_i^{\mathrm{TM,TE}}}=\frac{(1-(\Gamma^{\mathrm{TM,TE}})^2)\mathrm{e}^{-\mathrm{j}k_z d}}{1-(\Gamma^{\mathrm{TM,TE}})^2\mathrm{e}^{-\mathrm{j}2k_z d}} \tag{2-22}$$

其中

$$\Gamma^{\mathrm{TM,TE}}=\frac{\bar{\eta}^{\mathrm{TM,TE}}-1}{\bar{\eta}^{\mathrm{TM,TE}}+1} \tag{2-23}$$

$$\bar{\eta}^{\mathrm{TM}}=\bar{\eta}\frac{\cos\theta_1}{\cos\theta}=\frac{\bar{\eta}\sqrt{1-\sin^2\theta/n^2}}{\cos\theta} \tag{2-24}$$

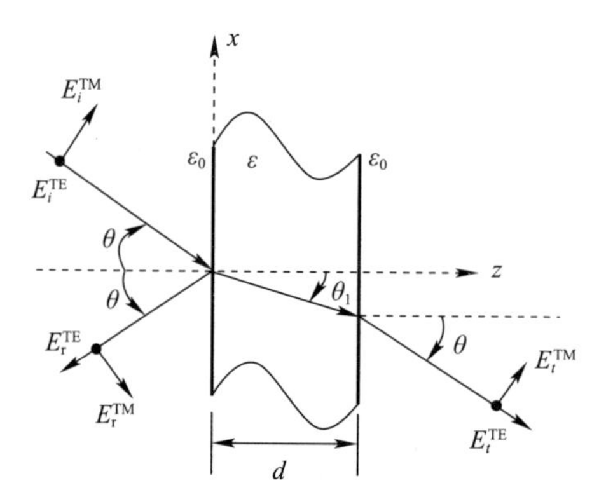


图 2-9 斜入射波照射的单层结构示意图

其中,$\theta_1$ 可以通过斯涅耳定律式(2-9)来计算,见图 2-9。类似地

$$\bar{\eta}^{\mathrm{TE}}=\bar{\eta}\frac{\cos\theta}{\cos\theta_1}=\frac{\bar{\eta}\cos\theta}{\sqrt{1-\sin^2\theta/n^2}} \tag{2-25}$$

式中:$n=\sqrt{\varepsilon_{\mathrm{r}}\mu_{\mathrm{r}}}$;$\bar{\eta}=\sqrt{\dfrac{\mu_{\mathrm{r}}}{\varepsilon_{\mathrm{r}}}}$;$k_z=k_0 n\cos\theta_1=k_0 n\sqrt{1-\sin^2\theta/n^2}$。可以看到,对于 $k_z d=m\pi$,$S_{11}=0$,板厚 $d=\dfrac{\lambda_0/n}{2\sqrt{1-\sin^2\theta/n^2}}=\dfrac{\lambda_0}{2\sqrt{n^2-\sin^2\theta}}$ 的无反射层的最低阶解 $m=1$。

图2-10所示为斜入射波照射的单层结构的示意图，该斜入射波振幅为$E_0$，在相对于入射平面角度$\gamma$时为线极化。在这种情况下，入射电场被分解为入射平面内的平行分量和另一个与之正交的垂直分量。每个分量都乘以相应的传输系数，对于水平（TM）分量为$S_{21}^{\mathrm{TM}} \triangleq T_{\parallel}\mathrm{e}^{\mathrm{j}\phi_1}$，对于正交（TE）分量为$S_{21}^{\mathrm{TE}} \triangleq T_{\perp}\mathrm{e}^{\mathrm{j}\phi_2}$。此外，透射场可以分解为原极化方向（平行极化面）和正交于原极化方向（正交极化面）的分量。

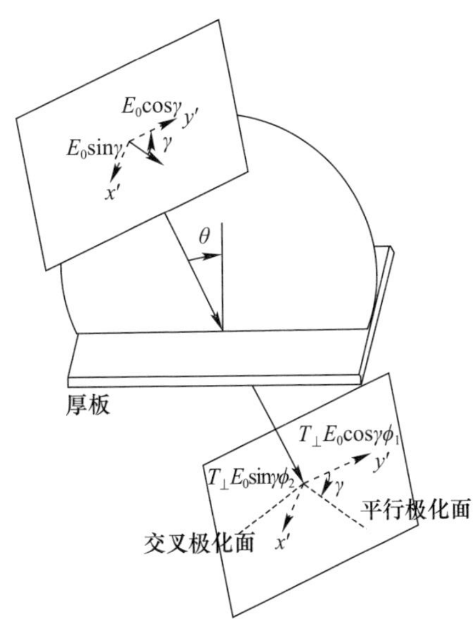


图2-10　单层结构被斜入射线极化平面波照射的示意图

如果入射场是圆极化的：右旋圆极化（RHCP）或左旋圆极化（LHCP），传输场的极化将是椭圆的。总的传输椭圆极化场可以表示为两个正交圆极化场的叠加，一个是振幅为$A$的LHCP，一个是振幅为$B$的RHCP，在LHCP入射波的情况下，可得

$$T_{\perp}\mathrm{e}^{\mathrm{j}\phi_2}\hat{\boldsymbol{x}}' + T_{\parallel}\mathrm{e}^{\mathrm{j}\phi_1}\mathrm{e}^{\mathrm{j}\frac{\pi}{2}}\hat{\boldsymbol{y}}' = A(\hat{\boldsymbol{x}}' + \mathrm{e}^{\mathrm{j}\frac{\pi}{2}}\hat{\boldsymbol{y}}') + B(\hat{\boldsymbol{x}}' - \mathrm{e}^{\mathrm{j}\frac{\pi}{2}}\hat{\boldsymbol{y}}') \tag{2-26}$$

比较$\hat{\boldsymbol{x}}'$和$\hat{\boldsymbol{y}}'$的分量，可得两个恒等式

$$T_{\perp}\mathrm{e}^{\mathrm{j}\phi_2} = A + B\ ;\quad T_{\parallel}\mathrm{e}^{\mathrm{j}\phi_1} = A - B \tag{2-27}$$

对LHCP入射波的$A$和$B$可表示为

$$(\hat{\boldsymbol{x}}' + \mathrm{j}\hat{\boldsymbol{y}}') \Rightarrow A = \frac{T_{\perp}\mathrm{e}^{\mathrm{j}\phi_2} + T_{\parallel}\mathrm{e}^{\mathrm{j}\phi_1}}{2};\quad B = \frac{T_{\perp}\mathrm{e}^{\mathrm{j}\phi_2} - T_{\parallel}\mathrm{e}^{\mathrm{j}\phi_1}}{2} \tag{2-28}$$

$A$和$B$也可以写成如下的形式：

$$|A| = \frac{T_{\parallel}}{2}\sqrt{1 + k^2 + 2k\cos(\phi_2 - \phi_1)}\ ;\quad k \triangleq \frac{T_{\perp}}{T_{\parallel}}$$

$$|B| = \frac{T_{\parallel}}{2}\sqrt{1 + k^2 - 2k\cos(\phi_2 - \phi_1)}$$

同样地，对于 RHCP 入射波

$$\hat{\boldsymbol{x}}' - \mathrm{j}\hat{\boldsymbol{y}}' \Rightarrow A = \frac{T_{\perp}\mathrm{e}^{\mathrm{j}\phi_2} - T_{\parallel}\mathrm{e}^{\mathrm{j}\phi_1}}{2}; \quad B = \frac{T_{\perp}\mathrm{e}^{\mathrm{j}\phi_2} + T_{\parallel}\mathrm{e}^{\mathrm{j}\phi_1}}{2} \tag{2-29}$$

图 2-11 给出了垂直和平行极化以及不同入射角下，通过电介质板（$\varepsilon_r=3.8$，$\tan\delta=0.015$）的传输系数随厚度 $d$ 变化的曲线，厚度归一化到自由空间波长。

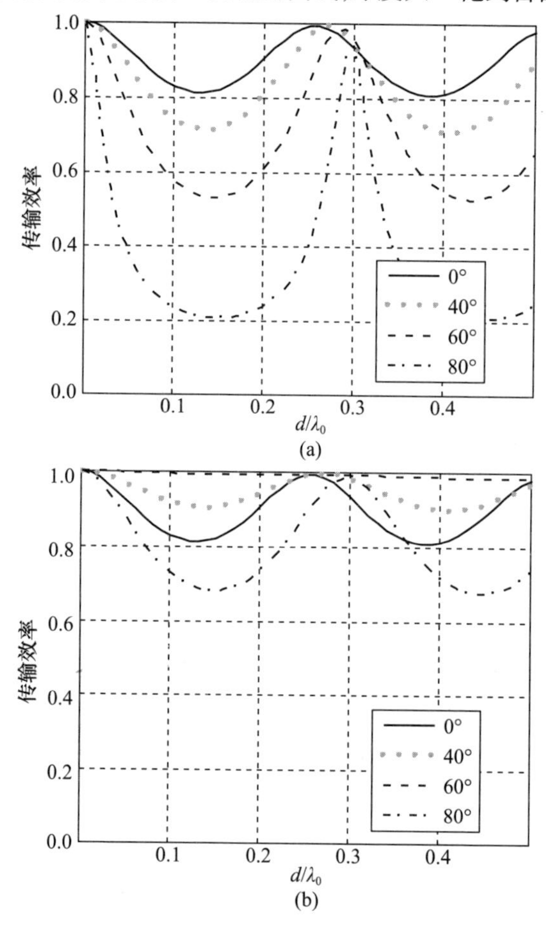


图 2-11　不同厚度介质板的传输系数（$\varepsilon_r=3.8$，$\tan\delta=0.015$）

（a）垂直极化；（b）平行极化。

在任意给定的入射角度下，插入相位延迟是有无该层结构存在时，电磁波在传输表面的相位差。由以下公式给出：

$$\psi_{\parallel,\perp} = \phi_{1,2} - \frac{2\pi}{\lambda_0} d\cos\theta \tag{2-30}$$

图 2-12 给出了通过介质板的相位延迟。

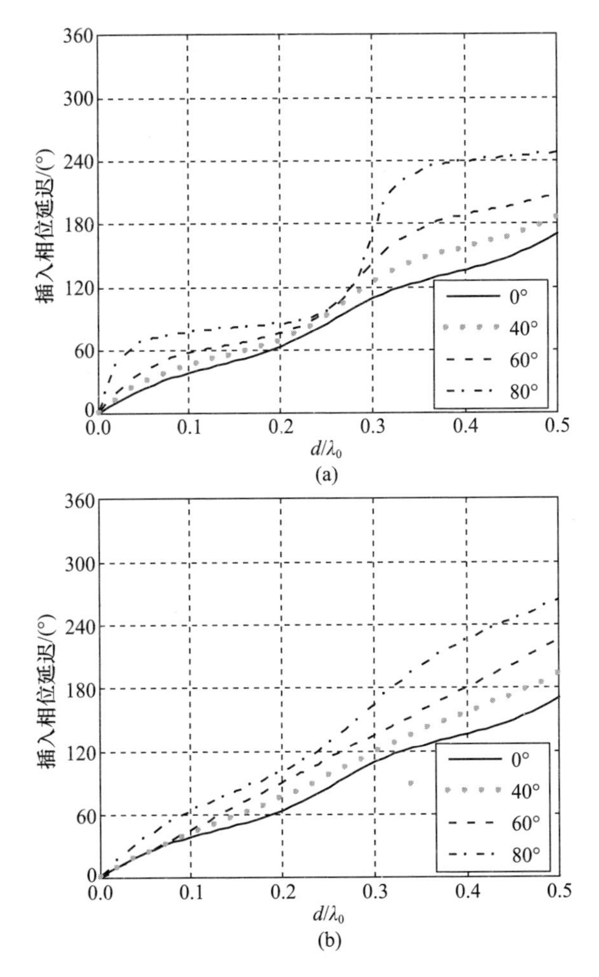


图 2-12　不同厚度介质板的插入相位延迟（$\varepsilon_r=3.8$，$\tan\delta=0.015$）

（a）垂直极化；（b）平行极化。

可以看到，在非常薄的厚度 $d<\lambda_0/10\sqrt{\varepsilon_r}$ 和厚度 $d\approx\lambda_0/2\sqrt{\varepsilon_r}$ 时为两个传输峰值。使用薄层结构雷达天线罩的优点在于透射性能方面（高透射率、宽频率带宽、对入射角和极化不敏感），但其主要缺点是机械强度。然而，在许多应用中，雷达天线罩可以是一个薄壳结构，如充气式雷达天线罩和薄介质层雷达天线罩，这是一个非常好的电磁解决方案。

第二种选择是最大透射率出现在厚度为 $d\approx\lambda_0/2\sqrt{\varepsilon_r}$ 或这个值的倍数。在这种情况下，由于介质板存在损耗，透射率并不是 100%，而且随着厚度的增加透射率会降低。$\lambda_g\approx\lambda_0/4\sqrt{\varepsilon_r}$ 时，透射率最小。此外，由于在平行极化下存在布鲁斯特角[1],所以平行极化的透射率要比垂直极化的好。从图中还可以看到,随着入射角的增大,最佳透射率的频率带宽会变窄。此外,在垂直入射时,通过介质板的相位延迟随其厚度的改变几乎是线性变化的;随着入射角的增加,相位延迟呈现非线性变化,在垂直极化下此种变化更加明显。

## 2.4 A 型夹层结构分析

在单层雷达天线罩中,其相对较窄的频率带宽和透射率对入射角的敏感性,促使科学界在寻找其他的替代解决方案。A 型夹层是一种改进的解决方案,所付出的代价是结构形式变为厚度和制造成本增加的多层结构。如图 2-13 所示,三层 A 型夹层由一个低介电常数的芯层和上下两层高介电常数的蒙皮组成。

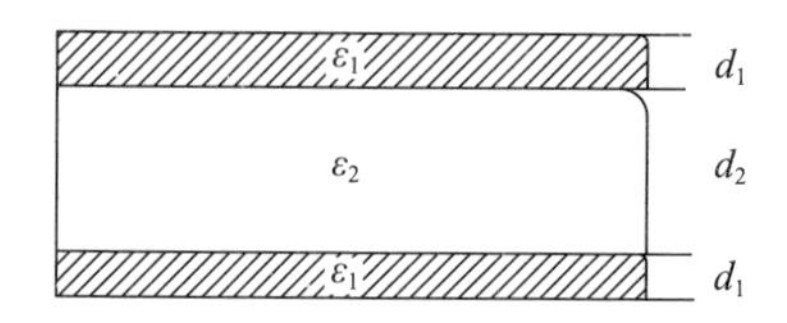


图 2-13 一个 A 型夹层的示意图

在这种情况下,所有层的 $\mu_r=1$,基于式(2-8)和式(2-13)的 $ABCD$ 矩阵可简化为

$$\begin{bmatrix} A & B \\ C & D \end{bmatrix} = \begin{bmatrix} \cos\xi_1 & \mathrm{j}\,\bar{\eta}_1^{\mathrm{TM,TE}}\sin\xi_1 \\ \mathrm{j}\,\dfrac{1}{\bar{\eta}_1^{\mathrm{TM,TE}}}\sin\xi_1 & \cos\xi_1 \end{bmatrix} \begin{bmatrix} \cos\xi_2 & \mathrm{j}\,\bar{\eta}_2^{\mathrm{TM,TE}}\sin\xi_2 \\ \mathrm{j}\,\dfrac{1}{\bar{\eta}_2^{\mathrm{TM,TE}}}\sin\xi_2 & \cos\xi_2 \end{bmatrix} \times \begin{bmatrix} \cos\xi_1 & \mathrm{j}\,\bar{\eta}_1^{\mathrm{TM,TE}}\sin\xi_1 \\ \mathrm{j}\,\dfrac{1}{\bar{\eta}_1^{\mathrm{TM,TE}}}\sin\xi_1 & \cos\xi_1 \end{bmatrix} \tag{2-31}$$

式中:$\xi_i=\dfrac{2\pi d_i}{\lambda_0}\sqrt{\varepsilon_{ri}-\sin^2\theta}$;$\bar{\eta}_i^{\mathrm{TE}}=\dfrac{\cos\theta}{\sqrt{\varepsilon_{ri}-\sin^2\theta}}$;$\bar{\eta}_i^{\mathrm{TM}}=\dfrac{\sqrt{\varepsilon_{ri}-\sin^2\theta}}{\varepsilon_{ri}\cos\theta}$;$i=1,2$。

通常采用双频设计策略,即在较高频率下,通过选择合适的蒙皮参数可获得90°的总相位延迟,而芯层参数的选择可获得第二个频率下的无反射性能。

一个典型的 A 型夹层雷达天线罩包括一个泡沫或蜂窝状芯层,其介电常数接近 1.07,损耗角正切为 0.002,树脂玻璃纤维蒙皮的介电常数为 3.8,损耗角正切为0.015。图2－14给出了在不同的入射角度下，平行和垂直极化的传输功率百分比随芯层厚度的变化曲线，芯层厚度归一化到自由空间波长。

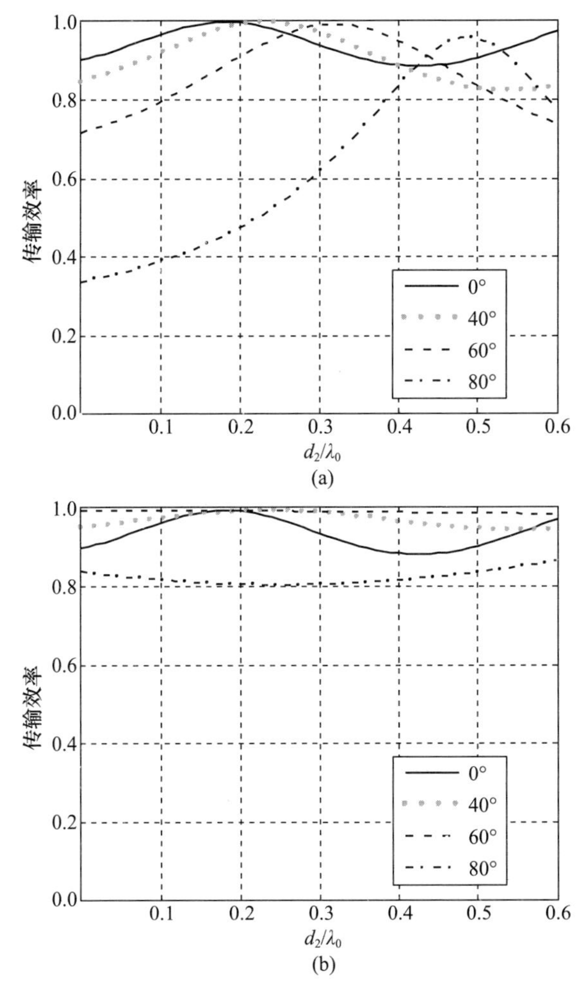


图2－14　不同厚度下A型夹层的传输系数，其中蒙皮介电常数3.8，$\tan\delta=0.015$，厚度/波长（自由空间）比为0.03，芯层介电常数1.07，$\tan\delta=0.002$

（a）垂直偏振；（b）平行偏振。

图2－15给出了通过该雷达天线罩的插入相位延迟。

从图2－15中可以看到，在入射角度达到60°时，特别是在平行极化下，与对应的单层雷达天线罩相比，其频率带宽更宽。在60°入射角范围内，它的相位延迟随芯层厚度的变化也几乎是线性的。

与单层结构相比，三层结构的芯层较轻，除了与半波长单层雷达天线罩相比

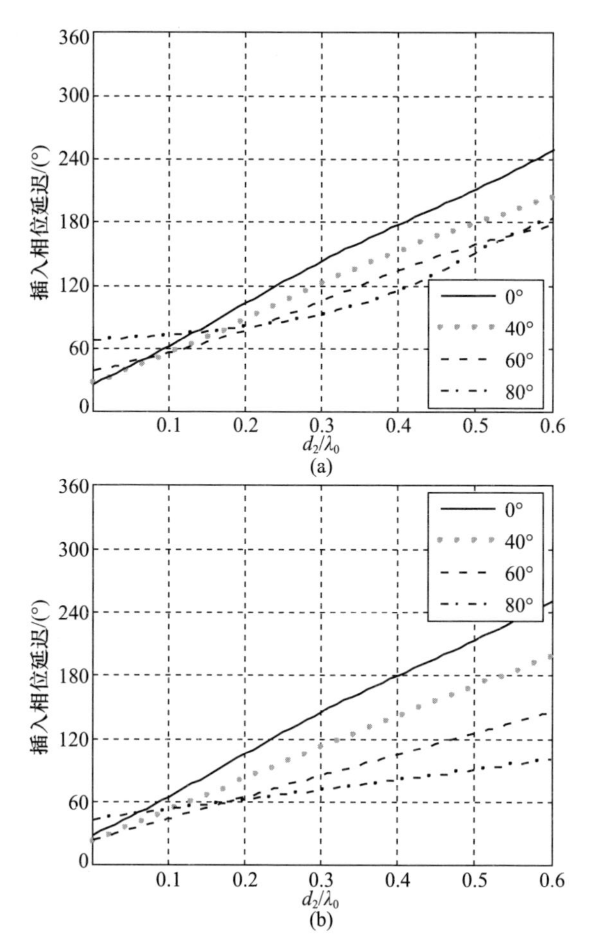


图 2-15　不同厚度 A 型夹层的插入相位延迟随芯层厚度的变化曲线，其中蒙皮介电常数 3.8，$\tan\delta = 0.015$，厚度/波长（自由空间）比为 0.03，芯层介电常数 1.07，$\tan\delta = 0.002$

（a）垂直偏振；（b）平行偏振。

具有相对较轻的结构，A 型夹层还具有良好的机械性能。

同时可以围绕零相位延迟点来设计雷达天线罩，该方法可以减少相位延迟随频率和入射角的变化。其中，插入相位延迟由以下公式给出：

$$\psi_{\parallel,\perp} = \phi_{1,2} - \frac{2\pi}{\lambda_0}(2d_1 + d_2)\cos\theta \tag{2-32}$$

为了使之为零，直观地看，如果外层的蒙皮是相位滞后的，那么中间芯层必须是一种“相位超前”的材料。这种材料以二维超材料的形式存在，具有双负的磁导率和介电常数[2-3]。在应用中，这类结构有一个非常明显的优势就是此类雷达天线罩的插入相位很低，能够防止波束失真。结果表明，此类雷达天线罩在一个很宽的频带与广泛的入射角范围内，插入相位延迟可以保持在±1rad内。

## 2.5　B型夹层结构分析

A型夹层雷达天线罩的一个变体也是用三层结构设计的，但蒙皮是低介电常数材料，芯层是高介电常数材料。这就是B型夹层结构，如图2－16所示。

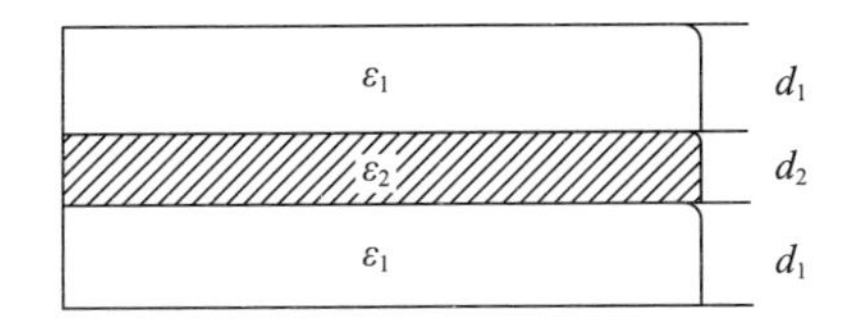


图2－16　B型夹层的示意图

在这种情况下，也是基于双频段的设计理念。蒙皮一般设计为工作在较高的频率下，它们与芯层形成一个$\lambda_g/4$的匹配层。这意味着$\varepsilon_{r,1}^2 \sim \varepsilon_{r,2}$。核心参数的选择是为了在较低的频率下获得一个$\lambda_g/2$的相位延迟。这种设计的优点是在选择芯层厚度方面有更大的自由度，以满足电磁和结构特性，也适合于多频段工作。

图2－17给出了在4个入射角（0°、40°、60°和80°）和垂直/平行极化下，典型的B型夹层结构的传输系数随频率变化的曲线，其蒙皮介质电磁参数$\varepsilon_r=1.95$，$\tan\delta=0.002$和厚度为$0.18\lambda_0$，而芯层介质电磁参数$\varepsilon_r=3.8$，$\tan\delta=0.015$。

可以看出，雷达天线罩在几个频率上都有变化，其传输系数对60°以下入射角的敏感性比较低。图2－18所示为该雷达天线罩的插入相位延迟。

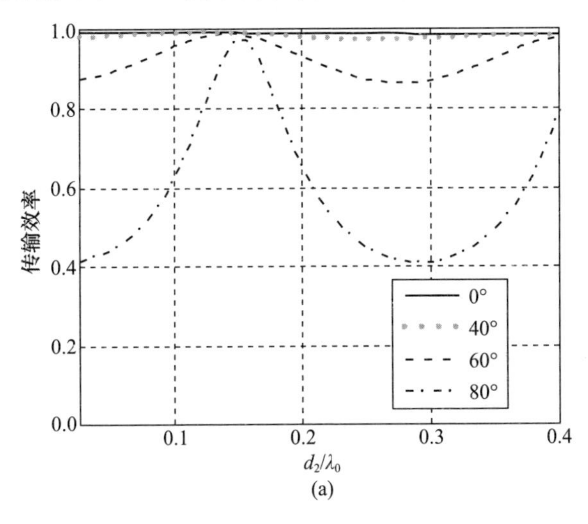


(a)

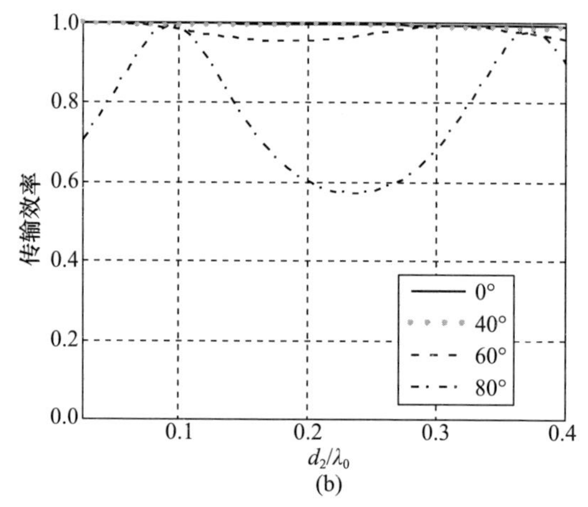


图 2-17　入射角为 0°、40°、60°和 80°时 B 型夹层的传输系数

(a)垂直极化；(b)平行极化。

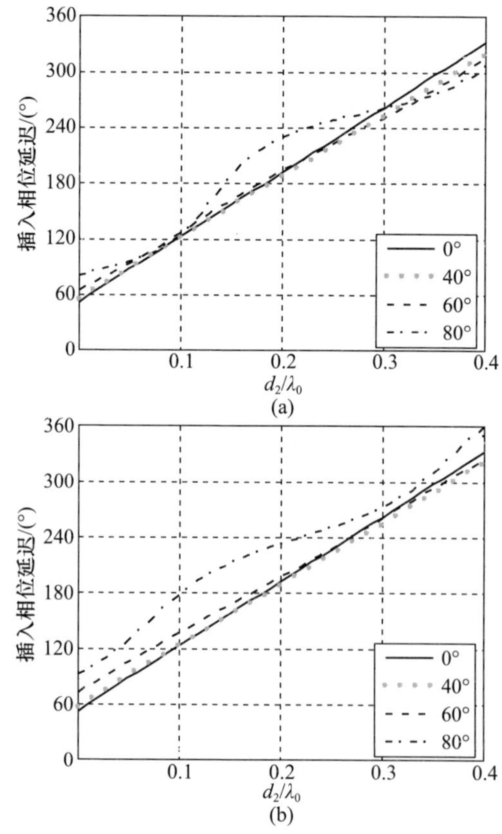


图 2-18　在入射角为 0°、40°、60°和 80°时，B 型夹层的插入相位延迟

(a)垂直极化；(b)平行极化。

## 2.6　C 型夹层结构分析

C 型夹层是 A 型夹层的拓展,为两个正交极化入射波提供了更大的频率带宽。它由一个 5 层的夹层结构雷达天线罩组成。如图 2-19 所示,5 层的 C 型夹层可被视为两个背靠背的 A 型夹层。

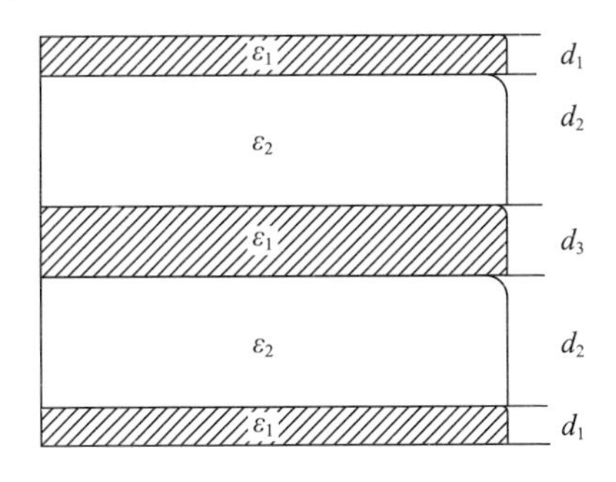


图 2-19　C 型夹层结构的示意图

雷达天线罩在反射为零的入射角处可以产生最大的透射率,此时各个 A 型夹层结构反射相位相反。如果单个 A 型夹层在一个入射角下产生最大传输,而组合夹层在另一个入射角下产生最大传输,那么就可以在合理的入射角范围内获得宽带覆盖。因此,C 型夹层已在高入射角机载雷达天线罩上得到应用。

图 2-20 和图 2-21 给出了在不同的入射角和两个正交极化下,典型的 C 型夹层结构的传输系数和相位延迟随蒙皮厚度变化的曲线,该蒙皮的介电参数为 $\varepsilon_r = 3.8$、$\tan\delta = 0.015$,厚度/波长比 = 0.03(外部)、0.06(内部),以及芯层介质电磁参数为 $\varepsilon_r = 1.07$,$\tan\delta = 0.002$。

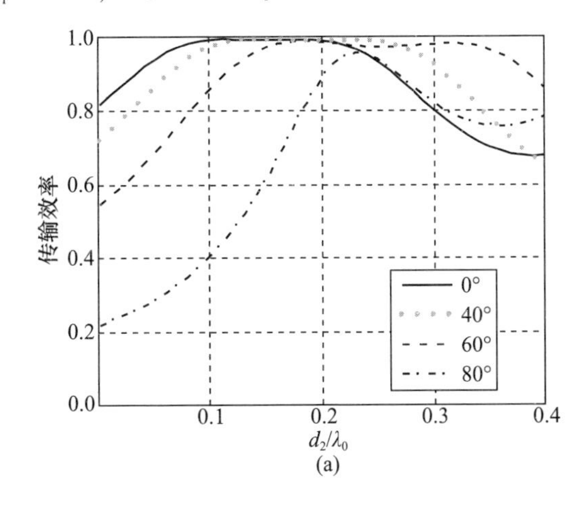

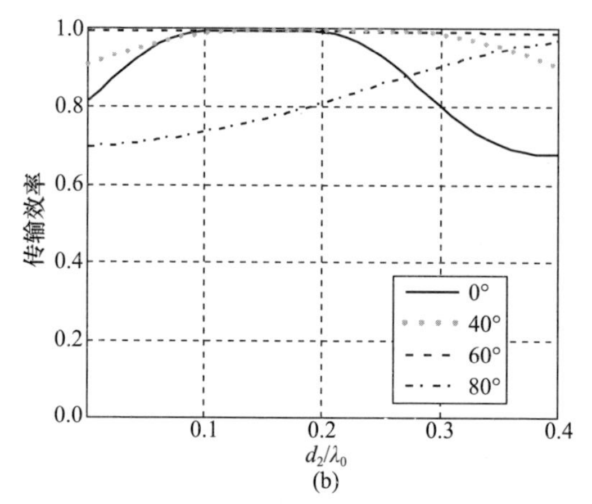

(b)

图 2-20　不同入射角下 C 型夹层结构的传输效率

(a)垂直极化；(b)平行极化。

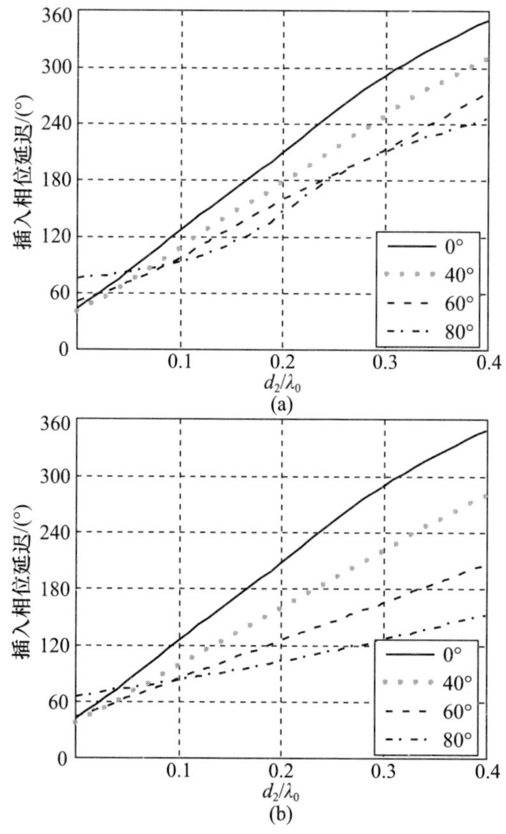


图 2-21　不同入射角 C 型夹层的插入相位延迟

(a)垂直极化；(b)平行极化。

可以看到，在芯层厚度达到 0.2λ 时，两个入射角的传输系数都很高。然而，不同入射角的相位延迟相差约 40°，可能会产生明显的相位畸变，特别是对于共形雷达天线罩，这可能会影响雷达天线罩的性能。

由 5 层以上介质构成的夹层结构还没有被广泛地研究报道。计算表明，特别是对于低入射角范围，通过使用薄蒙皮和低介电常数的芯层，可以获得优异的性能。

## 参考文献

1 Cornbleet, S. Microwave optics. New York: Academic Press, 1976.
2 Pendry, J.B, Holden, AJ, Stewart, WJ, and Youngs, I. Extremely low frequency plasmons in metallic mesostructures. *Phys. Rev. Lett.*, 76(25), 4773–4776, 1996.
3 Pendry, JB, Holden, AJ, Robbins, DJ, and Stewart, WJ. MAgnetism from conductors and enhanced nonlinear phenomena. *IEEE Trans. Microw. Theory Tech.*, 47, 2075–2084, 1999.
4 Rudge, AW, Milne, K, Olver, AD, and Knight, P. The handbook of antenna design. London: Peter Peregrinus, 1986.

## 习　题

P2.1　用 *ABCD* 矩阵里的参数证明式(2 - 14)中的透射系数 $T$ 与反射系数 $R$。

P2.2　设计一个由 PEC 平行线栅构成的平面雷达天线罩，其半径为 $a$，周期为 $d$，工作在 5GHz 且垂直入射时平行极化传输损耗为 0.5dB。利用多层等效电路计算最佳 $a$ 和 $d$。画出 3 ~ 7GHz 频段内透射系数 $T$ 与反射系数 $R$ 随频率变化的曲线。使用商用仿真软件重复计算 $T$ 和 $R$，将仿真结果与等效电路模型结果进行对比。在这个比较中你会得到何种结论？

P2.3　利用 P2.2 中设计的雷达天线罩，计算在 3 ~ 7GHz 频段内和入射角分别为 20°、40°、60°和 80°入射角下线栅的平行极化透射系数和反射系数，并与仿真结果进行比较，讨论结果。

P2.4　重复 P2.2 中的设计，极化方式改为垂直极化。

P2.5　重复 P2.3 中的仿真分析，极化方式改为垂直极化。

P2.6　在入射角 0°、20°、40°、60°和双极化下，设计一个工作在 5 ~ 6GHz 的频率范围内的 A 型夹层雷达天线罩，使其插入损耗小于 1dB。蒙皮材料介电常数 3.6，损耗角正切 0.018，夹层使用的蜂窝材料介电常数 1.07，损耗角正切

0.005。蒙皮厚度为15密耳(1密耳 $=25.4\times10^{-6}$m)的倍数,蜂窝可被切割成任意厚度。

P2.7　重复P2.6中的设计,并尝试拓展雷达天线罩的平行极化带宽,通过在P2.6中的A型夹层雷达天线罩中加入1~2个PEC线栅层,使插入损耗在通带中小于1dB,并比较有无PEC线栅层时的插入损耗频响曲线。

P2.8　在入射角0°、20°、40°、60°和双极化下,设计一个工作在5~6GHz的频率范围内的C型夹层雷达天线罩,使其插入损耗小于1dB。蒙皮材料介电常数3.6,损耗角正切0.018,夹层使用介电常数1.07,损耗角正切0.005的蜂窝材料。蒙皮厚度为15密耳的倍数,蜂窝可被切割成任意厚度。将其频响特性曲线与P2.6中设计的A型夹层雷达天线罩进行比较。

# 第3章 频率选择表面雷达天线罩

频率选择表面(frequency selective surface,FSS)是一种二维周期结构,其可在任意极化和不同入射角下在某一频带内传输信号,在其他频带内则完全反射。FSS 周期结构的单元尺寸大约是 $\lambda/2$。历史上 FSS 是从光学中对衍射光栅的研究发展而来的,1786 年,Hopkinson 和 Rittenhouse 发表的论文中提到该滤波过程以及衍射光栅都是由 D. Rittenhouse 发现的[1]。在该论文中,Hopkinson 报道了他可以透过拉伸的手帕看到一盏路灯。FSS 平面结构有许多应用,其中最常见的是混合雷达天线罩,其中共形带通雷达天线罩通过将内部天线工作频带带外的电磁波偏转实现罩内天线工作频段外的雷达散射截面(radar cross section,RCS)缩减[2],如图 3-1所示。

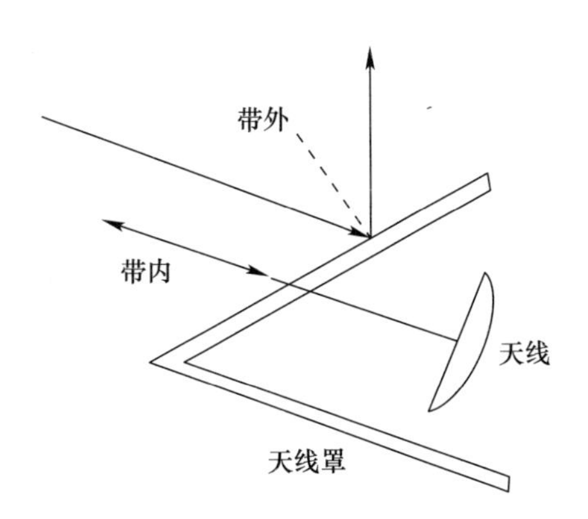


图 3-1 通过 FSS 减少天线带外 RCS 示意图

在天线的工作频段内,FSS 对于电磁波来说是全透明的,而在工作频段之外,FSS 是全反射或吸收的。当 FSS 在全反射工作状态时,几乎所有的反射能量被偏转到与入射波不同的方向,而当 FSS 在全吸收工作状态时,入射波能量则在雷达天线罩中就损耗掉了[3]。因此,在以上两种情况下,雷达天线罩的带外单站 RCS 会显著降低。此外,FSS 还可通过 $\lambda_g/2$ 介质结构雷达天线罩来获得稳定的最佳透波率,并拓展其工作带宽,其中 $\lambda_g$ 为雷达天线罩中的介质波长。FSS

的另一个重要用途是可以作为一个二色性面,在双反射面天线系统中,两个馈源分别工作在两个频段,其中主反射面为抛物线形,由FSS组成的子反射面为双曲线形,FSS具有两种工作模式。在FSS通带频率范围内[2],FSS子反射面工作在全传输模式,使天线系统作为一个抛物面主馈源天线工作;而在FSS的第二个频带内,FSS工作在全反射模式,将主反射器转变为一个卡塞格伦系统天线。FSS的另一个应用是作为吸收体,该情况下是将一个含有电阻材料的FSS放置于距离理想导体大约$\lambda/4$处,由此吸收入射到周期结构上的平面波;而在天线的工作频率范围内,FSS雷达天线罩则是透明的。FSS结构也可以作为不同入射角下的极化转换器,可将线极化波转换为圆极化波,或者旋转入射波的线极化角。

本章组织结构如下:3.1节通过使用Floquet谐波为基础的积分方程和矩量法(method of moments,MoM)数值求解对平面FSS的散射问题进行分析。3.2节将散射分析延伸到多层FSS结构。3.3节通过一个雷达天线罩的例子阐述超材料在雷达天线罩中的应用,该雷达天线罩在通带内传输和接收电磁波,而在通带外吸收电磁波能量。

## 3.1 平面FSS的散射分析

一般主要有两种方法确定像FSS这样的周期结构的散射:参考文献[2]中详细介绍的互阻抗法、参考文献[4-5]中提出的平面波展开或者谱方法。其中,互阻抗法适用于有限大尺寸FSS,而谱方法适用于无限大尺寸的FSS。谱方法计算效率更高,因此在本节中采用谱方法进行分析,并且遵循参考文献[4]中的推导过程。

图3-2所示为导电单元均匀排列在矩形网格中的FSS结构,其单元尺寸为$a \times b$。

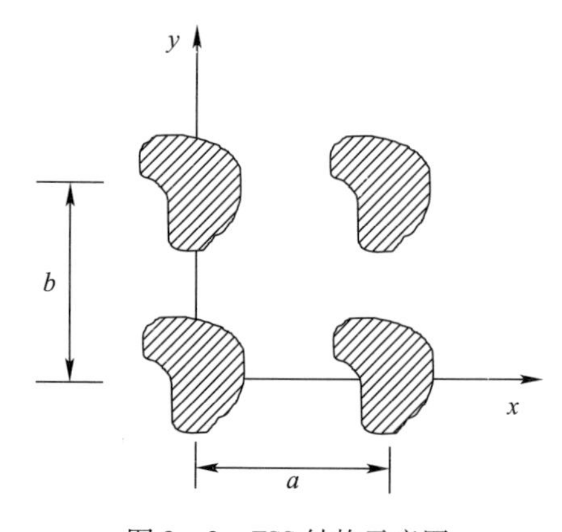


图3-2 FSS结构示意图

FSS 周期结构的一些典型单元如图 3－3 所示。

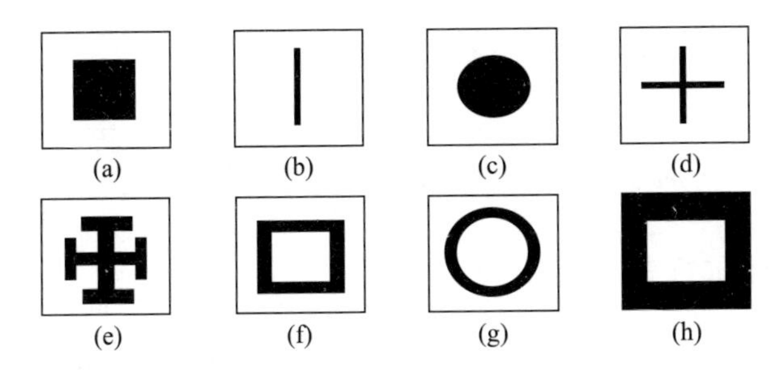

图 3－3　FSS 周期结构的一些典型单元

(a)方形贴片；(b)偶极子；(c)圆形贴片；(d)十字偶极子；
(e)耶路撒冷十字；(f)方环；(g)圆环；(h)方形孔径。

FSS 表面导电单元的时谐$\{e^{j\omega t}\}$散射电场和磁场($\boldsymbol{E}^s,\boldsymbol{H}^s$)可以用磁矢势 $\boldsymbol{A}$ 表示，定义为 $\boldsymbol{H}^s \triangleq \nabla\times\boldsymbol{A}$。引入标量电势 $\boldsymbol{\Phi}$，根据洛伦兹规范 $\nabla\cdot\boldsymbol{A} = -j\omega\varepsilon_0\boldsymbol{\Phi}$，散射电场 $\boldsymbol{E}^s$ 可以表示为

$$\boldsymbol{E}^s = \frac{1}{j\omega\varepsilon_0}[\nabla(\nabla\cdot\boldsymbol{A}) + k_0^2\boldsymbol{A}] \tag{3-1}$$

式中：$k_0 = \omega\sqrt{\mu_0\varepsilon_0}$；$\mu_0$ 和 $\varepsilon_0$ 是自由空间的磁导率和介电常数。平面 FSS 的感应电流 $\boldsymbol{J}$ 和磁矢势 $\boldsymbol{A}$ 只有 $x$ 和 $y$ 两个分量，这两个矢量通过格林函数联系起来。起初我们考虑的是自由空间中 $z=0$ 处的理想导电 FSS 的情况。然后，考虑介质衬底上 FSS 的情况时该式将会做一些修正，并且格林函数也将相应地改变。为了建立该问题的积分方程，我们只关心 $z=0$ 处散射电场的横向分量。因此，横向磁势矢分量与横向电场分量的关系为

$$\begin{bmatrix} A_x(x,y) \\ A_y(x,y) \end{bmatrix} = \boldsymbol{G}(x,y) * \begin{bmatrix} J_x(x,y) \\ J_y(x,y) \end{bmatrix} \tag{3-2}$$

式中：* 表示卷积[6]；$\boldsymbol{G}(x,y) = \frac{e^{-jk_0 r}}{4\pi r}\boldsymbol{I}$；$r = \sqrt{x^2+y^2}$；$\boldsymbol{I}$ 是恒等张量。将式(3－2)代入式(3－1)有

$$\begin{bmatrix} E_x^s \\ E_y^s \end{bmatrix} = \frac{1}{j\omega\varepsilon_0}\begin{bmatrix} \frac{\partial^2}{\partial x^2} + k_0^2 & \frac{\partial^2}{\partial x\partial y} \\ \frac{\partial^2}{\partial y\partial x} & \frac{\partial^2}{\partial y^2} + k_0^2 \end{bmatrix}\begin{bmatrix} A_x(x,y) \\ A_y(x,y) \end{bmatrix} \tag{3-3}$$

接下来,我们引入散射场的傅里叶变换,即

$$\begin{cases} \widetilde{E}^{s}_{x,y} = \int_{-\infty}^{\infty}\int_{-\infty}^{\infty} E^{s}_{x,y} \mathrm{e}^{-\mathrm{j}k_x x}\mathrm{e}^{-\mathrm{j}k_y y}\mathrm{d}x\mathrm{d}y \\ E^{s}_{x,y} = \dfrac{1}{4\pi^2}\int_{-\infty}^{\infty}\int_{-\infty}^{\infty} \widetilde{E}^{s}_{x,y} \mathrm{e}^{\mathrm{j}k_x x}\mathrm{e}^{\mathrm{j}k_y y}\mathrm{d}k_x\mathrm{d}k_y \end{cases} \tag{3-4}$$

式(3－3)则可写为

$$\begin{bmatrix} \widetilde{E}^{s}_{x} \\ \widetilde{E}^{s}_{y} \end{bmatrix} = \frac{1}{\mathrm{j}\omega\varepsilon_0}\begin{bmatrix} k_0^2 - k_x^2 & -k_x k_y \\ -k_x k_y & k_0^2 - k_y^2 \end{bmatrix}\begin{bmatrix} \widetilde{A}_x(k_x,k_y) \\ \widetilde{A}_y(k_x,k_y) \end{bmatrix} \tag{3-5}$$

根据参考文献[6]所述,格林函数的傅里叶变换可以写为

$$\Im\left\{\frac{\mathrm{e}^{-\mathrm{j}k_0 r}}{4\pi r}\right\} = \frac{1}{2\mathrm{j}}\frac{\mathrm{e}^{-\mathrm{j}z\sqrt{k_0^2-k_x^2-k_y^2}}}{\sqrt{k_0^2-k_x^2-k_y^2}};r = \sqrt{x^2+y^2+z^2} \tag{3-6}$$

因此,将式(3－2)的傅里叶变换和 $z=0$ 处的式(3－6)代入式(3－5),则有

$$\begin{bmatrix} \widetilde{E}^{s}_{x} \\ \widetilde{E}^{s}_{y} \end{bmatrix} = \frac{1}{\mathrm{j}\omega\varepsilon_0}\begin{bmatrix} k_0^2 - k_x^2 & -k_x k_y \\ -k_x k_y & k_0^2 - k_y^2 \end{bmatrix}\widetilde{\boldsymbol{G}}(k_x,k_y)\begin{bmatrix} \widetilde{J}_x(k_x,k_y) \\ \widetilde{J}_y(k_x,k_y) \end{bmatrix} \tag{3-7}$$

式中:$\widetilde{\boldsymbol{G}}(k_x,k_y) = \dfrac{1}{2\mathrm{j}}\dfrac{1}{\sqrt{k_0^2-k_x^2-k_y^2}}I$。接下来,假设 FSS 在二维上是周期性的且仅考虑图 3－2 所示的一个 $a \times b$ 单元的场。这些场可以被描述为 Floquet 谐波 $\boldsymbol{\Psi}_{mn}(x,y) = \dfrac{1}{\sqrt{a \cdot b}}\mathrm{e}^{\mathrm{j}(k_{xm}x + k_{yn}y)}$ 的叠加,其中 $k_{xm}$ 和 $k_{yn}$ 为离散传播系数。这些传播系数的显式表达式为

$$\begin{cases} k_{xm} = k_0\sin\theta^i\cos\phi^i + \dfrac{2\pi m}{a} = k_x^i + \dfrac{2\pi m}{a} \\ k_{yn} = k_0\sin\theta^i\sin\phi^i + \dfrac{2\pi n}{b} = k_y^i + \dfrac{2\pi n}{b} \end{cases} \tag{3-8}$$

式中:$\theta^i$ 和 $\phi^i$ 为入射平面波($E_x^i, E_y^i$)的传播角;且 $m$ 和 $n$ 为整数。施加边界条件,则 $z=0$ 处 FSS－PEC 表面上的总切向电场(偶发和散射)为 0,其散射场以 Floquet 模的形式表示为

$$\begin{bmatrix} E_x^i(x,y) \\ E_y^i(x,y) \end{bmatrix} = -\frac{1}{\mathrm{j}\omega\varepsilon_0}\sum_m\sum_n\begin{bmatrix} k_0^2-k_{xm}^2 & -k_{xm}k_{yn} \\ -k_{xm}k_{yn} & k_0^2-k_{yn}^2 \end{bmatrix}\tilde{\boldsymbol{G}}(k_{xm},k_{yn})\cdot$$

$$\begin{bmatrix} \tilde{J}_x(k_{xm},k_{yn}) \\ \tilde{J}_y(k_{xm},k_{yn}) \end{bmatrix}\boldsymbol{\Psi}_{mn}(x,y)$$

$$= \sum_m\sum_n\begin{bmatrix} \tilde{G}_{xx}^e & \tilde{G}_{xy}^e \\ \tilde{G}_{yx}^e & \tilde{G}_{yy}^e \end{bmatrix}\begin{bmatrix} \tilde{J}_x(k_{xm},k_{yn}) \\ \tilde{J}_y(k_{xm},k_{yn}) \end{bmatrix}\boldsymbol{\Psi}_{mn}(x,y) \tag{3-9}$$

其中

$$\begin{bmatrix} \tilde{G}_{xx}^e & \tilde{G}_{xy}^e \\ \tilde{G}_{yx}^e & \tilde{G}_{yy}^e \end{bmatrix} = -\frac{1}{\mathrm{j}\omega\varepsilon_0}\begin{bmatrix} \dfrac{k_0^2-k_{xm}^2}{2\mathrm{j}\sqrt{k_0^2-k_{xm}^2-k_{yn}^2}} & \dfrac{-k_{xm}k_{yn}}{2\mathrm{j}\sqrt{k_0^2-k_{xm}^2-k_{yn}^2}} \\ \dfrac{-k_{xm}k_{yn}}{2\mathrm{j}\sqrt{k_0^2-k_{xm}^2-k_{yn}^2}} & \dfrac{k_0^2-k_{yn}^2}{2\mathrm{j}\sqrt{k_0^2-k_{xm}^2-k_{yn}^2}} \end{bmatrix} \tag{3-10}$$

且 $\boldsymbol{\Psi}_{mn}(x,y)=\dfrac{1}{\sqrt{a\cdot b}}\mathrm{e}^{\mathrm{j}(k_{xm}x+k_{yn}y)}$。

FSS 上的未知感应电流 $\boldsymbol{J}$ 可以用下面描述的 MoM 来计算。若 FSS 具有有限大的电导率，则该问题需要用 FSS 导电单元上的表面电流来表述。

对于具有孔径型单元的 FSS，我们可以将对偶性的概念应用于式(3-9)，用 $\boldsymbol{H}$ 代替 $\boldsymbol{E}$，用 $\mu_0$ 代替 $\varepsilon_0$。此外，引用磁流的镜像原理 $\boldsymbol{J}_m=-\hat{z}\times\boldsymbol{E}^a$ 到 PEC FSS，而且 $z=0$ 处横向散射磁场等于横向入射场，我们可以得到如下 FSS 单元的边界条件，其中孔径场 $\boldsymbol{E}^a$ 未知：

$$\begin{bmatrix} H_x^i(x,y) \\ H_y^i(x,y) \end{bmatrix} = -\frac{2}{\mathrm{j}\omega\mu_0}\sum_m\sum_n\begin{bmatrix} k_0^2-k_{xm}^2 & -k_{xm}k_{yn} \\ -k_{xm}k_{yn} & k_0^2-k_{yn}^2 \end{bmatrix}$$

$$\tilde{\boldsymbol{G}}(k_{xm},k_{yn})\begin{bmatrix} \tilde{E}_y^a(k_{xm},k_{yn}) \\ -\tilde{E}_x^a(k_{xm},k_{yn}) \end{bmatrix}\boldsymbol{\Psi}_{mn}(x,y)$$

$$= \sum_m\sum_n\begin{bmatrix} \tilde{G}_{xx}^h & \tilde{G}_{xy}^h \\ \tilde{G}_{yx}^h & \tilde{G}_{yy}^h \end{bmatrix}\begin{bmatrix} \tilde{E}_y^a(k_{xm},k_{yn}) \\ -\tilde{E}_x^a(k_{xm},k_{yn}) \end{bmatrix}\boldsymbol{\Psi}_{mn}(x,y) \tag{3-11}$$

其中

$$\begin{bmatrix} \tilde{G}_{xx}^{h} & \tilde{G}_{xy}^{h} \\ \tilde{G}_{yx}^{h} & \tilde{G}_{yy}^{h} \end{bmatrix} = -\frac{2}{\mathrm{j}\omega\mu_0}\begin{bmatrix} \dfrac{k_0^2 - k_{xm}^2}{2\mathrm{j}\sqrt{k_0^2 - k_{xm}^2 - k_{yn}^2}} & \dfrac{-k_{xm}k_{yn}}{2\mathrm{j}\sqrt{k_0^2 - k_{xm}^2 - k_{yn}^2}} \\ \dfrac{-k_{xm}k_{yn}}{2\mathrm{j}\sqrt{k_0^2 - k_{xm}^2 - k_{yn}^2}} & \dfrac{k_0^2 - k_{yn}^2}{2\mathrm{j}\sqrt{k_0^2 - k_{xm}^2 - k_{yn}^2}} \end{bmatrix} \tag{3-12}$$

在这种情况下，可以使用 MoM 计算 FSS 单元的未知孔径场分布，这与 FSS 导电单元的感应电流计算方法类似。

图 3-4 所示为在自由空间中 FSS 实际扩展到嵌入在介质覆层和衬底之间的 FSS。

覆层和衬底的介电常数分别为 $\varepsilon_1$ 和 $\varepsilon_2$，其厚度分别为 $t_1$ 和 $t_2$。

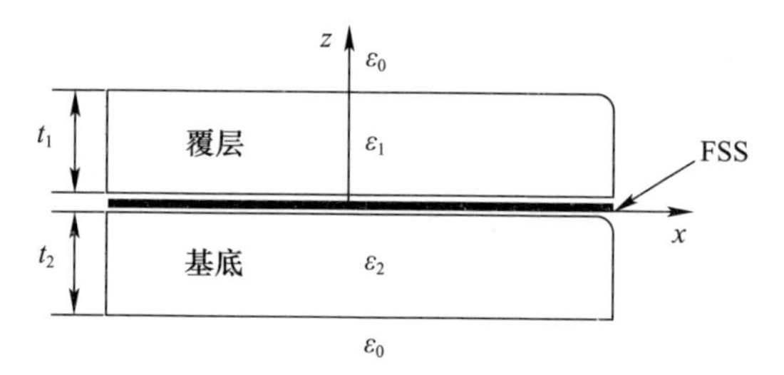


图 3-4　嵌入在覆层和衬底之间的 FSS

在这种情况下，格林函数发生了变化，需要替换为一个新的格林函数，该函数考虑了 FSS 覆层和衬底。为了解决这个问题，考虑参考文献[7]中使用谱域阻抗方法修正谱格林函数。我们首先将散射场分解为纵向分量($\boldsymbol{e}_{zmn}^{s}$，$\boldsymbol{h}_{zmn}^{s}$)和横向分量($\boldsymbol{e}_{tmn}^{s}$，$\boldsymbol{h}_{tmn}^{s}$)：

$$\begin{cases} \boldsymbol{E}^{s}(x,y,z) = \sum\limits_{m}\sum\limits_{n} a_{mn}(\boldsymbol{e}_{tmn}^{s}(x,y) + \boldsymbol{e}_{zmn}^{s}(x,y)\hat{z})\mathrm{e}^{\mathrm{j}k_{zmn}z} \\ \boldsymbol{H}^{s}(x,y,z) = \sum\limits_{m}\sum\limits_{n} a_{mn}(\boldsymbol{h}_{tmn}^{s}(x,y) + \boldsymbol{h}_{zmn}^{s}(x,y)\hat{z})\mathrm{e}^{\mathrm{j}k_{zmn}z} \end{cases} \tag{3-13}$$

式中：$a_{mn}$ 为 Floquet 模的加权系数；$k_{zmn} = \sqrt{k_0^2\varepsilon_{\mathrm{r}} - k_{xm}^2 - k_{yn}^2}$。将式(3-13)代入麦克斯韦第一方程，则

$$\nabla \times \boldsymbol{E} = -\mathrm{j}\omega\mu\boldsymbol{H} \tag{3-14}$$

如果我们定义算子$\nabla = \nabla_t + \mathrm{j}k_{zmn}\hat{\boldsymbol{z}}$，其中$\nabla_t = \dfrac{\partial}{\partial x}\hat{x} + \dfrac{\partial}{\partial y}\hat{\boldsymbol{y}}$，可得如下两个方程：

$$\begin{cases} \nabla_t \times \boldsymbol{e}_{tmn}^{s} = -\mathrm{j}\omega\mu h_{zmn}^{s}\hat{\boldsymbol{z}} \\ \hat{\boldsymbol{z}} \times (\nabla_t \boldsymbol{e}_{zmn}^{s} + \mathrm{j}k_{zmn}\boldsymbol{e}_{tmn}^{s}) = \mathrm{j}\omega\mu\boldsymbol{h}_{tmn}^{s} \end{cases} \tag{3-15}$$

以类似的方式，我们由麦克斯韦第二方程

$$\nabla \times \boldsymbol{H} = \mathrm{j}\omega\varepsilon\boldsymbol{E} \tag{3-16}$$

得到以下方程组：

$$\begin{cases} \nabla_t \times \boldsymbol{h}_{tmn}^s = \mathrm{j}\omega\varepsilon\boldsymbol{e}_{zmn}^s\hat{\boldsymbol{z}} \\ \hat{\boldsymbol{z}} \times (\nabla_t\boldsymbol{h}_{zmn}^s + \mathrm{j}k_{zmn}\boldsymbol{h}_{tmn}^s) = -\mathrm{j}\omega\varepsilon\boldsymbol{e}_{tmn}^s \end{cases} \tag{3-17}$$

式(3－13)和式(3－15)表明，在横电(TE)情况下($\boldsymbol{e}_{zmn}=0$)和横磁(TM)情况下($\boldsymbol{h}_{zmn}=0$)，横向电和磁分量的比值是恒定的：

$$\begin{cases} z_{mn}^h = \dfrac{|\boldsymbol{e}_{tmn}^s|}{|\boldsymbol{h}_{tmn}^s|} = \dfrac{\omega\mu}{k_{zmn}}, \text{情况为 TE} \\ z_{mn}^e = \dfrac{|\boldsymbol{e}_{tmn}^s|}{|\boldsymbol{h}_{tmn}^s|} = \dfrac{k_{zmn}}{\omega\varepsilon}, \text{情况为 TM} \end{cases} \tag{3-18}$$

这一结果表明，在 TE 和 TM 两种情况下，每个 Floquet 模的传播过程可以分别建模为沿特征阻抗 $z_{mn}^h$ 和 $z_{mn}^e$ 的传输线传播，传输常数为 $k_{zmn}$。图 3－5 所示为 TE 和 TM 两种情况下嵌入在衬底与覆层之间的基本电流单元的等效电路。

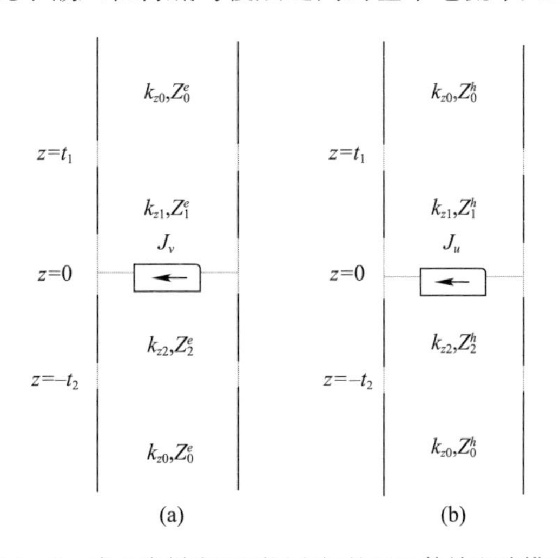


图 3－5　嵌入在衬底和覆层之间的 FSS 等效电路模型

(a)TM 极化；(b)TE 极化。

基于传输线理论，传输线上的电压波描述了横向电场，电流波描述了横向磁场。评估格林函数的第一步，即由于 $z=0$ 处一个无限小的横向电流导致的横向电场，就是计算到覆层的输入阻抗 $Z_{\text{in}}^{+e,h}$ 以及到衬底的输入阻抗 $Z_{\text{in}}^{-e,h}$(为简单起见，去掉了表示每个 Floquet 模的索引)：

$$\begin{cases} Z_{\text{in}}^{+e,h} = Z_1^{e,h} \dfrac{Z_0^{e,h} + \text{j}Z_1^{e,h}\tan k_{z1}t_1}{Z_1^{e,h} + \text{j}Z_0^{e,h}\tan k_{z1}t_1} \\ Z_{\text{in}}^{-e,h} = Z_2^{e,h} \dfrac{Z_0^{e,h} + \text{j}Z_2^{e,h}\tan k_{z2}t_2}{Z_2^{e,h} + \text{j}Z_0^{e,h}\tan k_{z2}t_2} \end{cases} \tag{3-19}$$

式中：$Z_0^{e,h}$、$Z_1^{e,h}$ 和 $Z_2^{e,h}$ 分别是 TE 和 TM 情况下自由空间、覆层和衬底的特征阻抗。覆层和衬底的相对介电常数分别为 $\varepsilon_{\text{r1}}$ 和 $\varepsilon_{\text{r2}}$，厚度分别为 $t_1$ 和 $t_2$。传播常数 $k_{zi} = \sqrt{k_0^2\varepsilon_{\text{r}i} - k_{xm}^2 - k_{yn}^2}$，$i=1,2$。$z=0$ 处的电压为

$$\tilde{V}(Z=0) = \tilde{i}_0 Z^{e,h}; \quad Z^{e,h} \triangleq \frac{z_{\text{in}}^{+e,h} z_{\text{in}}^{-e,h}}{z_{\text{in}}^{+e,h} + z_{\text{in}}^{-e,h}} = \frac{1}{Y_{\text{in}}^{-e,h} + Y_{\text{in}}^{+e,h}} \tag{3-20}$$

为了求解简单，引入参考文献[7]中提出的如图 3-6 所示的坐标系变换得到电流分布，即产生 TE 和 TM 正交模。

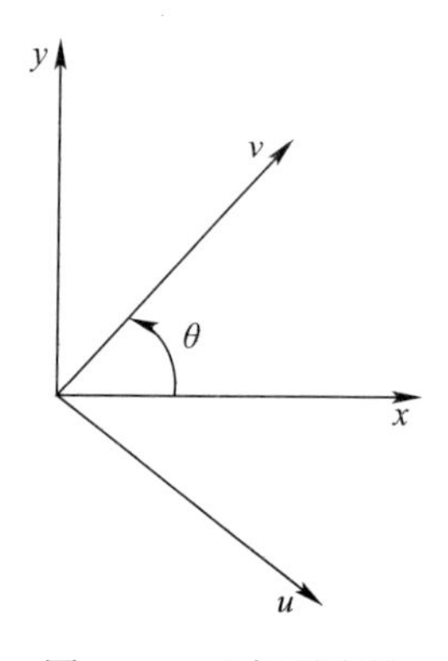


图 3-6　坐标系变换

在新的 $(u,v)$ 坐标系中，$\tilde{J}_v$ 电流仅产生 TM 场，$\tilde{J}_u$ 电流仅产生 TE 场。坐标 $(u,v)$ 与 $(x,y)$ 通过下式相关联：

$$\begin{cases} u = x\sin\theta - y\cos\theta \\ v = x\cos\theta + y\sin\theta \end{cases} \tag{3-21}$$

通过式(3-21)，可以将 TM 和 TE 的电场 $\tilde{E}_v^s = z^e\tilde{J}_v$ 和 $\tilde{E}_u^s = z^h\tilde{J}_u$ 映射到 $(x,y)$ 坐标系中

$$\begin{cases} \tilde{E}_x^s = \tilde{E}_v^s\cos\theta - \tilde{E}_u^s\sin\theta = Z^e\tilde{J}_v\cos\theta - Z^h\tilde{J}_u\sin\theta \\ \tilde{E}_y^s = \tilde{E}_v^s\sin\theta + \tilde{E}_u^s\cos\theta = Z^e\tilde{J}_v\sin\theta + Z^h\tilde{J}_u\cos\theta \end{cases} \tag{3-22}$$

以及

$$\begin{cases}\tilde{J}_v = \tilde{J}_x\cos\theta + \tilde{J}_y\sin\theta \\ \tilde{J}_u = -\tilde{J}_x\sin\theta + \tilde{J}_y\cos\theta\end{cases} \tag{3-23}$$

将式(3-23)代入式(3-22)中，得

$$\begin{cases}\tilde{E}_x^s = \tilde{J}_x(Z^e\cos^2\theta + Z^h\sin^2\theta) + \tilde{J}_y\sin\theta\cos\theta(Z^e - Z^h) \\ \tilde{E}_y^s = \tilde{J}_x\sin\theta\cos\theta(Z^e - Z^h) + \tilde{J}_y(Z^e\sin^2\theta + Z^h\cos^2\theta)\end{cases} \tag{3-24}$$

因此，散射场 $E_x^s$、$E_y^s$ 可以用 Floquet 模 $\Psi_{mn}(x,y) = \frac{1}{\sqrt{a\cdot b}}\mathrm{e}^{\mathrm{j}(k_{xm}x + k_{yn}y)}$ 的形式通过式(3-24)获得

$$\begin{cases}E_x^s = \sum_m\sum_n[(Z_{mn}^e\cos^2\theta_{mn} + Z_{mn}^h\sin^2\theta_{mn})\tilde{J}_x + \\ \quad (Z_{mn}^e - Z_{mn}^h)\sin\theta_{mn}\cos\theta_{mn}\tilde{J}_y]\Psi_{mn}(x,y)\mathrm{e}^{\pm \mathrm{j}k_{zmn}z} \\ E_y^s = \sum_m\sum_n[(Z_{mn}^e - Z_{mn}^h)\sin\theta_{mn}\cos\theta_{mn}\tilde{J}_x + \\ \quad (Z_{mn}^e\sin^2\theta_{mn} + Z_{mn}^h\cos^2\theta_{mn})\tilde{J}_y)]\Psi_{mn}(x,y)\mathrm{e}^{\pm \mathrm{j}k_{zmn}z}\end{cases} \tag{3-25}$$

此外，$\cos\theta_{mn} = \frac{k_{xm}}{\sqrt{k_{xm}^2 + k_{yn}^2}}$，$\sin\theta_{mn} = \frac{k_{yn}}{\sqrt{k_{xm}^2 + k_{yn}^2}}$。添加 $z=0$ 处 FSS 的 PEC 表面上总切向电场（入射和散射）为 0 的边界条件，得

$$\begin{bmatrix}E_x^i(x,y) \\ E_y^i(x,y)\end{bmatrix} = \sum_m\sum_n\begin{bmatrix}\tilde{G}_{xx}^e & \tilde{G}_{xy}^e \\ \tilde{G}_{yx}^e & \tilde{G}_{yy}^e\end{bmatrix}\begin{bmatrix}\tilde{J}_x(k_{xm},k_{yn}) \\ \tilde{J}_y(k_{xm},k_{yn})\end{bmatrix}\Psi_{mn}(x,y) \tag{3-26}$$

其中

$$\begin{bmatrix}\tilde{G}_{xx}^e & \tilde{G}_{xy}^e \\ \tilde{G}_{yx}^e & \tilde{G}_{yy}^e\end{bmatrix} = -\begin{bmatrix}Z_{mn}^e\cos^2\theta_{mn} + Z_{mn}^h\sin^2\theta_{mn} & (Z_{mn}^e - Z_{mn}^h)\sin\theta_{mn}\cos\theta_{mn} \\ (Z_{mn}^e - Z_{mn}^h)\sin\theta_{mn}\cos\theta_{mn} & Z_{mn}^e\sin^2\theta_{mn} + Z_{mn}^h\cos^2\theta_{mn}\end{bmatrix} \tag{3-27}$$

式(3－26)求解的下一步是确定 $z=0$ 处没有 FSS 导电单元存在的入射横向电场 $E_x^i(x,y)$、$E_y^i(x,y)$。该问题可以通过第 2 章中 TE 和 TM 情况下的推导过程解决。在这种情况下(两层介质层)的 $ABCD$ 矩阵可以通过式(2－8)得到

$$\begin{bmatrix} A & B \\ C & D \end{bmatrix} = \begin{bmatrix} \cos\xi_1 & \mathrm{j}\,\bar{Z}_1^{e,h}\sin\xi_1 \\ \mathrm{j}\dfrac{1}{\bar{Z}_1^{e,h}}\sin\xi_1 & \cos\xi_1 \end{bmatrix} \begin{bmatrix} \cos\xi_2 & \mathrm{j}\,\bar{Z}_2^{e,h}\sin\xi_2 \\ \mathrm{j}\dfrac{1}{\bar{Z}_2^{e,h}}\sin\xi_2 & \cos\xi_2 \end{bmatrix} \tag{3-28}$$

式中：$\xi_i = k_{zi}t_i$；$\bar{Z}_i^h = \dfrac{k_{z0}}{k_{zi}}$；$\bar{Z}_i^e = \dfrac{k_{zi}}{\varepsilon_{ri}k_{z0}}(i=1,2)$。结构的传输系数 $T = \dfrac{2}{A+B+C+D}$，则可以通过式(2－14)计算得到。在 $z=0$ 处的横向场 $(E_t, H_t)$ 可以用式(2－11)计算得到。

$$\begin{bmatrix} E_t \\ H_t \end{bmatrix}\Bigg|_{z=0} = \begin{bmatrix} \cos\xi_2 & \mathrm{j}\,\bar{Z}_2^{e,h}\sin\xi_2 \\ \mathrm{j}\dfrac{1}{\bar{Z}_2^{e,h}}\sin\xi_2 & \cos\xi_2 \end{bmatrix} \begin{bmatrix} E_t \\ H_t \end{bmatrix}\Bigg|_{z=-t_2} \tag{3-29}$$

经过一些代数运算，可以证明上覆层和衬底交界处的入射横向电场与磁场可以表示为[4]

$$\begin{bmatrix} E_x^i \\ E_y^i \end{bmatrix}\Bigg|_{z=0} = \mathrm{j}(R_1+R_2)\mathrm{e}^{\mathrm{j}(k_x^i x + k_y^i y)}\begin{bmatrix} -k_y^i \\ k_x^i \end{bmatrix}，\text{情况为 TE} \tag{3-30}$$

且

$$\begin{bmatrix} E_x^i \\ E_y^i \end{bmatrix}\Bigg|_{z=0} = \frac{\mathrm{j}k_{z1}}{\omega\varepsilon_{r1}\varepsilon_0}(R_1-R_2)\mathrm{e}^{\mathrm{j}(k_x^i x + k_y^i y)}\begin{bmatrix} k_x^i \\ k_y^i \end{bmatrix}，\text{情况为 TM} \tag{3-31}$$

其中

$$\begin{cases} R_1 = \dfrac{k_{z0}(\mathrm{e}^{\mathrm{j}k_{z0}t_1}/\sin(k_{z1}t_1))[-\bar{k}_{z2}^2 - k_{z0}\bar{k}_{z1} + \mathrm{j}(k_{z0}+\bar{k}_{z1})\bar{k}_{z2}\cot k_{z2}t_2]}{D} \\ R_2 = -\dfrac{k_{z0}(\mathrm{e}^{\mathrm{j}k_{z0}t_1}/\sin(k_{z1}t_1))[-\bar{k}_{z2}^2 + k_{z0}\bar{k}_{z1} + \mathrm{j}(k_{z0}-\bar{k}_{z1})\bar{k}_{z2}\cot k_{z2}t_2]}{D} \end{cases} \tag{3-32}$$

且

$$D = (\mathrm{j}k_{z0} - \bar{k}_{z1}^2)\,\bar{k}_{z2}\cot(k_{z2}t_2) - (k_{z0}^2 + \bar{k}_{z2}^2)\,\bar{k}_{z1}\cot(k_{z1}t_1) - \mathrm{j}k_{z0}(\bar{k}_{z1}^2 + \bar{k}_{z2}^2) + 2\mathrm{j}k_{z0}\,\bar{k}_{z1}\,\bar{k}_{z2}\cot(k_{z2}t_2)\cot(k_{z1}t_1) \tag{3-33}$$

$$\bar{k}_{zi} = \begin{cases} k_{zi}, & \text{情况为 TE} \\ k_{zi}/\varepsilon_{ri}, & \text{情况为 TM} \end{cases}$$

将式(3－30)和式(3－31)代入入射场计算式(3－26)，得到待求解的带有衬底和覆层的 FSS 的积分方程式(3－26)。该积分方程类似于自由空间中 FSS 的积分方程(3－9)，仅修改了并矢格林函数和入射场，可以用矩量法求解。其中，基函数可以是全域基函数或者局部基函数。通常全域基函数计算效率更高(求逆的矩阵更小)，但是它仅适用于矩形和圆形块、槽、槽环或者孔环等典型单元形状。在整个域 $N$ 基函数 $\boldsymbol{B}_j$ 的感应电流可以表示为

$$\boldsymbol{J} = \sum_{j=1}^{N} C_{xj}B_{xj}\hat{\boldsymbol{x}} + C_{yj}B_{yj}\hat{\boldsymbol{y}} \tag{3-34}$$

基函数的傅里叶变化用 $\tilde{\boldsymbol{B}}_j$ 表示。如果我们应用伽辽金方法[8]，选择与基函数相同的测试函数，应用于式(3－9)标量积与复共轭检验函数 $\boldsymbol{B}_i^*$，由式(3－9)右边的标量积(RHS)得到测试函数的傅里叶变换，有

$$\begin{bmatrix} \int E_x^i(x,y)B_{xi}\mathrm{d}s \\ \int E_y^i(x,y)B_{yi}\mathrm{d}s \end{bmatrix} = \sum_j \sum_m \sum_n \begin{bmatrix} \tilde{B}_{xi}^* & 0 \\ 0 & \tilde{B}_{yi}^* \end{bmatrix} \begin{bmatrix} \tilde{G}_{xx}^e & \tilde{G}_{xy}^e \\ \tilde{G}_{yx}^e & \tilde{G}_{yy}^e \end{bmatrix} \times \begin{bmatrix} \tilde{B}_{xj}^* & 0 \\ 0 & \tilde{B}_{yj}^* \end{bmatrix} \begin{bmatrix} C_{xj} \\ C_{yj} \end{bmatrix}, i,j = 1,2,\cdots,N \tag{3-35}$$

式(3－35)是含未知系数矢量 $\begin{bmatrix} C_{xj} \\ C_{yj} \end{bmatrix}$ 的矩阵方程。式(3－35)中矩阵元素的计算效率取决于基函数傅里叶变换的渐近形态，反过来，它又决定了矩阵元素表达式中出现的二重无限求和收敛所需的项数。局部函数是更为通用的一种基函数，其适用于更普遍的矩阵元素。此外，局部基函数的傅里叶变换只有在 $k_{xm}$ 和 $k_{yn}$ 中的 $m$ 和 $n$ 较大时才会迅速衰减。因此，需要更多的 Floquet 谐波项才能实现二重求和收敛。使用快速傅里叶变换算法(fourier transform algorithm，FFT)是

一种加速收敛的方法。在需要转置的矩阵维度较大的情况下，我们可以求助于参考文献[9－10]和附录D所述的共轭梯度法(conjugate gradient method，CGM)等迭代技术。

屋顶函数[11－12]是最常用的局部基函数之一，它在电流方向上有三角形或分段线性相关性，在正交方向上有脉冲或阶跃相关性，如图3－7所示。在这种情况下，晶胞被划分为一个$N\times N$的网格并使用相等大小的屋顶基函数。

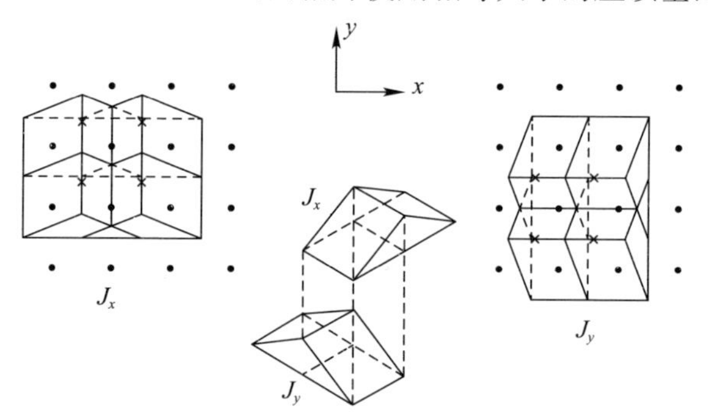


图3－7　屋顶基函数

感应电流$J_x$和$J_y$的表达式为

$$\begin{cases}J_x=\sum\limits_{p=-N/2}^{N/2-1}\sum\limits_{q=-N/2}^{N/2-1}C_x(p,q)B_x(p,q)\\ J_y=\sum\limits_{p=-N/2}^{N/2-1}\sum\limits_{q=-N/2}^{N/2-1}C_y(p,q)B_y(p,q)\end{cases}\tag{3-36}$$

电流基函数可以表示为

$$\begin{cases}B_x(p,q)=\Lambda\left(p+\dfrac{1}{2}\right)\prod(q)\\ B_y(p,q)=\Lambda(p)\prod\left(q+\dfrac{1}{2}\right)\end{cases}\tag{3-37}$$

其中，屋顶基函数为

$$\prod(q)=\begin{cases}1, & |y-q\Delta y|<\dfrac{\Delta y}{2},q=1,2,\cdots,N\\ 0, & 其他\end{cases}$$

$$\Lambda(p)=\begin{cases}1-\dfrac{|x-p\Delta x|}{\Delta x}, & |x-p\Delta x|<\Delta x,p=1,2,\cdots,N\\ 0, & 其他\end{cases}\tag{3-38}$$

式中：$\Delta x=a/N$；$\Delta y=b/N$；$a$、$b$是单元尺寸的维度。使用伽辽金矩量法可以在重新排列求和的顺序后重写矩量法矩阵方程

$$\begin{cases} -\begin{bmatrix} E_{x0}\tilde{B}_x^*(0,0)P^*(p+\dfrac{1}{2},q) \\ E_{y0}\tilde{B}_y^*(0,0)P^*(p,q+\dfrac{1}{2}) \end{bmatrix} = \sum\limits_{m=-N/2}^{N/2-1}\sum\limits_{n=-N/2}^{N/2-1}\begin{bmatrix} \tilde{G}'_{xx}(m,n) & \tilde{G}'_{xy}(m,n) \\ \tilde{G}'_{yx}(m,n) & \tilde{G}'_{yy}(m,n) \end{bmatrix} \\ \sum\limits_{q'=-N/2}^{N/2-1}\sum\limits_{p'=-N/2}^{N/2-1} \mathrm{e}^{-\mathrm{j}[(k_{xm}p'-k_{xm}p)\Delta x+(k_{yn}q'-k_{yn}q)\Delta y]}\begin{bmatrix} C_x(p',q') \\ C_y(p',q') \end{bmatrix} \end{cases} \tag{3-39}$$

式中：$P(p,q)=\mathrm{e}^{-\mathrm{j}(k_x^i p\Delta x+k_y^i q\Delta y)}$。又

$$\begin{cases} \tilde{G}'_{xx}(m,n)=\dfrac{1}{N^2}\sum\limits_{r=-\infty}^{\infty}\sum\limits_{s=-\infty}^{\infty}\tilde{G}^e_{xx}(m',n')\tilde{B}_x(m',n')\tilde{B}_x^*(m',n') \\ \tilde{G}'_{xy}(m,n)=\dfrac{1}{N^2}\sum\limits_{r=-\infty}^{\infty}\sum\limits_{s=-\infty}^{\infty}\tilde{G}^e_{xy}(m',n')\tilde{B}_y(m',n')\tilde{B}_x^*(m',n')\times \\ \qquad \mathrm{e}^{\mathrm{j}(k_{xm'}(\Delta x/2)-k_{yn'}(\Delta y/2))} \\ \tilde{G}'_{yx}(m,n)=\dfrac{1}{N^2}\sum\limits_{r=-\infty}^{\infty}\sum\limits_{s=-\infty}^{\infty}\tilde{G}^e_{yx}(m',n')\tilde{B}_x(m',n')\tilde{B}_y^*(m',n')\times \\ \qquad \mathrm{e}^{\mathrm{j}(k_{xm'}(\Delta x/2)-k_{yn'}(\Delta y/2))} \\ \tilde{G}'_{yy}(m,n)=\dfrac{1}{N^2}\sum\limits_{r=-\infty}^{\infty}\sum\limits_{s=-\infty}^{\infty}\tilde{G}^e_{yy}(m',n')\tilde{B}_y(m',n')\tilde{B}_y^*(m',n') \end{cases} \tag{3-40}$$

$E_{x0}$和$E_{y0}$分别是在$z=0$处的入射场的$x$和$y$分量的幅度。当使用$N\times N$的FFT时，$n'=n+sN,m'=m+rN$，$-N/2\leqslant m,n\leqslant N/2-1$。按照矩量法计算步骤，未知权重系数$C_x(p,q)$和$C_y(p,q)$可以通过矩阵方程(3-39)的直接求解或者在大维度矩阵中使用如附录D中描述的CGM等迭代方法。评估矩阵元素更有效的方法是首先计算式(3-40)的二重和，然后通过使用FFT计算式(3-39)的二重和。式(3-37)中测试函数和基函数的傅里叶变换为

$$\begin{cases} \tilde{B}_x(m,n)=\left[\dfrac{\sin\left(\dfrac{k_{xm}\Delta x}{2}\right)}{\dfrac{k_{xm}\Delta x}{2}}\right]^2\dfrac{\sin\left(\dfrac{k_{yn}\Delta y}{2}\right)}{\dfrac{k_{yn}\Delta y}{2}} \\ \tilde{B}_y(m,n)=\dfrac{\sin\left(\dfrac{k_{xm}\Delta x}{2}\right)}{\dfrac{k_{xm}\Delta x}{2}}\left[\dfrac{\sin\left(\dfrac{k_{yn}\Delta y}{2}\right)}{\dfrac{k_{yn}\Delta y}{2}}\right]^2 \end{cases} \tag{3-41}$$

如果使用FFT，式(3-40)中的二重无限和需要被截断为$N\times N$大小。在这种情况下，可以看到当使用了$N\times N$的FFT时，二重无限和中仅$N\times N$的Floquet谐波被保留下来，该近似仅在Floquet谐波的剩余部分贡献可以忽略的情况下有效。

确定基函数的加权系数后，在 $z=0$ 处，感应电流可以表示为 Floquet 谐波形式：

$$\boldsymbol{J}(x,y)=\sum_{m}\sum_{n}\tilde{\boldsymbol{J}}_{mn}\boldsymbol{\Psi}_{mn}(x,y) \tag{3-42}$$

其中

$$\begin{cases}\boldsymbol{\Psi}_{mn}(x,y)=\dfrac{1}{\sqrt{a\cdot b}}\mathrm{e}^{\mathrm{j}(k_{xm}x+k_{yn}y)}\\ k_{xm}=k_x^i+\dfrac{2\pi m}{a}=k\sin\theta^i\cos\phi^i+\dfrac{2\pi m}{a}\\ k_{yn}=k_y^i+\dfrac{2\pi n}{b}=k\sin\theta^i\sin\phi^i+\dfrac{2\pi n}{b}\end{cases} \tag{3-43}$$

且

$$\tilde{\boldsymbol{J}}_{mn}=\int_{\partial S}\boldsymbol{J}(x',y')\boldsymbol{\Psi}_{mn}^{*}(x',y')\mathrm{d}x'\mathrm{d}y' \tag{3-44}$$

FSS 表面是平面的，可以将场分为 TE 和 TM 到平面法线 $\hat{z}$ 的场，因此不同的 $z$ 向矢势可以代表 TM 和 TE 的不同状态。这些 $z$ 向矢势可以用 Floquet 模态的叠加表示：

$$\begin{cases}\boldsymbol{A}_{\mathrm{TM}}^{\pm}(x,y,z)=\hat{z}A_{\mathrm{TM}}^{\pm}=\hat{z}\sum\limits_{m}\sum\limits_{n}a_{\mathrm{TM},mn}^{\pm}\boldsymbol{\Psi}_{mn}(x,y)\mathrm{e}^{\pm\mathrm{j}k_{zmn}z}\\ \boldsymbol{F}_{\mathrm{TE}}^{\pm}(x,y,z)=\hat{z}F_{\mathrm{TE}}^{\pm}=\hat{z}\sum\limits_{m}\sum\limits_{n}a_{\mathrm{TE},mn}^{\pm}\boldsymbol{\Psi}_{mn}(x,y)\mathrm{e}^{\pm\mathrm{j}k_{zmn}z}\end{cases} \tag{3-45}$$

在 TM 情况下，磁矢势可以用其 $z$ 分量 $A_{\mathrm{TM}}^{\pm}$ 表示，在 TE 情况下电矢势可以用其 $z$ 分量 $F_{\mathrm{TE}}^{\pm}$ 表示，因此散射电场和磁场可以表示为

$$\begin{cases}\boldsymbol{E}^{s}=\boldsymbol{E}_{\mathrm{TM}}^{s}+\boldsymbol{E}_{\mathrm{TE}}^{s}=\dfrac{1}{\mathrm{j}\omega\varepsilon}(\nabla\nabla+k^2\boldsymbol{I})\boldsymbol{A}_{\mathrm{TM}}-\nabla\times\boldsymbol{F}_{\mathrm{TE}}\\ \boldsymbol{H}^{s}=\boldsymbol{H}_{\mathrm{TM}}^{s}+\boldsymbol{H}_{\mathrm{TE}}^{s}=\nabla\times\boldsymbol{A}_{\mathrm{TM}}+\dfrac{1}{\mathrm{j}\omega\mu}(\nabla\nabla+k^2\boldsymbol{I})\boldsymbol{F}_{\mathrm{TE}}\end{cases} \tag{3-46}$$

由于 TM 场是唯一由电场 $z$ 向分量决定的，假设 $\boldsymbol{F}_{\mathrm{TE}}=0$，可以将式(3-46)中描述电场的 $x$ 分量和 $y$ 分量关联起来得到 TM 的矢势系数 $a_{\mathrm{TM}mn}^{\pm}$[6]

$$\begin{cases}E_x^{s}=\dfrac{1}{\mathrm{j}\omega\varepsilon}\dfrac{\partial^2A_{\mathrm{TM}}}{\partial x\partial z}=\dfrac{1}{\mathrm{j}\omega\varepsilon}\sum\limits_{m}\sum\limits_{n}a_{\mathrm{TM}mn}^{+}k_{xm}k_{zmn}\boldsymbol{\Psi}_{mn}(x,y)\mathrm{e}^{\pm\mathrm{j}k_{zmn}z}\\ E_y^{s}=\dfrac{1}{\mathrm{j}\omega\varepsilon}\dfrac{\partial^2A_{\mathrm{TM}}}{\partial y\partial z}=\dfrac{1}{\mathrm{j}\omega\varepsilon}\sum\limits_{m}\sum\limits_{n}a_{\mathrm{TM}mn}^{+}k_{xm}k_{zmn}\boldsymbol{\Psi}_{mn}(x,y)\mathrm{e}^{\pm\mathrm{j}k_{zmn}z}\end{cases} \tag{3-47}$$

则式(3-25)中描述的 TM 电场的 $x$ 分量和 $y$ 分量为

$$\begin{cases}E_x^{s}=\sum\limits_{m}\sum\limits_{n}[Z_{mn}^{e}\cos^2\theta_{mn}\tilde{J}_{xmn}+Z_{mn}^{e}\sin\theta_{mn}\cos\theta_{mn}\tilde{J}_{ymn}]\boldsymbol{\Psi}_{mn}(x,y)\mathrm{e}^{-\mathrm{j}k_{zmn}z}\\ E_y^{s}=\sum\limits_{m}\sum\limits_{n}[Z_{mn}^{e}\sin\theta_{mn}\cos\theta_{mn}\tilde{J}_{xmn}+Z_{mn}^{e}\sin^2\theta_{mn}\tilde{J}_{ymn}]\boldsymbol{\Psi}_{mn}(x,y)\mathrm{e}^{-\mathrm{j}k_{zmn}z}\end{cases} \tag{3-48}$$

该对比考虑 $z=0$ 处的总场，结果为

$$\begin{cases} a_{\mathrm{TM},mn}^{+}=\dfrac{-1}{2\mathrm{j}(k_{xm}^{2}+k_{yn}^{2})}(k_{xm}\tilde{J}_{xmn}+k_{yn}\tilde{J}_{ymn}) \\ a_{\mathrm{TM},mn}^{-}=-a_{\mathrm{TM},mn}^{+} \end{cases} \tag{3-49}$$

同理，假设 $\boldsymbol{A}_{\mathrm{TM}}=0$，在 TE 情况下电场 $x$ 分量和 $y$ 分量可以写成

$$\begin{cases} E_{x}^{s}=-\dfrac{\partial F_{\mathrm{TE}}}{\partial y}=-\sum\limits_{m}\sum\limits_{n}a_{\mathrm{TE}mn}^{+}\mathrm{j}k_{yn}\boldsymbol{\Psi}_{mn}(x,y)\mathrm{e}^{-\mathrm{j}k_{zmn}z} \\ E_{y}^{s}=\dfrac{\partial F_{\mathrm{TE}}}{\partial y}=\sum\limits_{m}\sum\limits_{n}a_{\mathrm{TE}mn}^{+}\mathrm{j}k_{xm}\boldsymbol{\Psi}_{mn}(x,y)\mathrm{e}^{-\mathrm{j}k_{zmn}z} \end{cases} \tag{3-50}$$

基于式(3-25)的 $x$ 场分量和 $y$ 场分量为

$$\begin{cases} E_{x}^{s}=\sum\limits_{m}\sum\limits_{n}[Z_{mn}^{h}\sin^{2}\theta_{mn}\tilde{J}_{xmn}-Z_{mn}^{h}\sin\theta_{mn}\cos\theta_{mn}\tilde{J}_{ymn}]\boldsymbol{\Psi}_{mn}(x,y)\mathrm{e}^{-\mathrm{j}k_{zmn}z} \\ E_{y}^{s}=\sum\limits_{m}\sum\limits_{n}[-Z_{mn}^{h}\sin\theta_{mn}\cos\theta_{mn}\tilde{J}_{xmn}+Z_{mn}^{e}\cos^{2}\theta_{mn}\tilde{J}_{ymn}]\boldsymbol{\Psi}_{mn}(x,y)\mathrm{e}^{-\mathrm{j}k_{zmn}z} \end{cases} \tag{3-51}$$

利用式(3-50)和式(3-51)对比 $z=0$ 处的总场有

$$\begin{cases} a_{\mathrm{TE},mn}^{+}=\dfrac{-\mathrm{j}\omega\mu}{2k_{zmn}(k_{xm}^{2}+k_{yn}^{2})}(k_{yn}\tilde{J}_{xmn}-k_{xm}\tilde{J}_{ymn}) \\ a_{\mathrm{TE},mn}^{-}=a_{\mathrm{TE},mn}^{+} \end{cases} \tag{3-52}$$

利用 $z$ 向 TE 和 TM 矢势的系数，该分解完整，根据式(3-47)可以得到散射场。根据 $m,n=0,0$ 谐波，可计算偏振场之和的镜面反射和传输，即

$$T_{p,00}^{p,00}=1+\frac{a_{p,00}^{+}}{a_{p,00}^{i}};R_{p,00}^{p,00}=\frac{a_{p,00}^{-}}{a_{p,00}^{i}} \tag{3-53}$$

式中：$p$ 表示 TE 或 TM 极化，下标为入射场，上标为散射场。类似地，可以通过下式计算交叉极化系数

$$\begin{cases} T_{\mathrm{TE},00}^{\mathrm{TM},00}=\dfrac{a_{\mathrm{TM},00}^{+}}{a_{\mathrm{TE},00}^{i}}\left(\dfrac{\mu}{\varepsilon}\right)^{1/2};T_{\mathrm{TM},00}^{\mathrm{TE},00}=\dfrac{a_{\mathrm{TE},00}^{+}}{a_{\mathrm{TM},00}^{i}}\left(\dfrac{\varepsilon}{\mu}\right)^{1/2} \\ R_{\mathrm{TE},00}^{\mathrm{TM},00}=\dfrac{a_{\mathrm{TM},00}^{-}}{a_{\mathrm{TE},00}^{i}}\left(\dfrac{\mu}{\varepsilon}\right)^{1/2};R_{\mathrm{TM},00}^{\mathrm{TE},00}=\dfrac{a_{\mathrm{TE},00}^{-}}{a_{\mathrm{TM},00}^{i}}\left(\dfrac{\varepsilon}{\mu}\right)^{1/2} \end{cases} \tag{3-54}$$

使用基于式(3-36)中基函数的矩量法计算谱分析的另一种方法是结合谐振模展开(resonant mode expansion, RME)[13]的 MoM 边界积分(boundary integral, BI)法。该方法的基函数是根据结构特征值处的电流分布推导出来的，计算效率较高。接下来，所有的数值模拟都是用商业软件 ANSYS HFSS 进行的。

图 3-8 所示为印刷在介电常数 $\varepsilon_r=3.8$，损耗角正切为 $\tan\delta=0.015$，厚度为 $h$ 的介质板上的方形贴片阵列在法向入射时的反射和传输曲线。贴片尺寸为 $L_x=L_y=10\text{mm}$，单元尺寸为 $a=b=20\text{mm}$。

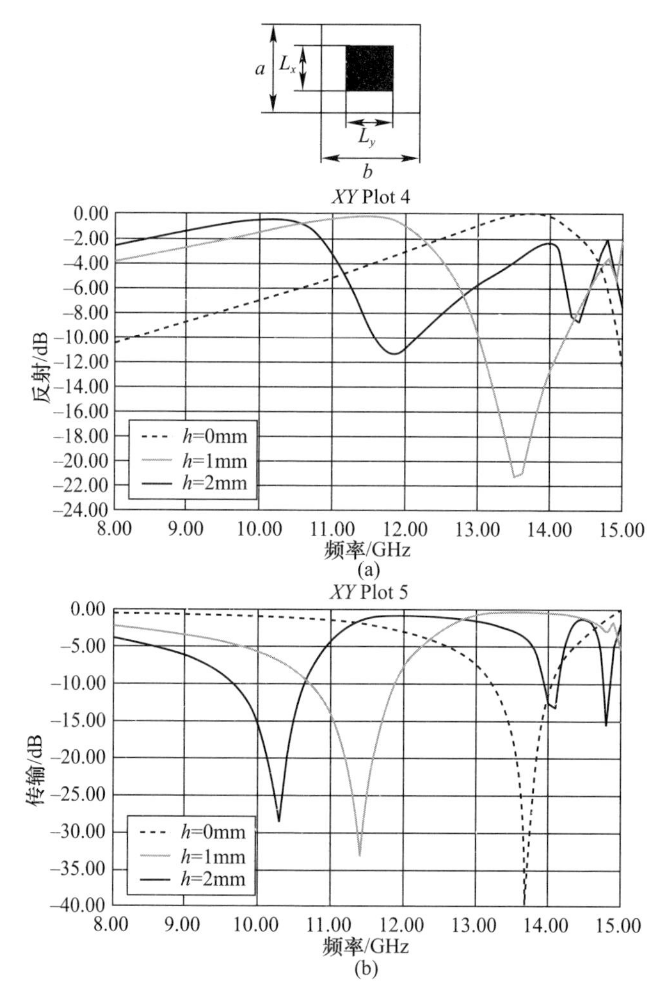


图 3-8　法向入射下印刷在不同厚度 $h$ 的介质板上方形贴片阵列随频率变化的曲线
(a)反射(dB)；(b)传输(dB)；$a=b=20\text{mm}$，贴片尺寸 $L_x=L_y=10\text{mm}$，$\varepsilon_r=3.8$，$\tan\delta=0.015$ 所有仿真均使用 HFSS。

当厚度 $h$ 增加时，由于介质层的影响降低了 FSS 的谐振频率。图 3-9 所示为印刷在厚度 $h=2\text{mm}$、介电常数 $\varepsilon=3.8$、损耗角正切为 $\tan\delta=0.015$ 的介质板上的圆形贴片阵列在频率为 $f=10.4\text{GHz}$ 时随入射角度和两个正交极化 TM 与 TE 变化的反射和传输曲线。单元尺寸为 $a=b=20\text{mm}$，贴片半径 $R=6.25\text{mm}$。

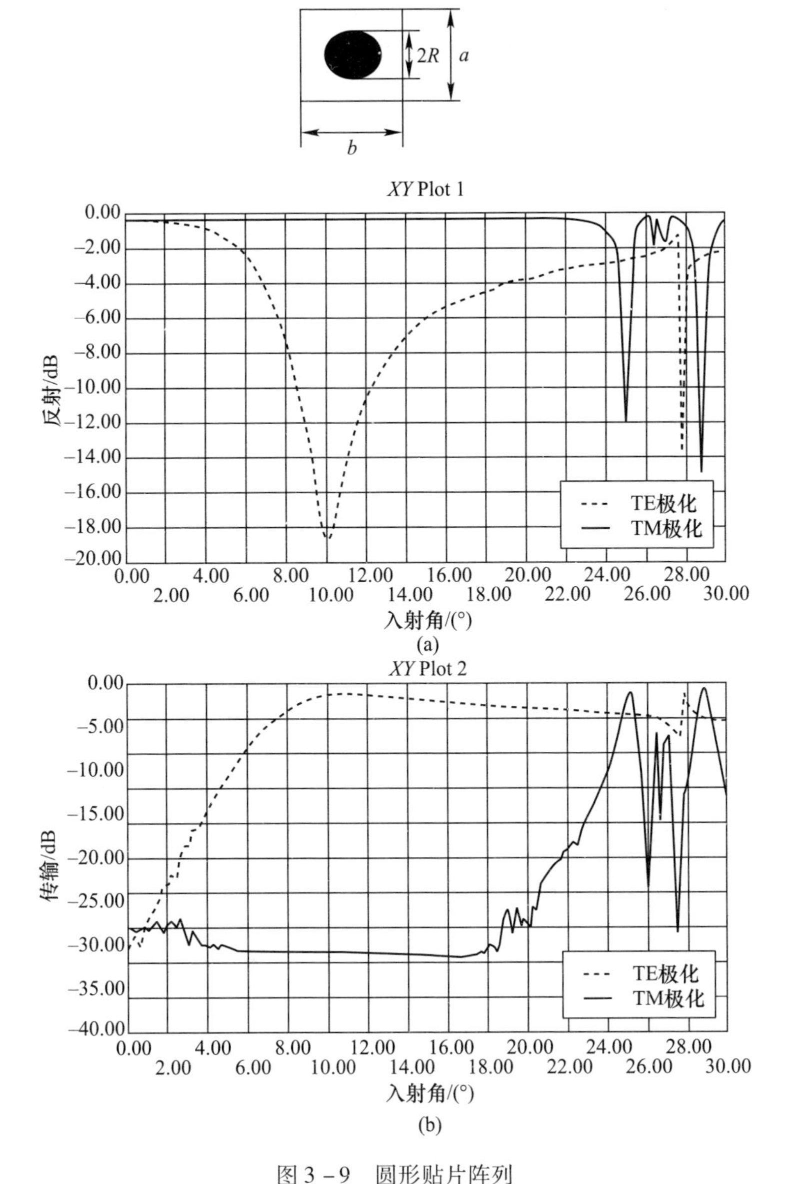


图3-9 圆形贴片阵列

(a)反射;(b)传输随入射角 $\theta^i$ 的变化;单元尺寸 $a=b=20\text{mm}$,贴片半径 $R=6.25\text{mm}$,印刷在厚度 $h=2\text{mm}$、频率 $f=10.4\text{GHz}$ 处介电常数 $\varepsilon_r=3.8$、$\tan\delta=0.015$ 的介质板上,所有仿真均使用HFSS。

在FSS的谐振频率10.4GHz处,可以观察到对于TM极化反射最大,并且角度稳定性为24°,但是TE极化的反射对入射角比较敏感,从某些角度入射时可作为全反射器。此外,可以看到当 $\theta^i > 26°$ 时会出现高阶 Floqute 模。图 3 - 10 给出了十字贴片组成的 FSS 性能曲线,均匀平面波法向入射到 FSS 上。图中也对衬底的不同介电常数 $\varepsilon_r$ 进行了分析。

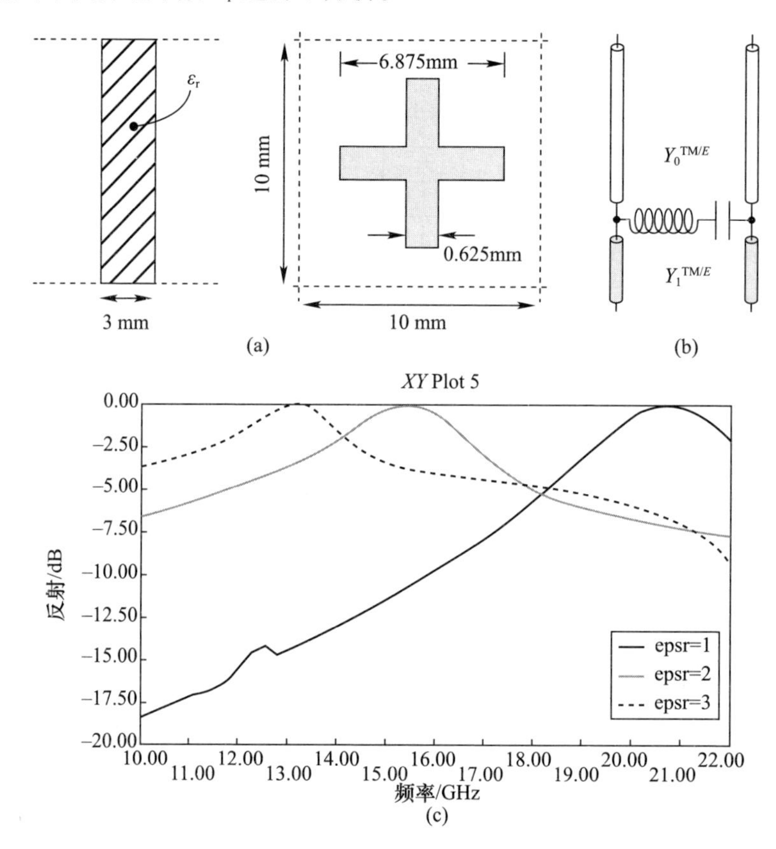


图 3 - 10　由薄介质衬底上的十字偶极子组成的 FSS

(a)单元侧视图和前视图;(b)FSS 的等效电路;

(c)法向入射时不同介电常数的介质衬底下 HFSS 仿真的反射性能。

用 HFSS 进行仿真。图 3 - 10 所示的 FSS 等效电路包括一个串联 LC 谐振电路,FSS 在谐振时为一个全反射器。增加平板的介电常数会降低反射频率。图 3 - 11 举例说明了图 3 - 10 所示交叉偶极子的互补 FSS 几何结构,即单元结构为耶路撒冷十字的 FSS。

这种情况下的等效电路是一个并联 LC 谐振电路,在谐振时 FSS 为一个全透波结构。

前面讨论过的 FSS 的一个主要缺点是其带宽较窄,这是谐振结构本身导致的。一种能够拓宽带宽的方法是采用两个谐振电路耦合,它们的耦合作用可以

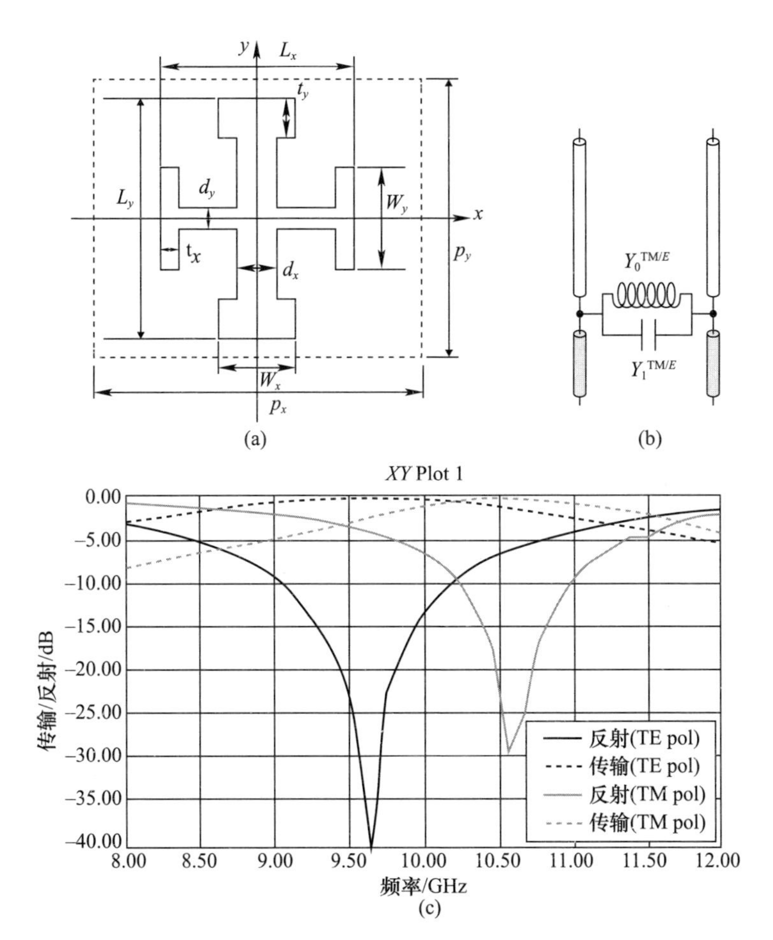


图3-11　由耶路撒冷十字组成的FSS

(a)单元前视图,参数 $L_x=9.75$mm,$L_y=12.28$mm,

$W_x=3.9$mm,$W_y=5.11$mm,$d_x=1.95$mm,$d_y=1.02$mm,$t_x=0.975$mm,

$t_y=2.04$mm,$p_x=16.57$mm,$p_y=14.33$mm;(b)FSS结构的等效电路;

(c)法向入射时不同极化下HFSS仿真的反射和传输频响曲线。

使频带宽度拓展。图3-12是利用了该方法的FSS结构,两个工作在相邻谐振频率的环路在FSS单元中耦合。内环尺寸 $d$ 为研究变量,从图3-12中传输系数随频率变化的曲线可看出,谐振频带被扩宽了。

扩展带宽的另一种方法是在两个介质板之间嵌入一个导电FSS,FSS方环孔径尺寸为13mm×13mm,单元尺寸为14mm×14mm,结果如图3-13所示。

在图3-13(a)中,我们可以看到一个厚度 $d$ 为7mm、介电常数 $\varepsilon_r$ 为4.6、损耗角正切 $\tan\delta$ 为0.0015的介质板在TM和TE极化不同入射角下的传输曲线。

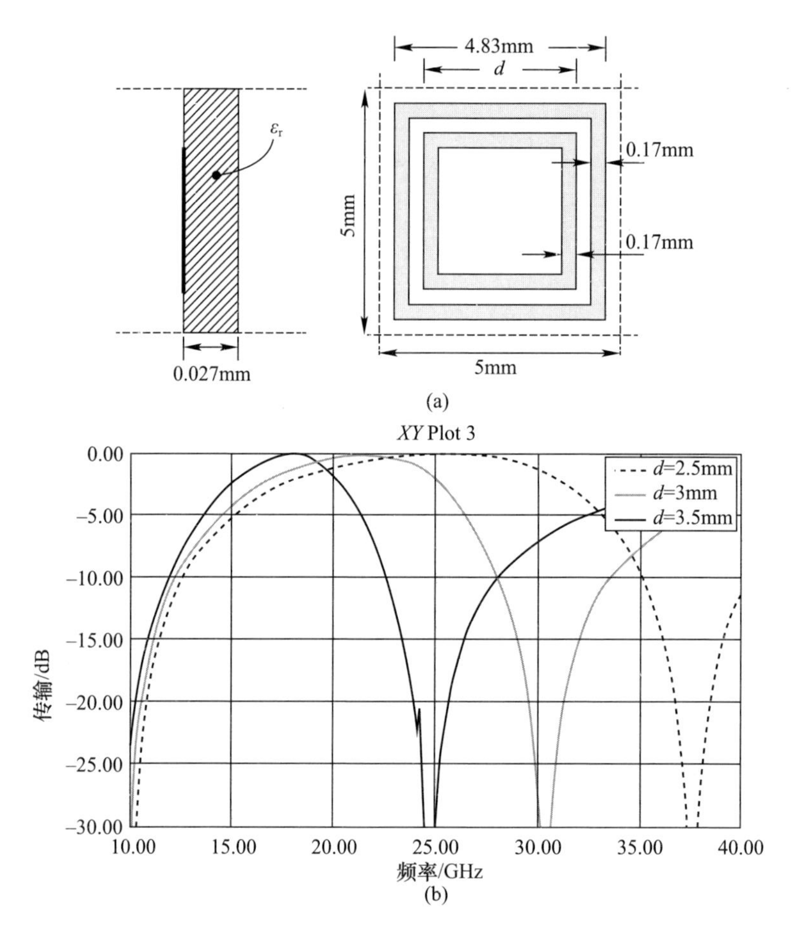


图 3-12　由介电常数 $\varepsilon_r=3.5$ 的薄介质衬底上两个方环组成的 FSS

(a)单元侧视图和前视图；(b)法向入射时内环不同尺寸 $d$ 时 HFSS 仿真的传输性能。

在 10GHz 处，平板厚度为 $\lambda_g/2$，传输系数最大。可以看到，随着入射角的增加，最佳传输系数对应的频率随之增加。图 3-13(b)为开槽 FSS 的传输系数，其最佳传输系数对应的频率在 10GHz 处。在该方案中，随着入射角的增加，最佳传输系数对应的频率减少，这与介质板的情况相反。在图 3-13(c)中，FSS 和介质板与放置在顶部的 FSS 结合在一起。传输系数曲线中的零点说明在介质中激发了高次 Floquet 模，并吸收了一些低次模的能量。最终在图 3-13(d)中，我们可以看到，如果 FSS 放在介质板中心，最佳透波系数对应的频率随着入射角的变化比较稳定，并且我们可以注意到相比之前，频率带宽有明显的增加。和之前的情况类似，传输系数的零点说明在介质中激发了高次模。这些结果表明，介质板和 FSS 的混合可以明显改善雷达天线罩的性能。

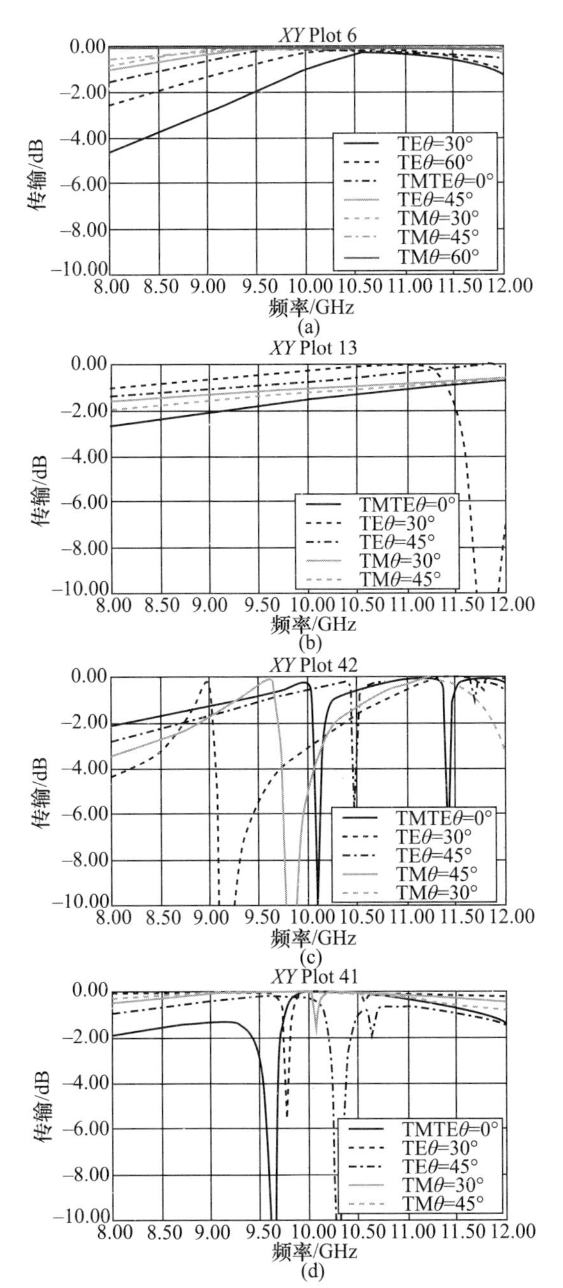


图 3－13　TM 极化（实线）和 TE 极化（虚线）时传输系数频响曲线

（a）介质的 $\lambda_g/2$ 雷达天线罩面板；（b）开槽铜制 FSS 表面，铜电导率为 $\sigma=5.8\times10^7$ S/m；（c）介质的 $\lambda_g/2$ 雷达天线罩面板和 FSS 的组合；（d）FSS 放置于介质的 $\lambda_g/2$ 雷达天线罩面板中。所有结果均使用 HFSS 仿真。

## 3.2 多层 FSS 结构的散射分析

本节将阐述级联多层 FSS 结构的散射分析方法。本节内容主要基于参考文献[4,14]进行介绍。适用于级联分析的一般结构如图 3-14 所示。

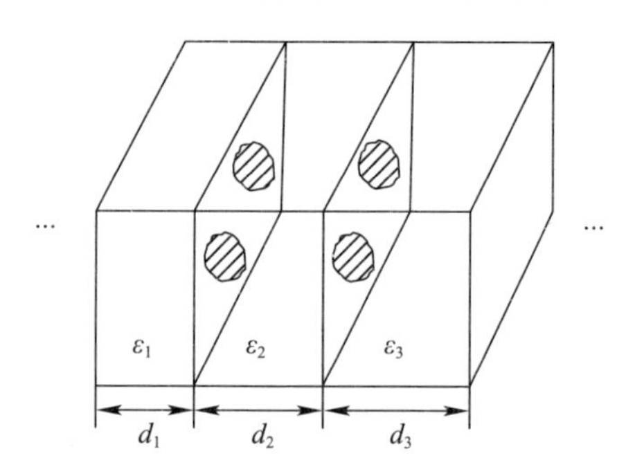


图 3-14 常见的多层周期几何结构

该方法也适用于 3.1 节中讨论的嵌入多层介质中的 FSS 屏的问题。通过使用这种方法,周期性表面和介质层的散射参数可以级联,从而将从计算一个整体结构的式减少到只计算每个单元的式。只要级联中计算和包括的谐波数量足够大到可以得到精确解,就允许简化分析操作。在级联中,通过使用 Floquet 模形成散射参数需要计算多个入射模式下周期表面的散射场,然后存储表面的散射参数,用于与介质层和其他周期表面进行组合。这与对屏进行整体分析的方法相反,在这种方法中,仅需要考虑单一入射模式即可。级联模式具有处理一般情况的灵活性,而这样的代价是需要计算全部的表面散射参数。级联组件中每个周期结构的散射参数可由 TE 和 TM 极化下周期表面的散射 Floquet 模(式(3-47)和式(3-50))得到。

电场和磁场表现出与周期表面相同的周期性,由复振幅序列$\{a_{pmn}^{\pm}\}$加权的矢量 Floquet 模的无限叠加表示。

$$\begin{cases}\boldsymbol{E}(x,y,z) = \sum\limits_{pmn} a_{pmn}^{\pm}[\boldsymbol{e}_{t_{pmn}}(x,y) + \hat{z}e_{z_{pmn}}(x,y)]\mathrm{e}^{\pm \mathrm{j}k_{zmn}z} \\ \boldsymbol{H}(x,y,z) = \sum\limits_{pmn} a_{pmn}^{\pm}[\boldsymbol{h}_{t_{pmn}}(x,y) + \hat{z}h_{z_{pmn}}(x,y)]\mathrm{e}^{\pm \mathrm{j}k_{zmn}z}\end{cases} \tag{3-55}$$

其中,场在$\pm\hat{z}$方向上传播。在矢量模的无限大区间内($-\infty < m,n < \infty$)和两个极化状态($p=\mathrm{TE}$ 和 $p=\mathrm{TM}$)下进行求和操作。式(3-55)横向到边界的矢量分量为 $\boldsymbol{e}_t$ 和 $\boldsymbol{h}_t$,$e_z$ 和 $h_z$ 为与边界垂直的分量。将式(3-42)所述的标量 Floquet 模的横向分量 $\boldsymbol{\Psi}_{mn}(x,y)$ 作为 $\hat{z}$ 向矢势,矢量模可以写作为

$$\begin{cases} \boldsymbol{e}_{t_{\mathrm{TE},mn}}(x,y) = -\nabla\times\hat{\boldsymbol{z}}\Psi_{mn}(x,y) \\ \boldsymbol{h}_{t_{\mathrm{TM},mn}}(x,y) = \nabla\times\hat{\boldsymbol{z}}\Psi_{mn}(x,y) \end{cases} \tag{3-56}$$

其中,模态被分为 $\hat{z}$ 向的 TE 和 TM 模态。式(3-56)中操作的结果为

$$\begin{cases} \boldsymbol{e}_{t_{\mathrm{TE},mn}}(x,y) = -\mathrm{j}(k_{yn}\hat{\boldsymbol{x}} - k_{xm}\hat{\boldsymbol{y}})\Psi_{mn}(x,y) \\ \boldsymbol{h}_{t_{\mathrm{TM},mn}}(x,y) = \mathrm{j}(k_{yn}\hat{\boldsymbol{x}} - k_{xm}\hat{\boldsymbol{y}})\Psi_{mn}(x,y) \end{cases} \tag{3-57}$$

将式(3-56)代入麦克斯韦方程组(3-14)和式(3-16),则有

$$\begin{cases} \hat{\boldsymbol{z}}\times\boldsymbol{e}_{t_{\mathrm{TE},mn}} = \pm Z_{mn}^{h}\boldsymbol{h}_{t_{\mathrm{TE},mn}}, \quad Z_{mn}^{h} = \dfrac{\omega\mu}{k_{zmn}} \\ \boldsymbol{h}_{t_{\mathrm{TM},mn}}\times\hat{\boldsymbol{z}} = \pm\dfrac{1}{Z_{mn}^{e}}\boldsymbol{e}_{t_{\mathrm{TM},mn}}, \quad Z_{mn}^{e} = \dfrac{k_{zmn}}{\omega\varepsilon} \end{cases} \tag{3-58}$$

式中:$z_{mn}^{e,h}$为特征模阻抗;横向场沿 $\pm\hat{z}$ 方向传播。$\hat{z}$ 分量则可近似表示为

$$\begin{cases} h_{z_{\mathrm{TE},mn}}(x,y) = \dfrac{1}{\mathrm{j}\omega\mu}(k^2 - k_{zmn}^2)\Psi_{mn}(x,y) \\ e_{z_{\mathrm{TM},mn}}(x,y) = \dfrac{1}{\mathrm{j}\omega\varepsilon}(k^2 - k_{zmn}^2)\Psi_{mn}(x,y) \end{cases} \tag{3-59}$$

矢量模构成一个正交函数集,对于 TE 模则有

$$\begin{aligned} \int_{\partial S}(\boldsymbol{e}_{t_{\mathrm{TE}mn}}\times\boldsymbol{h}_{t_{\mathrm{TE}m'n'}}^{*})\cdot(\pm\hat{\boldsymbol{z}})\mathrm{d}s &= \frac{1}{Z_{mn}^{h*}}\int_{\partial S}(\boldsymbol{e}_{t_{\mathrm{TE}mn}}\times(\hat{\boldsymbol{z}}\times\boldsymbol{e}_{t_{\mathrm{TE}m'n'}}^{*}))\cdot(\pm\hat{\boldsymbol{z}})\mathrm{d}s \\ &= \begin{cases} \dfrac{1}{Z_{mn}^{h*}}\|\boldsymbol{e}_{t_{\mathrm{TE}mn}}\|^2, & mn = m'n' \\ 0, & mn \neq m'n' \end{cases} \end{aligned} \tag{3-60}$$

应该注意的是,由于原始介质是无损的,矢量模的横向分量在整个介质结构中为实数。同样,对于 TM 模:

$$\int_{\partial S}(\boldsymbol{e}_{t_{\mathrm{TE}mn}}\times\boldsymbol{h}_{t_{\mathrm{TM}m'n'}}^{*})\cdot(\pm\hat{\boldsymbol{z}})\mathrm{d}s = \begin{cases} Z_{mn}^{e*}\|\boldsymbol{h}_{t_{\mathrm{TM}mn}}\|^2, & mn = m'n' \\ 0, & mn \neq m'n' \end{cases} \tag{3-61}$$

介质层和周期表面的级联中心是归一化 Floquet 电压波计算得到的。作为上述 Floquet 矢量模的扩展,这些行波与微波电路理论中所定义的导模的行波相同。归一化电压波将计算公式从考虑矢量场量(Floquet 矢量模)简化为只考虑与已知行波相关序列$\{a_{pmn}^{\pm}\}$的一个元素给定振幅的标量。在 $z$ 平面上归一化的 Floquet 电压波为

$$V_{pmn}^{\pm}(z) = a_{pmn}^{\pm}\left[\iint_{\partial S}(\boldsymbol{e}_{t_{pmn}} \times \boldsymbol{h}_{t_{pmn}}^{*}) \cdot (\pm\hat{z})\mathrm{d}s\right]^{1/2} \mathrm{e}^{\pm \mathrm{j}k_{zmn}z} \tag{3-62}$$

用于在 $\pm\hat{z}$ 方向传播的场。复振幅系数 $a_{pmn}^{\pm}$ 不在平方根之内以保存与各模态相关联的波的相位。利用式(3－60)和式(3－61)的正交关系,各模态的归一化电压波可简化为

$$\begin{cases} V_{\mathrm{TE}mn}^{\pm}(z) = a_{\mathrm{TE}mn}^{\pm}\dfrac{1}{(Z_{mn}^{h*})^{1/2}}\|\boldsymbol{e}_{t_{\mathrm{TE}mn}}\|^{\mathrm{e}\pm \mathrm{j}k_{zmn}z} \\ V_{\mathrm{TM}mn}^{\pm}(z) = a_{\mathrm{TM}mn}^{\pm}(Z_{mn}^{e*})^{1/2}\|\boldsymbol{h}_{t_{\mathrm{TM}mn}}\|^{\mathrm{e}\pm \mathrm{j}k_{zmn}z} \end{cases} \tag{3-63}$$

由式(3－57),可以得到

$$\|\boldsymbol{e}_{t_{\mathrm{TE}mn}}\| = \|\boldsymbol{h}_{t_{\mathrm{TM}mn}}\| = (k_{xm}^{2} + k_{yn}^{2})^{1/2} \tag{3-64}$$

图3－15给出了定义归一化电压波的终端平面示意图。

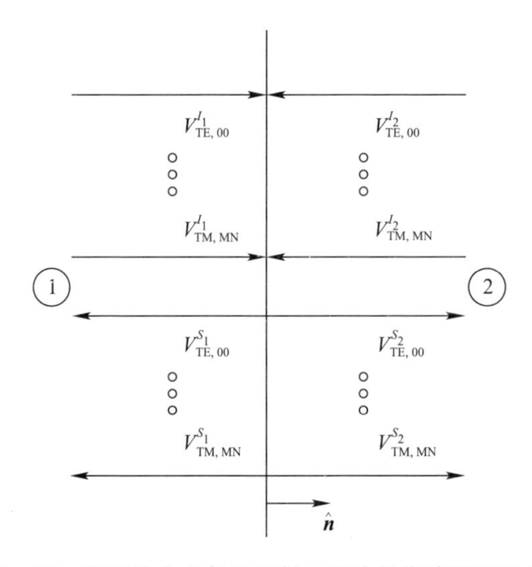


图3－15　定义法向入射和反射电压波的终端平面示意图

描述终端平面特征的散射参数通常按下式定义:

$$\boldsymbol{V}^{S} = \boldsymbol{S}\boldsymbol{V}^{I} \tag{3-65}$$

式中:$\boldsymbol{V}^{S}$ 和 $\boldsymbol{V}^{I}$ 分别表示未知的散射($S$)和已知的入射($I$)归一化电压波矢量。每个矢量都包含上面所述的所有 TE 和 TM 波,作为有合适传播方向的元素。在终端平面 $z$ 的矢量为

$$\boldsymbol{V}^{I} = \begin{bmatrix} V^{I_1} \\ V^{I_2} \end{bmatrix};\boldsymbol{V}^{S} = \begin{bmatrix} V^{S_1} \\ V^{S_2} \end{bmatrix} \tag{3-66}$$

传播方向与图3-15中的箭头表示的$\hat{\boldsymbol{n}}$相关。因此,式(3-65)可以改写为

$$\begin{bmatrix} V^{S_1} \\ V^{S_2} \end{bmatrix} = \begin{bmatrix} \boldsymbol{S}_{11} & \boldsymbol{S}_{12} \\ \boldsymbol{S}_{21} & \boldsymbol{S}_{22} \end{bmatrix} \begin{bmatrix} V^{I_1} \\ V^{I_2} \end{bmatrix} \tag{3-67}$$

其中,$\boldsymbol{S}$被分为多个子矩阵。一般来说,每个子矩阵可能是矩形的,也就是说,对于$I$个入射模式,就会有$J$个散射模,导致子矩阵有$I$列和$J$行。这可能对应于周期表面上的单模入射,理想化地散射到表面的每一侧的无限大数量(但被截断为有限数量)的模上。因此,一般来说,级联中的每个组件大都被认为一个任意的入射和散射模的数量是未知先验信息的一部分,并且由于该组件有可能与其他任意组件级联,散射矩阵计算的相同数量的入射和散射模式。子矩阵的阶数则为$2MN$,$(M,N)$为$\hat{\boldsymbol{x}},\hat{\boldsymbol{y}}$方向的模的总数,系数2考虑了TE和TM两种状态。

周期表面的散射参数是由一个独立周期表面的散射Floquet模计算得到的,如3.1节所述。入射模式耦合为前向散射模式,即任意平面$z$上的表面传输模,

$$T_{(pmn)_i}^{(pmn)_s} = \frac{V_{(pmn)_s}^{S_2}(z)}{V_{(pmn)_i}^{I_1}(z)} \tag{3-68}$$

然而后向散射模,即反射模为

$$R_{(pmn)_i}^{(pmn)_s} = \frac{V_{(pmn)_s}^{S_1}(z)}{V_{(pmn)_i}^{I_1}(z)} \tag{3-69}$$

其中,下标表示入射模态;上标表示散射模态。指数$p$表示TE极化或者TM极化。由于TE和TM模都可能是入射的,并且表面允许能量从一种状态耦合到另一种状态,因此,每对入射和反射模对应4个传输和4个反射系数。将式(3-63)代入式(3-68)和式(3-69)中,则能得到4组系数。周期表面的共极化传输系数为

$$\begin{cases} T_{\mathrm{TE}(mn)_i}^{\mathrm{TE}(mn)_s} = \dfrac{a_{\mathrm{TE}(mn)_i}^{+}\delta_{(mn)_i(mn)_s} + a_{\mathrm{TE}(mn)_s}^{+}}{a_{\mathrm{TE}(mn)_i}^{i}} \left[\dfrac{Z_{(mn)_i}^{h*}}{Z_{(mn)_s}^{h*}}\right]^{1/2} \dfrac{\|\boldsymbol{e}_{t\mathrm{TE}(mn)_s}\|}{\|\boldsymbol{e}_{t\mathrm{TE}(mn)_i}\|} \\ T_{\mathrm{TM}(mn)_i}^{\mathrm{TM}(mn)_s} = \dfrac{a_{\mathrm{TM}(mn)_i}^{+}\delta_{(mn)_i(mn)_s} + a_{\mathrm{TM}(mn)_s}^{+}}{a_{\mathrm{TM}(mn)_i}^{i}} \left[\dfrac{Z_{(mn)_s}^{e*}}{Z_{(mn)_i}^{e*}}\right]^{1/2} \dfrac{\|\boldsymbol{h}_{t\mathrm{TM}(mn)_s}\|}{\|\boldsymbol{h}_{t\mathrm{TM}(mn)_i}\|} \end{cases} \tag{3-70}$$

式中:$\delta_{(mn)_i(mn)_s}$为Kronecker脉冲函数,它允许将入射场模式添加到相同的前向散射模式。交叉极化传输系数为

$$\begin{cases} T_{\mathrm{TE}(mn)_i}^{\mathrm{TM}(mn)_s} = \dfrac{a_{\mathrm{TM}(mn)_s}^{+}}{a_{\mathrm{TE}(mn)_i}^{i}} \left[ Z_{(mn)_s}^{e*} \quad Z_{(mn)_i}^{h*} \right]^{1/2} \dfrac{\| \boldsymbol{h}_{t\mathrm{TM}(mn)_s} \|}{\| \boldsymbol{e}_{t\mathrm{TE}(mn)_i} \|} \\ T_{\mathrm{TM}(mn)_i}^{\mathrm{TE}(mn)_s} = \dfrac{a_{\mathrm{TE}(mn)_s}^{+}}{a_{\mathrm{TM}(mn)_i}^{i}} \left[ \dfrac{1}{Z_{(mn)_i}^{e*} Z_{(mn)_s}^{h*}} \right]^{1/2} \dfrac{\| \boldsymbol{e}_{t\mathrm{TE}(mn)_s} \|}{\| \boldsymbol{h}_{t\mathrm{TM}(mn)_i} \|} \end{cases} \tag{3-71}$$

同样,周期结构的反射散射参数可以由计算得到。共极化形式为

$$\begin{cases} R_{\mathrm{TE}(mn)_i}^{\mathrm{TE}(mn)_s} = \dfrac{a_{\mathrm{TE}(mn)_s}^{-}}{a_{\mathrm{TE}(mn)_i}^{i}} \left[ \dfrac{Z_{(mn)_i}^{h*}}{Z_{(mn)_s}^{h*}} \right]^{1/2} \dfrac{\| \boldsymbol{e}_{t\mathrm{TE}(mn)_s} \|}{\| \boldsymbol{e}_{t\mathrm{TE}(mn)_i} \|} \\ R_{\mathrm{TM}(mn)_i}^{\mathrm{TM}(mn)_s} = \dfrac{a_{\mathrm{TM}(mn)_s}^{-}}{a_{\mathrm{TM}(mn)_i}^{i}} \left[ \dfrac{1}{Z_{(mn)_i}^{e*} Z_{(mn)_s}^{h*}} \right]^{1/2} \dfrac{\| \boldsymbol{e}_{t\mathrm{TM}(mn)_s} \|}{\| \boldsymbol{e}_{t\mathrm{TM}(mn)_i} \|} \end{cases} \tag{3-72}$$

反射交叉极化参数为

$$\begin{cases} R_{\mathrm{TE}(mn)_i}^{\mathrm{TM}(mn)_s} = \dfrac{a_{\mathrm{TM}(mn)_s}^{-}}{a_{\mathrm{TE}(mn)_i}^{i}} \left[ Z_{(mn)_s}^{e*} \quad Z_{(mn)_i}^{h*} \right]^{1/2} \dfrac{\| \boldsymbol{h}_{t\mathrm{TM}(mn)_s} \|}{\| \boldsymbol{e}_{t\mathrm{TE}(mn)_i} \|} \\ R_{\mathrm{TM}(mn)_i}^{\mathrm{TE}(mn)_s} = \dfrac{a_{\mathrm{TE}(mn)_s}^{-}}{a_{\mathrm{TM}(mn)_i}^{i}} \left[ \dfrac{1}{Z_{(mn)_i}^{e*} Z_{(mn)_s}^{h*}} \right]^{1/2} \dfrac{\| \boldsymbol{e}_{t\mathrm{TE}(mn)_s} \|}{\| \boldsymbol{h}_{t\mathrm{TM}(mn)_i} \|} \end{cases} \tag{3-73}$$

通常,均匀的介质层是级联组件中的第二层。在这种情况下,每一个具有平面波形式的模态,其散射参数仅与该模态的传输系数和反射系数有关,而由于界面处的模态之间没有耦合,散射参数矩阵是对角矩阵。对于材料 1 和 2 之间的介质边界(图 3-4),散射矩阵是反对称且互易的:$\boldsymbol{S}_{11} = -\boldsymbol{S}_{22} = \boldsymbol{R}$;$\boldsymbol{S}_{12} = \boldsymbol{S}_{21} = \boldsymbol{T}$,与介质阻抗的关系如下:

$$\begin{cases} R_{(pmn)_i}^{(pmn)_s} = \dfrac{V_{(pmn)_s}^{S_1}(0)}{V_{(pmn)_i}^{I_1}(0)} = \begin{cases} \dfrac{Z_{pmn}^2 - Z_{pmn}^1}{Z_{pmn}^2 + Z_{pmn}^1}, & i = s \\ 0, & i \neq s \end{cases} \\ T_{(pmn)_i}^{(pmn)_s} = \dfrac{V_{(pmn)_s}^{S_2}(0)}{V_{(pmn)_i}^{I_1}(0)} = \begin{cases} \dfrac{2\,(Z_{pmn}^1 Z_{pmn}^2)^{1/2}}{Z_{pmn}^2 + Z_{pmn}^1}, & i = s \\ 0, & i \neq s \end{cases} \end{cases} \tag{3-74}$$

在推导出两层的散射参数后,只需要描述任意数量的元素级联求复合散射参数的过程即可。

图 3-16 阐述了距离 $d$ 的两个分量,散射矩阵分别为 $\boldsymbol{S}^{\mathrm{I}}$ 和 $\boldsymbol{S}^{\mathrm{II}}$。这些矩阵可以描绘成,如一个嵌在介质中距离由第二个介质分隔的介质边界为 $d$ 的表面,

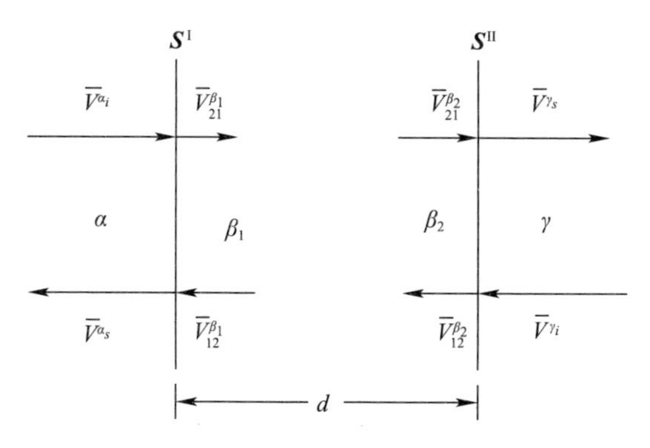


图 3－16　散射矩阵 $\boldsymbol{S}^{\mathrm{I}}$ 和 $\boldsymbol{S}^{\mathrm{II}}$ 的级联

或者，如分隔厚度为 $d$ 的介质层与相邻介质的两个介质边界。

每个元素的终端平面上，组合结构左侧的归一化电压波记为 $\alpha$，右侧的记为 $\gamma$，还有 $\beta_1$ 和 $\beta_2$ 之间的归一化电压波。元素之间的波是每个元素的入射波和散射波的组合，因此单个入射波和散射波不可能是孤立的，该组合结构在每个终端平面上分别标记为 $V^{\beta_{1,2}}_{12}$ 和 $V^{\beta_{1,2}}_{21}$。

对于以 $\boldsymbol{S}^{\mathrm{I}}$ 为特征的分量，入射波引起的散射波的定义方程为

$$\begin{bmatrix} V^{\alpha_s} \\ V^{\beta_1}_{21} \end{bmatrix} = \begin{bmatrix} \boldsymbol{S}_{\alpha\alpha} & \boldsymbol{S}_{\alpha\beta_1} \\ \boldsymbol{S}_{\beta_1\alpha} & \boldsymbol{S}_{\beta_1\beta_1} \end{bmatrix} \begin{bmatrix} V^{\alpha_i} \\ V^{\beta_1}_{12} \end{bmatrix} \tag{3-75}$$

且，对于以 $\boldsymbol{S}^{\mathrm{II}}$ 为特征的分量，则有

$$\begin{bmatrix} V^{\beta_2}_{12} \\ V^{\gamma_s} \end{bmatrix} = \begin{bmatrix} \boldsymbol{S}_{\beta_2\beta_2} & \boldsymbol{S}_{\beta_2\gamma} \\ \boldsymbol{S}_{\gamma\beta_2} & \boldsymbol{S}_{\gamma\gamma} \end{bmatrix} \begin{bmatrix} V^{\beta_2}_{21} \\ V^{\gamma_i} \end{bmatrix} \tag{3-76}$$

终端面的归一化电压波是行波，因此终端面的电压波可以简单地通过下式关联：

$$V^{\beta_2}_{21} = \boldsymbol{P} V^{\beta_1}_{21}\,;\, V^{\beta_1}_{12} = \boldsymbol{P} V^{\beta_2}_{12} \tag{3-77}$$

式中：$\boldsymbol{P}$ 是一个对角传播矩阵；每个 $mn^{th}$ 模态的对角元素为 $\mathrm{e}^{-\mathrm{j}k_{zmn}d}$。各分量的归一化电压波之间的关系可以组合成复合散射矩阵，定义为

$$\begin{bmatrix} V^{\alpha_s} \\ V^{\gamma_s} \end{bmatrix} = \begin{bmatrix} \boldsymbol{S}^{\boldsymbol{\Sigma}}_{\alpha\alpha} & \boldsymbol{S}^{\boldsymbol{\Sigma}}_{\alpha\gamma} \\ \boldsymbol{S}^{\boldsymbol{\Sigma}}_{\gamma\alpha} & \boldsymbol{S}^{\boldsymbol{\Sigma}}_{\gamma\gamma} \end{bmatrix} \begin{bmatrix} V^{\alpha_i} \\ V^{\gamma_i} \end{bmatrix} \tag{3-78}$$

式中：$\boldsymbol{\Sigma}$ 为表征复合结构的散射矩阵。矩阵组合的中间步骤是计算元素 $\beta_1$ 和 $\beta_2$ 之间的内部波。对于这些波的认识使得我们可以计算边界之间任何点的场。结合式(3－75)～式(3－77)，得

$$\begin{bmatrix} V_{12}^{\beta_1} \\ V_{21}^{\beta_2} \end{bmatrix} = \begin{bmatrix} \boldsymbol{H}_2\boldsymbol{S}_{\beta_2\beta_2}\boldsymbol{P}\boldsymbol{S}_{\beta_1\alpha} & \boldsymbol{H}_2\boldsymbol{S}_{\beta_2\gamma} \\ \boldsymbol{H}_1\boldsymbol{S}_{\beta_1\alpha} & \boldsymbol{H}_1\boldsymbol{S}_{\beta_1\beta_1}\boldsymbol{P}\boldsymbol{S}_{\beta_2\gamma} \end{bmatrix} \begin{bmatrix} V^{\alpha_i} \\ V^{\gamma_i} \end{bmatrix} \tag{3-79}$$

式中：$\boldsymbol{H}_1 = (\boldsymbol{P}^{-1} - \boldsymbol{S}_{\beta_1\beta_1}\boldsymbol{P}\boldsymbol{S}_{\beta_2\beta_2})^{-1}$和$\boldsymbol{H}_2 = (\boldsymbol{P}^{-1} - \boldsymbol{S}_{\beta_2\beta_2}\boldsymbol{P}\boldsymbol{S}_{\beta_1\beta_1})^{-1}$。通过进一步的计算即可得到复合结构的散射参数：

$$\begin{cases} \boldsymbol{S}_{\alpha\alpha}^{\Sigma} = \boldsymbol{S}_{\alpha\alpha} + \boldsymbol{S}_{\alpha\beta_1}\boldsymbol{H}_2\boldsymbol{S}_{\beta_2\beta_2}\boldsymbol{P}\boldsymbol{S}_{\beta_1\alpha} \\ \boldsymbol{S}_{\alpha\gamma}^{\Sigma} = \boldsymbol{S}_{\alpha\beta_1}\boldsymbol{H}_2\boldsymbol{S}_{\beta_2\gamma} \\ \boldsymbol{S}_{\gamma\alpha}^{\Sigma} = \boldsymbol{S}_{\alpha\beta_2}\boldsymbol{H}_1\boldsymbol{S}_{\beta_2\alpha} \\ \boldsymbol{S}_{\gamma\gamma}^{\Sigma} = \boldsymbol{S}_{\gamma\gamma} + \boldsymbol{S}_{\gamma\beta_2}\boldsymbol{H}_1\boldsymbol{S}_{\beta_1\beta_2}\boldsymbol{P}\boldsymbol{S}_{\beta_2\gamma} \end{cases} \tag{3-80}$$

通过重复上述步骤，使用屏的初始两分量的复合散射参数的分量作为第一个散射参数矩阵，下一个分量的散射参数作为第二个矩阵，可以构建多组合屏。通过以这种方式重复添加组件，一个屏就由任意分层的不同组件的组合得到。另一种计算多层结构总散射矩阵的方法是利用多层（级联）结构总传输矩阵的矩阵乘法特性，如图 3－17 所示。传输矩阵和散射矩阵定义为

$$\begin{cases} \begin{bmatrix} a_1 \\ b_1 \end{bmatrix} = \begin{bmatrix} T_{11} & T_{12} \\ T_{21} & T_{22} \end{bmatrix} \begin{bmatrix} b_2 \\ a_2 \end{bmatrix} \\ \begin{bmatrix} b_1 \\ b_2 \end{bmatrix} = \begin{bmatrix} S_{11} & S_{12} \\ S_{21} & S_{22} \end{bmatrix} \begin{bmatrix} a_1 \\ a_2 \end{bmatrix} \end{cases} \tag{3-81}$$

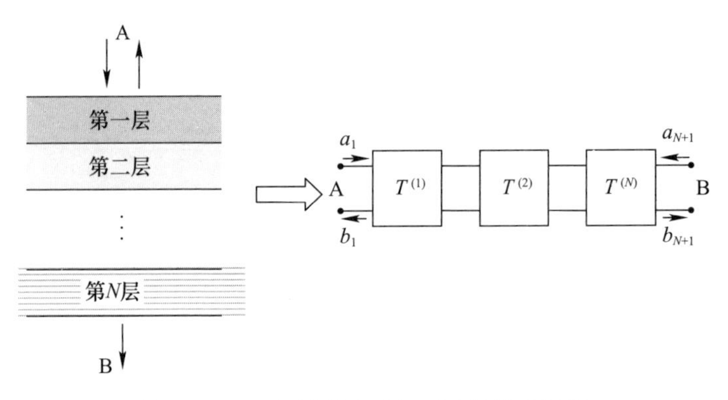


图 3－17　多层周期介质及其等效传输矩阵

式(3－81)经过一些代数运算,可以得到[$\boldsymbol{S}$]和[$\boldsymbol{T}$]矩阵之间的变换:

$$\begin{cases}[\boldsymbol{T}]=\begin{bmatrix}S_{21}^{-1} & -S_{22}S_{21}^{-1}\\ S_{11}S_{21}^{-1} & S_{12}-S_{11}S_{21}^{-1}S_{22}\end{bmatrix}\\ [\boldsymbol{S}]=\begin{bmatrix}T_{12}T_{11}^{-1} & T_{11}-T_{12}T_{11}^{-1}T_{21}\\ T_{11}^{-1} & -T_{12}T_{11}^{-1}\end{bmatrix}\end{cases} \tag{3-82}$$

因此,在算法的第一步,单个层的散射参数是用数值分析计算的,如3.1节所述。在第二步中,利用式(3－82)将每个散射矩阵转换为传输矩阵。通过矩阵乘法计算所有传输矩阵的总传输矩阵。

$$\boldsymbol{T}_{\text{total}}=\boldsymbol{T}^{(N)}\cdots\boldsymbol{T}^{(2)}\boldsymbol{T}^{(1)} \tag{3-83}$$

下一步,将总传输矩阵转换为散射矩阵,利用式(3－82)提取所有散射参数。假设如上面所述,已知总场为$E(\omega,x,y)$,通过将总场投影在每个谐波上,可以计算不同谐波(Floquet 模式)的实际大小:

$$E^{m,n}(\omega)=\frac{1}{ab}\int_0^a\int_0^b E(\omega,x,y)\mathrm{e}^{\mathrm{j}k_{xm}x}\mathrm{e}^{\mathrm{j}k_{yn}y}\mathrm{d}x\mathrm{d}y \tag{3-84}$$

式中:$k_{xm}$和$k_{yn}$由式(3－8)给出。式(3－84)可以写成离散形式为

$$E^{m,n}(\omega)=\frac{1}{N_xN_y}\sum_{i=0}^{N_x}\sum_{j=0}^{N_y}E(\omega,\mathrm{i}\Delta x,\mathrm{j}\Delta y)\mathrm{e}^{\mathrm{j}k_{xm}\mathrm{i}\Delta x}\mathrm{e}^{\mathrm{j}k_{yn}\mathrm{j}\Delta y} \tag{3-85}$$

式中:$N_x$和$N_y$分别是$x$和$y$方向上的单元总数;$\Delta x$和$\Delta y$分别是$x$和$y$方向上的单元大小。

图3－18所示的多层几何结构由两个相同的偶极子单元FSS结构组成。偶极长12mm,宽3mm。在$x$和$y$方向上的周期均为15mm[15]。该衬底的厚度为6mm,且相对介电常数$\varepsilon_r=2.2$。该结构被一个法向入射平面波$\mathrm{TE}^z$(沿$y$轴偏

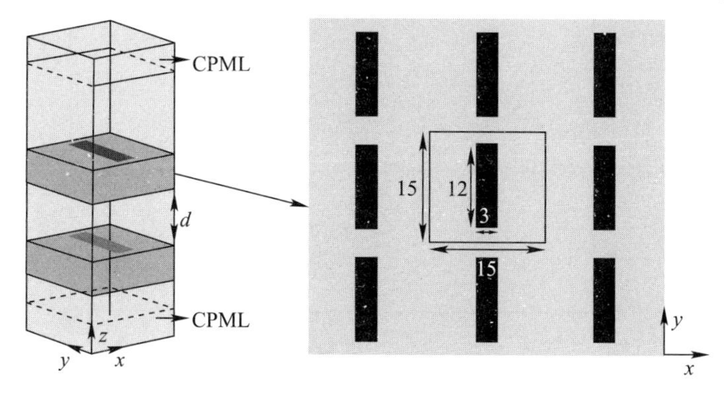


图3－18　由两个相同偶极子级联组成的FSS单元的几何形状
(所有尺寸以mm为单位)[15]

振)照射,频率范围为0~16GHz。在计算区域的顶部和底部采用卷积完美匹配层(convolutional perfectly matched layers,CPML)作为吸收边界。以确定所有高次谐波的大小都比入射电场的大小低40dB的距离($d$)。

为了验证级联技术的有效性,对几种空气间隔进行了分析,并与整个结构的模拟结果进行了比较。由图3-19和图3-20可以看出,当间隔尺寸($d$)小于15.5mm时,仅使用主模的级联技术是不准确的(比-40dB高的谐波),特别是在高频率。

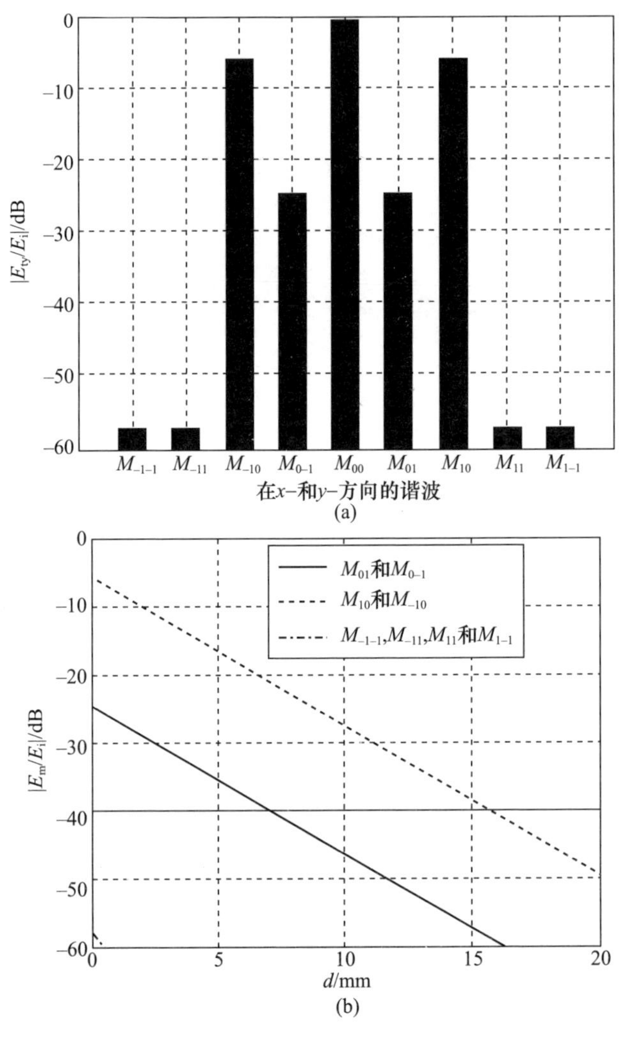


图3-19 16GHz处的前8次传输谐波(归一化到入射场)

(a)幅值;(b)前8个随距离衰减谐波[15]。

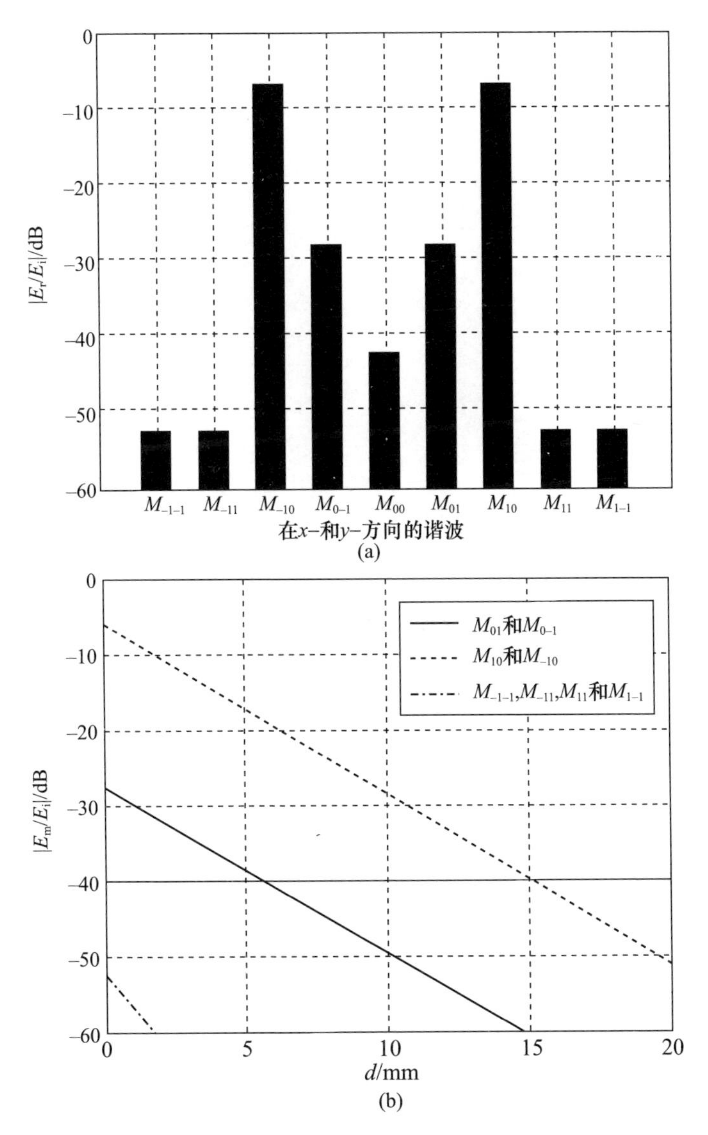


图3-20　16GHz处的前8次反射谐波(归一化到入射场)

(a)幅值;(b)前8个随距离衰减谐波[15]。

对间隔尺寸($d$)小于15.5mm的结构进行精确分析,级联技术应包含比入射波幅度大于-40dB的所有谐波。图3-21对比了仅使用主模时的级联技术的结果,以及使用主模和前两个谐波$M_{10}$和$M_{-10}$时的结果。注意在级联分析中加入两个谐波可以提高结果的准确性。

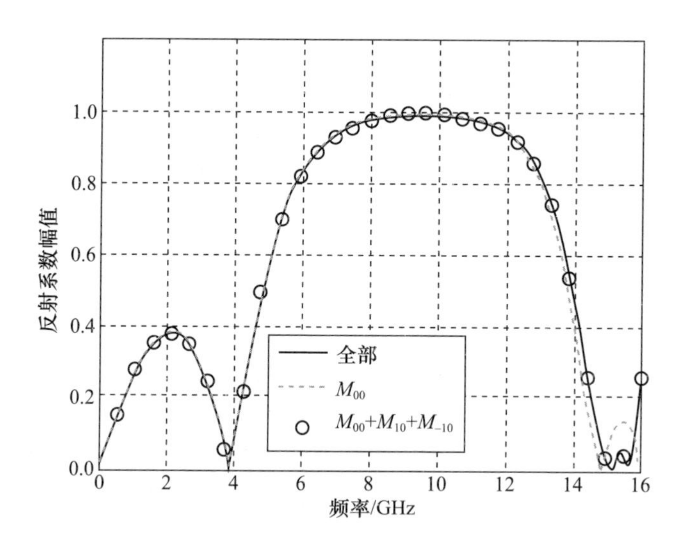


图 3-21 间隔 7mm 正入射$TE^z$ 情况下两个相同偶极子 FSS 的反射系数[15]

## 3.3 超材料雷达天线罩

几年前超材料技术兴起,从那时起,它便成为民用和军用领域的新型可定制人工材料中最具发展前途的技术。该技术在设计新型微波和光学器件如平面透镜、具有正加速相位的延迟线和隐身斗篷等方面极具吸引力。超材料实际上是一种基于周期性结构的人造材料。这些周期性结构的基本单元有不同的类型:印刷的、介电的或铁磁的。通过对这些材料的精心设计能够控制和调整其几何与电学特性,如均匀性、各向异性和对频率的依赖性,以获得所需的性能。在某些情况下,可以获得双负材料(double negative materials,DNG),其磁导率和介电常数都为负数。当平面波入射到这种材料上时,这种特性会产生一些有趣的效应,如负折射系数和负相速度。此外,超材料可能具有特殊的各向异性和双向异性特性[16-17]。二维(two-dimensional,2D)的超材料是 FSS 结构的直接延伸,不同的是周期结构单元尺寸。对于 FSS 结构,工作频率开始于单元尺寸在 $\lambda/2$ 量级,而对于超材料,在工作波段时,单元尺寸小于 $0.1\lambda$。那么对于超材料,准静态分析是适用的。因此,在特定频段内,为超材料指定有效的构造参数是合理的。

与传统 FSS 相比,这种超材料结构除了在高频工作时具有令人满意的性能,还具有一些其他优良特性:

(1) 频率响应(传输和反射)对入射角不敏感。

（2）谐波自由频率响应。

（3）轻松实现宽带/多波段特性,具有优越的反射/传输效率。

（4）更小型化和结构厚度更薄。

结合超材料阻性周期表面和交指 FSS 可实现具有封闭天线发射和接收的窄通带以及通带以上的宽吸收带[3],这将在下面讨论。通常,宽吸收带是通过在地平面上放置一个有损耗的表面来获得的。因此,FSS 可设计为通带外具有较宽反射带的带通结构,这样它就可以用作外部吸收结构的接地平面。宽频带吸收结构是通过在金属 FSS 上附加一个空气间隔层来实现的。在 FSS 充当地平面的频率范围内,多层屏作为一个宽频带高阻抗表面吸收体吸收信号[2,18]。该结构的几何形状如图 3－22 所示[3]。

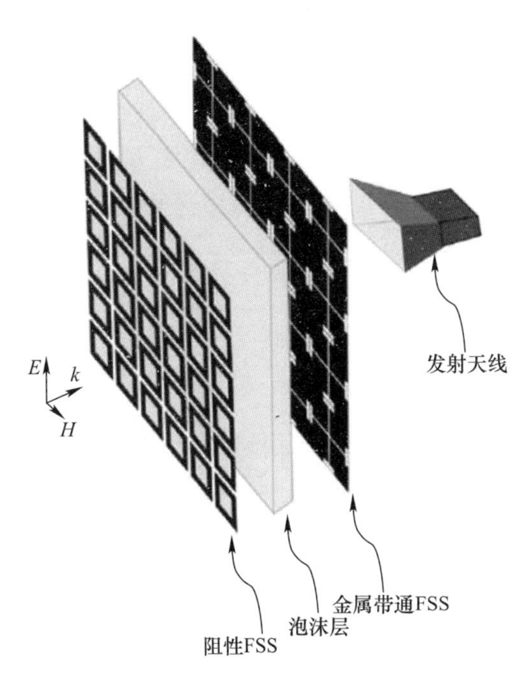


图 3－22　发射/吸收雷达天线罩几何形状[3]

最上层是一个由下面空气间隔层和金属通带 FSS 支撑的电阻性 FSS。为了在天线的工作频带内获得整个结构的低插入损耗,阻性 FSS 在这个频带内必须几乎是透明的。由于雷达天线罩吸收部分和传输部分的工作频带不同,预计金属 FSS 和电阻 FSS 的周期也是不同的。这就存在以下弊端:首先,金属 FSS 的周期不能超过吸收器最大工作频率处的波长,避免吸波器在工作频带出现栅瓣;其次,金属 FSS 和阻性 FSS 的单元尺寸的比值大小应该是有理数。

传输/吸收雷达天线罩的传输线等效电路如图3-23所示[3]。

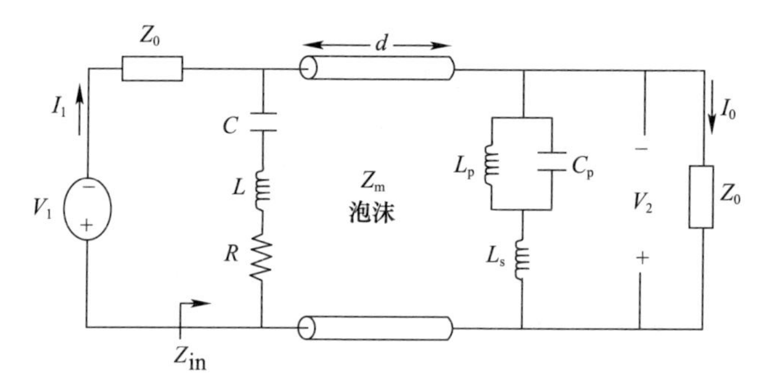


图3-23　传输/吸收雷达天线罩的传输线等效电路[3]

在等效电路中，如果滤波器是用一个简单的FSS单元，如一个开槽的十字或开槽的方形环路来实现的，那么金属带通FSS用并联的$L_pC_p$电路表示。如果FSS的单元是一个开槽的耶路撒冷十字，那么等效电路需要用串联电感$L_s$表示，而不是并联$L_pC_p$[18]。电容电阻式FSS用串联$RLC$电路近似表示[19]。通过计算图3-23中电路的输入阻抗，可得到复合结构在法向和斜入射时的反射与传输系数。可通过下式计算介质板的阻抗：

$$Z_v^{\mathrm{TE,TM}} = Z_m^{\mathrm{TE,TM}} \frac{[Z_L^{\mathrm{TE,TM}} + \mathrm{j}Z_m^{\mathrm{TE,TM}}\tan(\beta_m d)]}{[Z_m^{\mathrm{TE,TM}} + \mathrm{j}Z_L^{\mathrm{TE,TM}}\tan(\beta_m d)]} \tag{3-86}$$

式中：$Z_L$为负载阻抗；$Z_m$、$\beta_m$、$k_m$为

$$\begin{cases} \beta_m = \sqrt{k_m^2 - k_t^2}, k_t = k_0\sin\theta, k_m = k_0\sqrt{\varepsilon_{\mathrm{r}}\mu_{\mathrm{r}}} \\ Z_m^{\mathrm{TE}} = \dfrac{\omega\mu}{\beta_m}, Z_m^{\mathrm{TM}} = \dfrac{\beta_m}{\omega\varepsilon} \end{cases} \tag{3-87}$$

式中：$\theta$为入射角；$k_0$为自由空间传播常数；$k_t$为横波矢量。一旦计算得到结构的输入阻抗，则可通过下式计算在接收模式下的反射系数：

$$S_{11}^r = \frac{Z_{\mathrm{in}}^{\mathrm{TE,TM}} - Z_0^{\mathrm{TE,TM}}}{Z_{\mathrm{in}}^{\mathrm{TE,TM}} + Z_0^{\mathrm{TE,TM}}}; Z_0^{\mathrm{TE}} = \frac{\eta_0}{\cos\theta}; Z_0^{\mathrm{TM}} = \eta_0\cos\theta; \eta_0 = \sqrt{\frac{\mu_0}{\varepsilon_0}} \tag{3-88}$$

式中：$Z_{\mathrm{in}}$为整个结构的输入阻抗。同样，接收模式下的传输系数$S_{21}^r$可以用等效电路的$ABCD$矩阵来计算，如第2章所述：

$$S_{21}^r = \frac{2}{A + B/Z_0^{\mathrm{TE,TM}} + CZ_0^{\mathrm{TE,TM}} + D} \tag{3-89}$$

$A$、$B$、$C$、$D$项为整个系统传输线矩阵的元素，可表示为三个级联矩阵的乘积[20]：

$$\begin{bmatrix} A & B \\ C & D \end{bmatrix} = \begin{bmatrix} 1 & 0 \\ \dfrac{1}{Z_{\mathrm{FSS}}^{\mathrm{res}}} & 1 \end{bmatrix} \begin{bmatrix} \cos(\beta_m d) & \mathrm{j}Z_m \sin(\beta_m d) \\ \mathrm{j}\dfrac{\sin(\beta_m d)}{Z_m}\cos(\beta_m d) & \cos(\beta_m d) \end{bmatrix} \begin{bmatrix} 1 & 0 \\ \dfrac{1}{Z_{\mathrm{FSS}}^{\mathrm{metal}}} & 1 \end{bmatrix} \tag{3-90}$$

式中：$Z_{\mathrm{FSS}}^{\mathrm{res}}$和 $Z_{\mathrm{FSS}}^{\mathrm{metal}}$分别为阻性 FSS 和金属 FSS 的近似阻抗。通过匹配元素的正入射全波响应和入射介质的特征阻抗，计算得到所使用的 FSS 的电感和电容。计算过程在参考文献[19]中有详细描述。该结构所吸收的能量可通过以下关系得到：

$$A_p^{\mathrm{dB}} = 10\log(|S_{11}^r|^2 + |S_{21}^r|^2) \tag{3-91}$$

如前所述，雷达天线罩结构中的金属 FSS 必须作为具有宽反射阻带的带通结构，这样它才能用作吸收结构的接地面。带通滤波器的最简单的 FSS 元件是金属接地平面上的缝隙十字周期结构。通带中心频率出现在单元大小为 λ/2 时，第二个通带的通带中心频率比现在单元大小约为 λ 时。这一特性可能会限制 FSS 作为完美接地面的阻带。要在不影响通带中心频率的前提下提高 FSS 的阻带，需要减小 FSS 的单元尺寸并改变周期结构单元的几何形状，这可以用开槽耶路撒冷十字取代简单的开槽十字。为了进一步减少单元大小，将开槽耶路撒冷十字替换为交指开槽耶路撒冷十字，如图 3-24 所示。

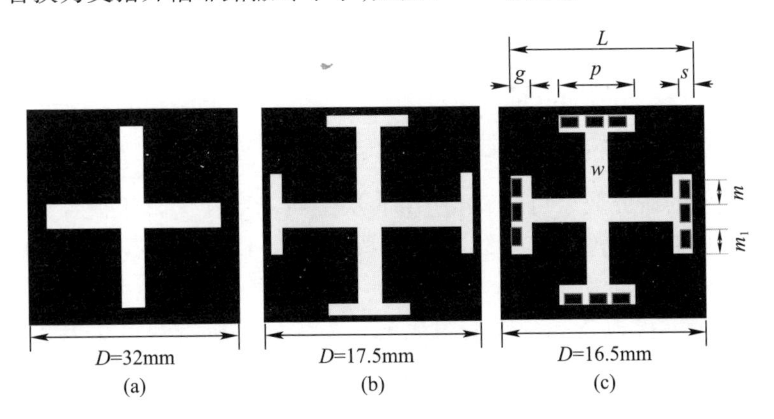


图 3-24　金属 FSS 的几何形状

(a)开槽十字；(b)开槽耶路撒冷十字；(c)开槽交指耶路撒冷十字。

参考文献[3]中要求通带为 4.2～4.9GHz，吸收带为 8～18GHz，插入损耗大于 15dB。耶路撒冷十字替代标准十字将单元尺寸大小从 32mm 降低到 17.5mm，交指耶路撒冷十字将单元尺寸进一步降低到 16.5mm，而不影响通带的中心频率，仿真结果如图 3-25 所示。

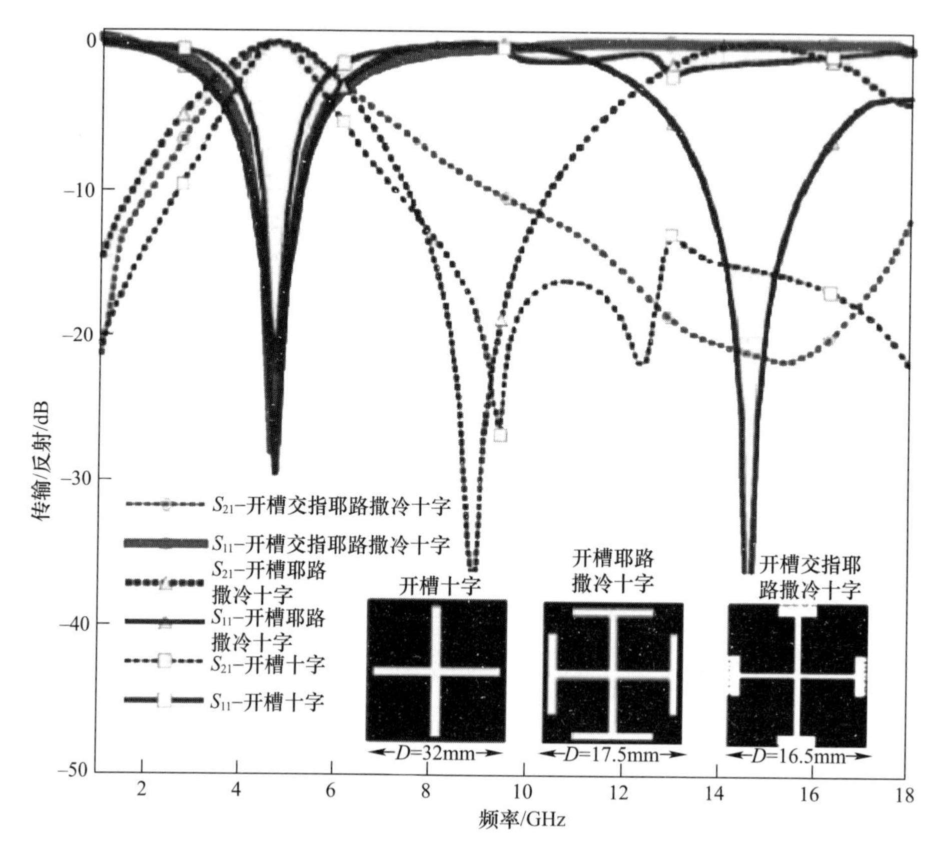


图 3-25 正入射时开槽十字、开槽耶路撒冷十字、开槽交指耶路撒冷十字单元的 FSS 的传输/反射曲线[3]

根据之前的研究成果可知，可使用底层金属 FSS 作为外吸波器的接地面。另外，吸波结构必须满足在天线工作频段（4.2～4.9GHz）透波的基本要求。顶层阻性 FSS 的宽带雷达吸收器见图 3-22，该宽带吸收器是由一个方环阻性 FSS 在一个薄接地空气衬底上组成的。为了满足所需的雷达天线罩性能，阻性 FSS 的自由空间谐振频率应位于 15GHz 左右，如参考文献[18]所述。所有单元具有相同的周期 $D$ 即 11mm（在 13.7GHz 频率处等于 $\lambda/2$）。方环的边长，从最窄到最宽依次为 $10/16D$、$12/16D$ 和 $14/16D$，它们的厚度分别为 $1/16D$、$2/16D$和 $3/16D$。它们的传输系数如图 3-26 所示。

可以看出，在吸波带（8～18GHz），插入损耗不满足指标超过 15dB 的要求。因此，为达到要求，FSS 环不能仅仅是金属的，需要使用阻性 FSS。此外，宽方环的特点是通带插入损耗高，而较窄的方环产生更低的插入损耗，因此是保证通带性能的最佳选择。回路的表面电阻为 $15\Omega/m^2$，根据参考文献[3]中的参数研

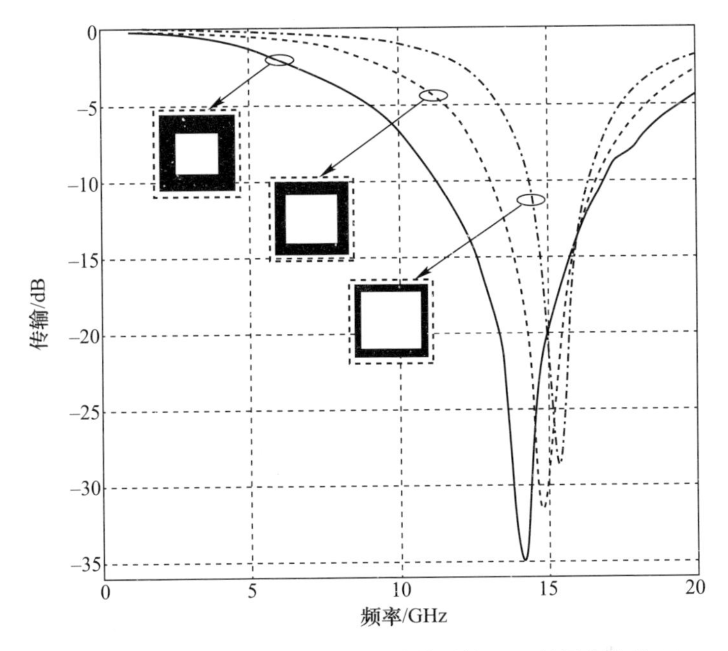


图 3－26　三种不同方环金属 FSS 的传输系数，FSS 的周期均为 11mm

究，阻性 FSS 的等效参数为 $L=4.1\text{nH}$，$C=0.024\text{pF}$，$R=260\Omega$，见图 3－23。空气基板厚度为 5mm（为吸收带中心频率的 $\lambda/4$）。图 3－27 所示为不同环厚度（$1/16D$、$2/16D$、$3/16D$），表面电阻为 $15\Omega/\text{m}^2$ 的金属接地面的吸波结构的反射系数。

可以看到，最宽的方环在宽带吸收方面具有最好的性能，但在天线通带内会产生高损耗。另外，如果将通带插入损耗作为关键参数，那么最小方环可归为最佳折中方案。因此，下面我们将考虑使用阻性最窄方环来分析雷达天线罩的性能。

在周期边界条件下对整个结构进行分析，如果金属 FSS 的单元尺寸是 16.5mm，阻性 FSS 的单元尺寸大小是 11mm，那么整个结构的宏观单元大小将为 33mm，包括 4 个金属 FSS 单元和 9 个阻性 FSS 单元。基于参考文献[3]中的金属 FSS 等效电路参数为 $L_p=3.74\text{nH}$，$C_p=0.313\text{pF}$，$L_s=0.372\text{nH}$，交指开槽耶路撒冷十字的几何尺寸如图 3－25 所示，分别为 $L=13.95\text{mm}$，$p=4.65\text{mm}$，$w=0.46\text{mm}$，$m=0.82\text{mm}$，$m_1=0.23\text{mm}$，$s=0.35\text{mm}$，$g=0.93\text{mm}$。图 3－28 所示为发射模式下的雷达天线罩性能，图 3－29 所示为接收模式下的雷达天线罩性能。通过观察曲线，可以看出该结构在 10～18GHz 频段内降低的反射功率超过 15dB，仅在天线频段 4.2～4.9GHz 引入了 0.3dB 的损耗。将等效电路

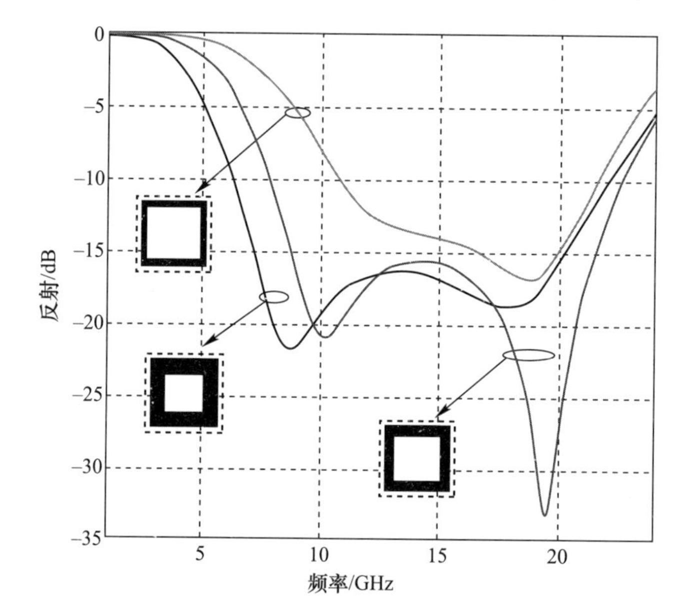


图 3-27　表面电阻为 15Ω/m² 的金属接地面吸波结构的反射系数。结构厚度为 5mm，单元尺寸为 11mm[3]

方法得到的结果与 HFSS 和 CST 的仿真结果进行比较，结果一致性较好。此外，设计一个实用的雷达天线罩的主要要求之一是保证传输特性作为入射角的函数。图 3-30给出了不同极化 0°、30°和 45°入射角下雷达天线罩的传输系数[3]。

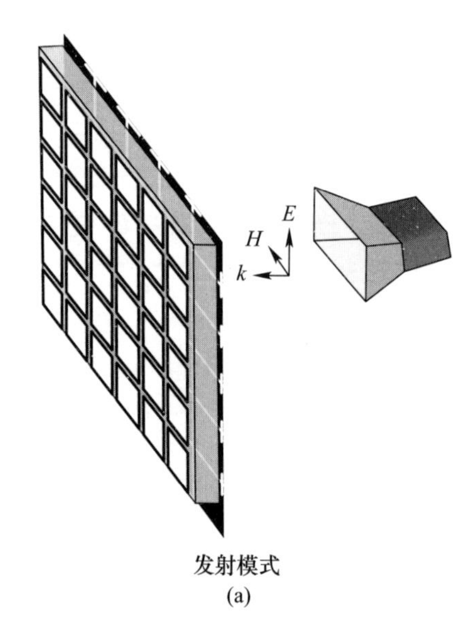


(a)

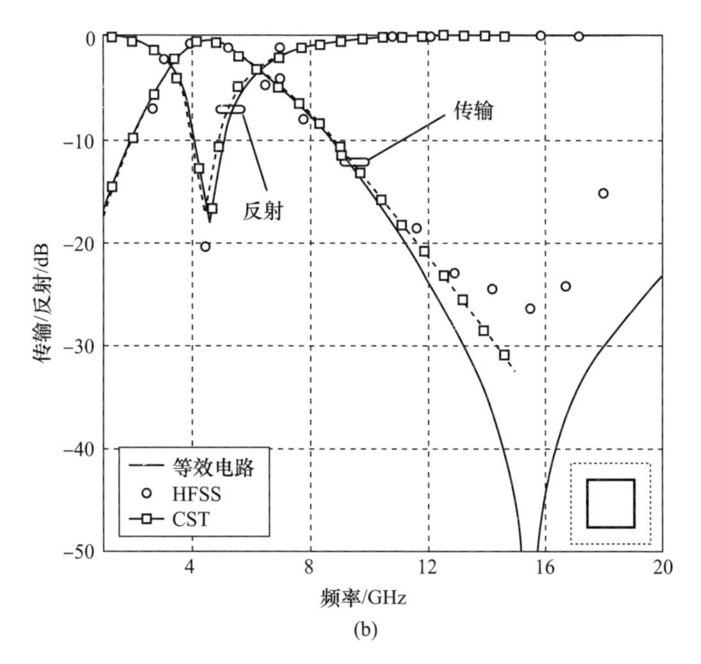


(b)

图3-28　发射模式下雷达天线罩性能[3]

(a)发射模式下的几何构型；(b)发射模式下的传输/反射。

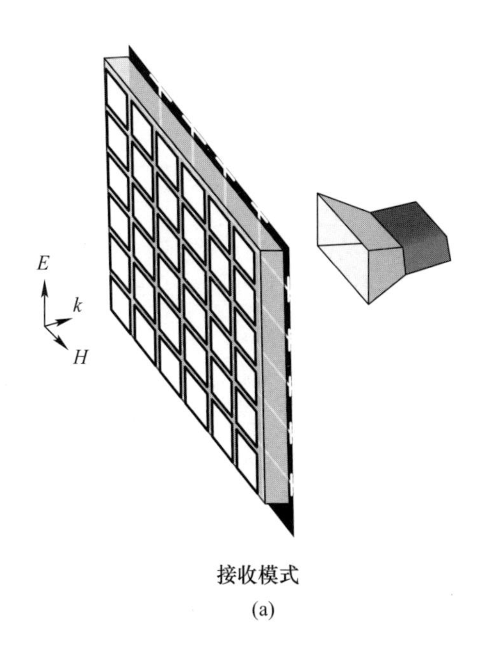


(a)

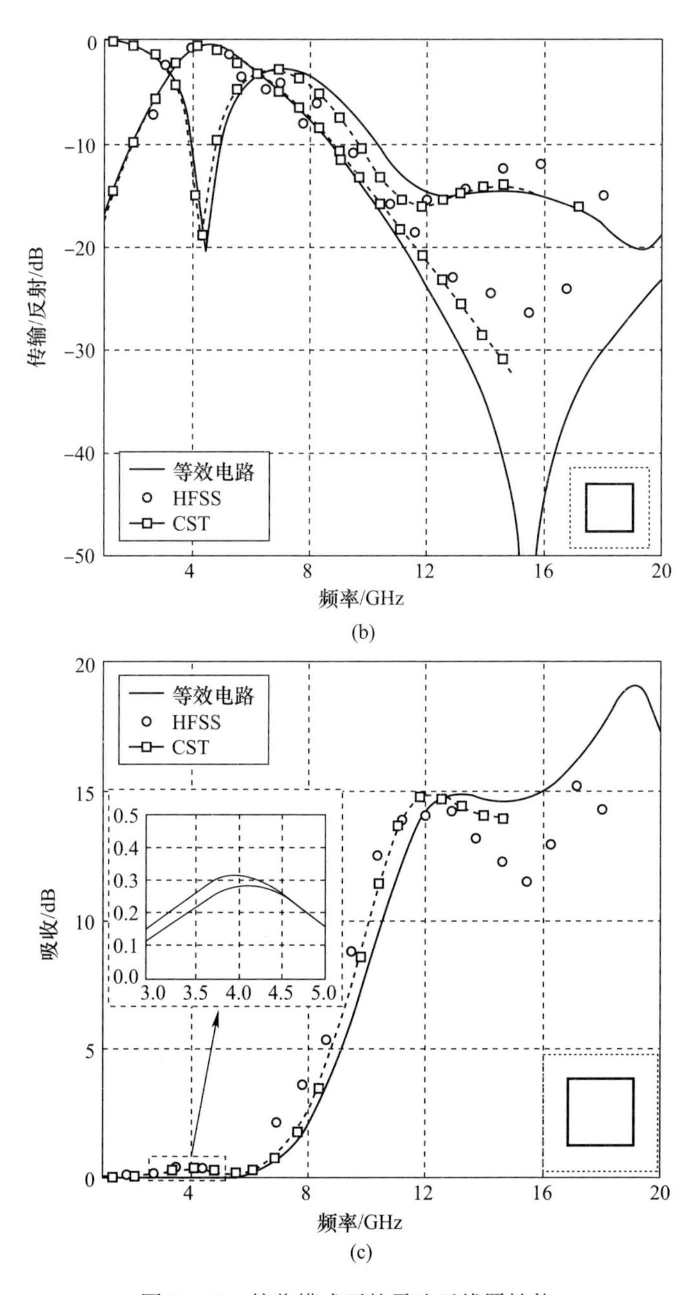


图 3－29　接收模式下的雷达天线罩性能

(a)接收模式下的几何构型;(b)接收模式下的传输/反射;

(c)接收模式下的吸收[3]。

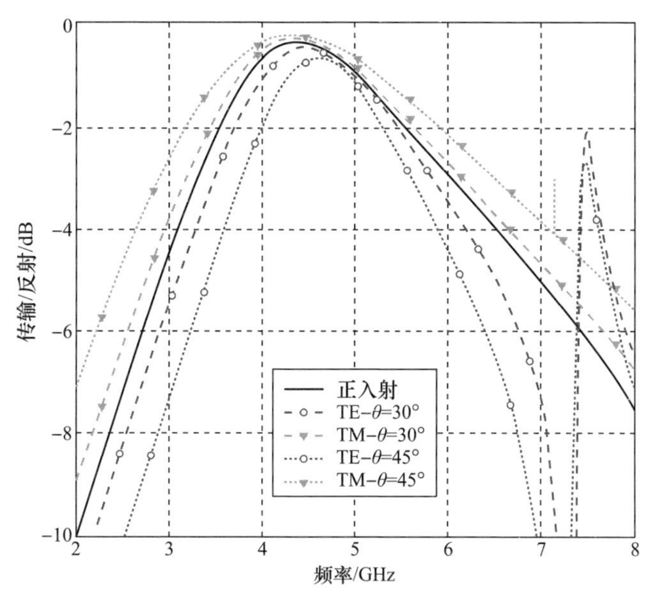


图 3-30　在 0°、30°和 45°入射角 TE 和 TM 极化下接收模式雷达天线罩的传输系数[3]

我们可以看到该结构在 TE 和 TM 极化 0°、30°和 45°入射角下均具有良好的通带稳定性。

# 参 考 文 献

1 Rittenhouse, D. An optical problem, proposed by Mr. Hopkinson, and solved by Mr. Rittenhouse. *Trans. Amer. Phil. Soc.,* 2, 201–206, 1786.

2 Munk, B. Frequency selective surfaces-theory and design. New York: John Wiley, 2000.

3 Costa F, and Monorchio, A. A frequency selective radome with wideband absorbing properties. *IEEE Trans. on Antennas and Propagat.,* 60(6), 2740–2748, 2012.

4 Mittra, R, Chan, CH, and Cwik, TA. Techniques for Analyzing Frequency Selective Surfaces—A Review. *Proceedings of IEEE,* 76(12), 1593–1615, 1988.

5 Cwik, TA, and Mittra, R. Scattering from a periodic array free-standing arbitrarily shaped perfectly conducting or resistive patches. *IEEE Trans. Antennas and Propagat.,* 35(11), 1226–1234, 1987.

6 Harrington, RF. Time-harmonic electromagnetic fields. New York: McGraw-Hill, 1961.
7 T. Itoh. Spectral domain immitance approach for dispersion characteristics of generalized printed transmission lines. *IEEE Trans. Microwave Theory Tech.*, 28, (7), 733–736, 1980.
8 Harrington, RF. Field computation by moment methods. New York: IEEE Press, 1968.
9 Hestenes, MR, and Stiefel, E. Methods of conjugate gradient for solving linear systems, *J. Res. Nat. Bur. Stand.*, 49(6), 409–436, 1952.
10 van den Berg, PM. Iterative computational techniques in scattering based upon the integrated square error criterion. *IEEE Trans. Antennas Propagat.*, 32(10), 1063–1070, 1984.
11 Glisson, AW, and Wilton, DR. Simple and efficient numerical methods for problems of electromagnetic radiation and scattering from surfaces. *IEEE Trans. Antennas Propagat.*, 28(5), 593–603,
12 Rubin, B.J, and Bertoni, HL. Reflection from a periodically perforated plane using a subsectional current approximation. *IEEE Trans. Antennas Propagat.*, 31(6), 829–836, 1983.
13 Bozzi, M, and Perregrini, L. Analysis of multilayered printed frequency selective surfaces by the MoM/BI-RME method. *IEEE Trans. Antennas Propagat.*, 51(10), 2830–2836, 2003.
14 Cwik, T, and Mittra, R. The cascade connection of planar periodic surfaces and lossy dielectric layers to form an arbitrary periodic screen. *IEEE Trans. Antennas Propagat.*, 35(12), 1397–1405, 1987.
15 ElMahgoub, K, Yang, F, Elsherbeni, AZ, Demir, V, and Chen, J. Analysis of a multilayered periodic structures using a hybrid FDTD/GSM method. *IEEE Antennas Propagat. Magazine*, 54(2), 57–73, 2012.
16 Capolino, F. Applications of metamaterials. New York: CRC Press, 2009.
17 Ziolkowski, RW, and Engheta, N. Electromagnetic metamaterials: Physics and engineering exploration. New York: John Wiley-IEEE Press, 2006.
18 Costa, F, Monorchio, A, and Manara, G. Analyisis and design of ultra thin electromagnetic absorbers comprising resistively loaded high impedance surfaces. *IEEE Trans. Antennas Propag.*, 58(5), 1551–1558, 2010.
19 Costa, F, Monorchio, A, and Manara, G. Efficient analysis of frequency selective surfaces by a simple equivalent circuit approach. *IEEE Antennas Propag. Mag.*, 54(4), 35–48, 2012.
20 Pozar, DM. Microwave Engineering, 2nd edition. New York: John Wiley & Sons, 1998.

# 习　　题

P3.1　证明式(3-6)。

P3.2　证明式(3-30)和式(3-31)。

P3.3　证明式(3-82)。

P3.4　设计一种 FSS 结构，通带范围为 4.2~4.9GHz，插入损耗小于 0.5dB。用于设计的单元形状有三种：开槽十字结构、开槽耶路撒冷十字结构和在无限大 PEC 接地面的交指开槽十字结构，见图 3-24。单元尺寸分别为 32mm、17.5mm 和 16.5mm。找出单元的几何形状，并绘制出垂直入射时三种情况下 2~18GHz 的传输频响曲线，对每个结构的栅瓣进行标记。

P3.5　设计一种厚度为 1mm、表面电阻为 $15\Omega/\mathrm{m}^2$ 的矩形环吸波 FSS 结构。FSS 在问题 P3.4 中评估的交指 FSS 后面距离 $d=5\mathrm{mm}$ 处，单元尺寸为 11mm 的图 3-22所示的交指 FSS。吸波带在 10~18GHz，最低吸波要求为 15dB，通带范围为 4.2~4.9GHz。找到该吸波 FSS 的几何形状，并且绘制正入射时的传输系数频响曲线。

P3.6　计算 P3.5 中设计的吸波结构在 30°和 45°入射角下 TE 和 TM 极化时的传输系数。

# 第4章

# 机载雷达天线罩

已有文献将机载雷达天线罩对发射和接收天线性能的影响进行了分析。雷达天线罩的形状通常是共形的，这是由空气动力学因素决定的，如最小重量、最小阻力、机械结构强度和雷达天线罩的温度稳定性。有以下几种方法可以分析共形雷达天线罩的电性能。每种方法都有自身的优点和不足之处，而且合适的分析方法取决于参数的选取，如雷达天线罩的电长度、共形平滑度（是否有尖端）和结构纹理特征（多层结构、非均匀结构，包括 FSS 等）。

Paris[1] 在 20 世纪 70 年代初提出一种技术，用于确定被机载雷达天线罩覆盖的喇叭天线的方向图。他的程序是基于孔径积分法计算入射到雷达天线罩上的近场数据，将入射场视为具有特定频谱的局部平面波，使用第 2 章所述的 *ABCD* 传输矩阵公式[2] 得到平面波通过雷达天线罩的传输系数，然后将雷达天线罩外部的场作为辐射的等效源，并使用物理光学法计算远场参数，如辐射方向图、插入损耗、插入相位延迟（insertion phase delay，IPD）和瞄准误差（boresight error，BSE）。IPD 定义为相对于自由空间条件下雷达天线罩壁结构的存在所带来的相位延迟。因此，插入传输系数相位角的负值即为 IPD。

如果天线入射到雷达天线罩上的近场可以用单一平面波传播到天线孔径的法线来近似，那么 Paris 的方法就简化为射线追踪法（ray - tracing）或高频（high - frequency，HF）法。参考文献[3]也介绍了一种类似的方法，用于计算椭圆形雷达天线罩中圆形孔径的瞄准误差。射线追踪法将在 4.1 节中进行介绍，由于其计算效率高，对于球形和圆柱形的电大尺寸雷达天线罩的计算特别有效，但是射线追踪法忽略了由尖端散射和表面波产生的高阶效应。而且由于需要重复计算雷达天线罩表面在空间中每一个观察角度下的积分，因此计算罩内天线的辐射方向图是非常耗费时间和硬件内存的。4.1.1 节阐述了另一种可选择的、更加高效的技术，它基于一种使用辐射孔径（雷达天线罩表面上）层次分解的多层算法[4]。

4.1 节阐述的平面波方法对于计算电大尺寸的天线和雷达天线罩来说非常有效。如果是任意形状的电小尺寸雷达天线罩（长度在几个波长的数量级）和天线，表面等效原理可以用来模拟雷达天线罩对透射场的影响，以等效的表面电流和磁流向无限大介质中辐射，如4.2节所述，这种方法称为表面积分方程(surface integral equation，SIE)法，本章基于参考文献[5]的内容介绍此方法的分析过程。总场切向分量的边界条件给出了涉及这些电流的一组耦合积分方程。矩量法(MoM)使用三角基函数来求解这些积分方程。

在有介质雷达天线罩的情况下，可使用另外一种替代SIE法的体积分方程(volume integral equation，VIE)法来分析天线辐射特性，如4.3节所述。在求解VIE时，雷达天线罩通过四面体或六面体形状的小体积单元来建模，这样就可以对三维复杂雷达天线罩进行精确建模。这种方法的优点是可以分析非均匀介质。而对于均匀介质，SIE法一般会产生更少的未知数。如4.3.1节所述，通过将VIE与多层快速多极子算法(multilevel fast multipole algorithm，MLFMA)相结合，可以大大提升计算效率。

基于MoM的SIE和VIE数值求解技术会产生高条件数的高填充矩阵，这样会影响解的准确性。对于任意的非均匀雷达天线罩，我们可以使用有限元法(finite element method，FEM)进行数值分析。这种方法有以下三个优点：

(1) 矩阵方程的填充时间远小于使用MoM方法的填充时间。

(2) 产生的矩阵是高度稀疏矩阵，可以有效地进行求解。

(3) 使用自动网格生成算法可以方便地描述雷达天线罩的形状。这种方法将在4.4节介绍。

在有限元分析中，互易定理常与采用吸收边界条件进行网格截断的轴对称有限元法结合来使用。该方法按照以下两个步骤进行：首先，采用有限元法来确定被远处电磁波照射时雷达天线罩内的近场；其次，从第一步得到的近场信息中，使用互易定理得到天线的远场方向图，该天线在雷达天线罩内并且有给定的电流分布。该方法假设雷达天线罩的存在对天线电流没有明显的影响。

## 4.1 平面波谱——表面积分方法

平面波表面积分技术或者高频方法都假定在局部平面上，并已成功用于分析平滑的球形和圆柱形雷达天线罩。高频方法计算速度快且容易实现，可以用来分析具有尖端的雷达天线罩[1]。这种方法包括射线跟踪法和物理光学法，并已应用在ANSYS的商业软件SVANT中。然而，HF方法在分析尖锐的雷达天线罩尖端时并不准确，因为在尖端部分不满足局部平面的假设。

一个典型的机载雷达天线罩外形可以用一个二维超二次方程围绕其主轴旋转得到的一系列称为超球体的几何形状来描述[6]。

二维超二次方程曲线如图4-1所示,其数学表达式为

$$\left(\frac{x'}{d_c/2}\right)^v + \left(\frac{z'}{L}\right)^v = 1 \tag{4-1}$$

式中:$L$为雷达天线罩的长度;$d_c$为雷达天线罩根部直径($L > d_c/2$);$v$为正实数;$D=2a$为缝隙天线的直径。

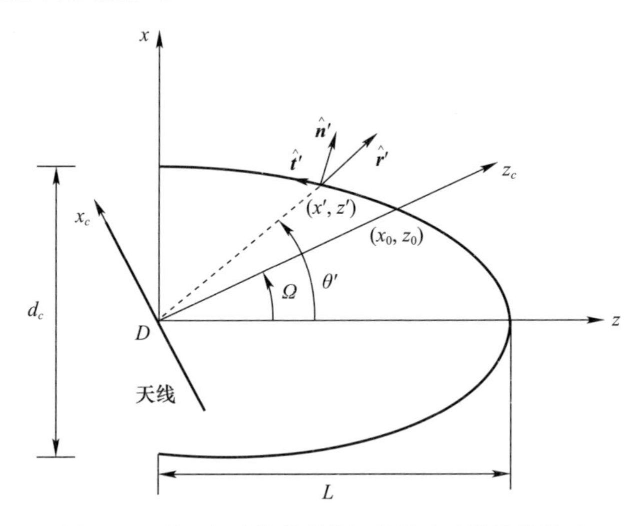


图4-1 基于超球体外形的机载雷达天线罩的截面

通过关于$z$轴求解此方程,可以得到如下旋转体(body of revolution,BoR)形式的方程:

$$x'^2 + y'^2 = \frac{(d_c/2)^2}{L^2}(L^v - z'^v)^{2/v} \tag{4-2}$$

由于对称性,在圆柱坐标系里雷达天线罩的外形面$f(\rho',\phi',z')$不再依赖于$\phi'$,可以写成

$$f(\rho',\phi',z') = x'^2 + y'^2 - \frac{(d_c/2)^2}{L^2}(L^v - z'^v)^{2/v}$$

$$= \rho'^2 - \frac{(d_c/2)^2}{L^2}(L^v - z'^v)^{2/v} = 0 \tag{4-3}$$

对于不同的参数$v$可以得到一些有趣的雷达天线罩的外形结构。如果$v=2$可以得到扁球形结构,如果$v=1.381$可以得到传统的冯·卡门型结构,$v=1$可以得到锥形结构,$1<v<2$时得到不同截面类型的雷达天线罩多应用于高速飞行器和导弹上。这种解析式型截面的好处是所有的几何参数都可以获得解析

解。将天线框架点设定为坐标原点，天线孔径中心射线（孔径的法线）与雷达天线罩相交于点$(x_0,z_0)$。从图4-1可以看到，坐标点$x_0$和$z_0$通过下式相关联：

$$x_0=z_0\tan\Omega \tag{4-4}$$

式中：$\Omega$为天线框架角。令$y'=0$，将式(4-4)代入式(4-2)，得到孔径中心射线与雷达天线罩超二次方程交点的$z$轴坐标为

$$z_0=\frac{L\cdot(d_c/2)}{[L^{\nu}(\tan\Omega)^{\nu}+(d_c/2)^{\nu}]^{1/\nu}} \tag{4-5}$$

我们可以利用式(4-3)计算雷达天线罩表面的单位法向矢量

$$\hat{\boldsymbol{n}}'=\frac{\nabla f}{|\nabla f|}=\frac{\partial f}{\partial\rho'}\hat{\boldsymbol{\rho}}+\cancel{\frac{\partial f}{\rho'\partial\phi'}\hat{\boldsymbol{\phi}}}+\frac{\partial f}{\partial z'}\hat{z}=\frac{L(L^{\nu}-z'^{\nu})^{1-(1/\nu)}\hat{\boldsymbol{\rho}}+(d_c/2)z'^{\nu-1}\hat{z}}{[L^2(L^{\nu}-z'^{\nu})^{2-(2/\nu)}+(d_c/2)^2z'^{2(\nu-1)}]^{1/2}} \tag{4-6}$$

类似地，我们可以利用式(4-6)计算得到雷达天线罩表面的单位切向矢量为

$$\hat{\boldsymbol{t}}'=\hat{\boldsymbol{n}}'\times\hat{\boldsymbol{\phi}}=\frac{L(L^{\nu}-z'^{\nu})^{1-(1/\nu)}\hat{z}-(d_c/2)z'^{\nu-1}\hat{\boldsymbol{\rho}}}{[L^2(L^{\nu}-z'^{\nu})^{2-(2/\nu)}+(d_c/2)^2z'^{2(\nu-1)}]^{1/2}} \tag{4-7}$$

而且，入射角度$\theta_i$由下式给出：

$$\begin{cases}\cos\theta_i=(\hat{\boldsymbol{r}}'\cdot\hat{\boldsymbol{n}}')\\ \sin\theta_i=(\hat{\boldsymbol{r}}'\cdot\hat{\boldsymbol{t}}')\end{cases} \tag{4-8}$$

天线孔径相对于波长较大时，雷达天线罩表面在其近场区域，我们可以假设孔径辐射场近似为沿$'\Omega$方向传播的局部单平面波。此时，$\hat{\boldsymbol{r}}'$可以写成

$$\hat{\boldsymbol{r}}'=\frac{\hat{z}+\tan\Omega\,\hat{\boldsymbol{x}}}{\sqrt{1+\tan^2\Omega}} \tag{4-9}$$

将式(4-8)中的上式除以下式，然后将式(4-5)代入式(4-6)和式(4-7)，得到一个在$xz$平面超二次方程的入射角与天线框架角关系的直观表达式，即

$$\tan\theta_i=\frac{[L^{2\nu}(\tan\Omega)^{\nu}]^{1-(1/\nu)}-(d_c/2)^{\nu}a^{\nu-2}\tan\Omega}{\tan\Omega[L^{2\nu}(\tan\Omega)^{\nu}]^{1-(1/\nu)}+(d_c/2)^{\nu}L^{\nu-2}} \tag{4-10}$$

接下来，我们考虑锥形雷达天线罩外形面$(v=1)$的分析，将其作为外形面为超二次方程系列表达式的雷达天线罩的典型例子。图4-2所示为一个天线和一长度为$L$的锥形雷达天线罩的外形截面。罩内的天线是$y$线极化，并且通

过直径为 $D=2a$ 的圆形孔径均匀照射。它的笛卡儿坐标系为$(x_c,y_c,z_c)$，而圆柱坐标系为$(\rho_c,\Phi_c,z_c)$。类似地，雷达天线罩的笛卡儿坐标系为$(x,y,z)$，圆柱坐标系为$(\rho,\Phi,z)$。孔径的框架角表示为$'\Omega$。

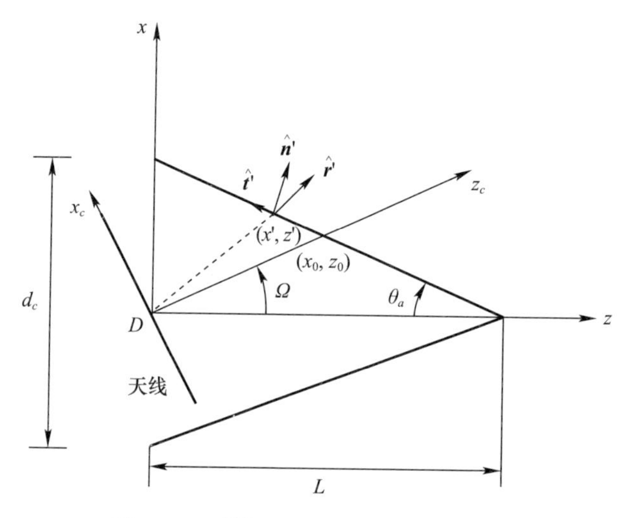


图 4-2　天线和锥形雷达天线罩的外形

雷达天线罩的外形见图 4-2，可以由式(4-11)定义：

$$f(\rho',z')=\sqrt{x'^2+\gamma'^2}\cos\theta_a+z'\sin\theta_a-L\sin\theta_a=0 \tag{4-11}$$

因此，关于 $\phi'$对称的雷达天线罩的单位垂直矢量(在内表面)定义为

$$\hat{\boldsymbol{n}}'=\frac{\nabla f}{|\nabla f|}=\frac{x'\cos\theta_a}{\sqrt{x'^2+y'^2}}\hat{\boldsymbol{x}}+\frac{y'\cos\theta_a}{\sqrt{x'^2+y'^2}}\hat{\boldsymbol{y}}+\sin\theta_a\hat{\boldsymbol{z}} \tag{4-12}$$

从$(x,y,z)$系统到$(x_c,y_c,z_c)$系统的坐标变换可以通过以下矩阵表示：

$$\begin{bmatrix}x_c\\y_c\\z_c\end{bmatrix}=\begin{bmatrix}\cos\Omega & 0 & -\sin\Omega\\0 & 1 & 0\\\sin\Omega & 0 & \cos\Omega\end{bmatrix}\begin{bmatrix}x\\y\\z\end{bmatrix} \tag{4-13}$$

同样地，我们可以通过式(4-13)矩阵的逆变换用坐标系$(x_c,y_c,z_c)$表示坐标系$(x,y,z)$，从而得

$$\begin{bmatrix}x\\y\\z\end{bmatrix}=\begin{bmatrix}\cos\Omega & 0 & \sin\Omega\\0 & 1 & 0\\-\sin\Omega & 0 & \cos\Omega\end{bmatrix}\begin{bmatrix}x_c\\y_c\\z_c\end{bmatrix} \tag{4-14}$$

我们还可以用$(x,y,z)$系统的单位矢量来表示$(x_c,y_c,z_c)$系统的单位矢量。例如：

$$\begin{cases}\hat{\boldsymbol{x}}_c=\cos\Omega\,\hat{\boldsymbol{x}}-\sin\Omega\,\hat{\boldsymbol{z}}\\ \hat{\boldsymbol{y}}_c=\hat{\boldsymbol{y}}\\ \hat{\boldsymbol{z}}_c=\sin\Omega\,\hat{\boldsymbol{x}}+\cos\Omega\,\hat{\boldsymbol{z}}\end{cases}\tag{4-15}$$

射线与天线孔径正交的截距点与内圆锥天线罩表面垂直法线的入射角为$\theta_i$，可通过使用式(4－12)和式(4－15)计算：

$$\begin{aligned}\theta_i&=\arccos(\hat{\boldsymbol{n}}'\cdot\hat{\boldsymbol{z}}_c)\\&=\arccos\left[\left(\frac{x'\cos\theta_a}{\sqrt{x'^2+y'^2}}\hat{\boldsymbol{x}}+\frac{y'\cos\theta_a}{\sqrt{x'^2+y'^2}}\hat{\boldsymbol{y}}+\sin\theta_a\hat{\boldsymbol{z}}\right)\cdot(\sin\Omega\,\hat{\boldsymbol{x}}+\cos\Omega\,\hat{\boldsymbol{z}})\right]\\&=\arccos\left[\frac{x'\cos\theta_a\sin\Omega}{\sqrt{x'^2+y'^2}}+\sin\theta_a\cos\Omega\right]\end{aligned}\tag{4-16}$$

如果我们用$d(\theta_i)$表示从天线孔径法线到雷达天线罩内表面的距离，可以将式(4－14)代入式(4－11)得

$$\sqrt{[x_c\cos\Omega+d(\theta_i)\sin\Omega]^2+y_c^2}\cos\theta_a+[-x_c\sin\Omega+d(\theta_i)\cos\Omega]\sin\theta_a-L\sin\theta_a=0\tag{4-17}$$

式(4－17)是未知数为$d(\theta_i)$的二次方程，则

$$\alpha\cdot d(\theta_i)^2+\beta\cdot d(\theta_i)+\gamma=0\tag{4-18}$$

其中

$$\begin{cases}\alpha=\sin^2\Omega\cos^2\theta_a-\cos^2\Omega\sin^2\theta_a\\ \beta=2x_c\sin\Omega\cos\Omega+2L\cos\Omega\sin^2\theta_a\\ \gamma=x_c^2(\cos^2\Omega\cos^2\theta_a-\sin^2\Omega\sin^2\theta_a)-2Lx_c\sin^2\theta_a\sin\Omega-L^2\sin^2\theta_a+y_c^2\cos^2\theta_a\end{cases}\tag{4-19}$$

求解二次方程(4－18)得到$d(\theta_i)$：

$$d(\theta_i)=\frac{-\beta\pm\sqrt{\beta^2-4\alpha\gamma}}{2\alpha}\tag{4-20}$$

其物理解$d(\theta_i)$是一个正数。

$y$极化圆形孔径天线的近场可以利用孔径天线平面波谱(plane wave

spectrum,PWS) $\Im(k_{\rho c},\alpha_c,z_c)=\boldsymbol{F}(k_{\rho c},\alpha_c)\mathrm{e}^{-\mathrm{j}k_{\rho c}zc}$ 计算得到,由此,其辐射时谐 $\{\mathrm{e}^{\mathrm{j}\omega t}\}$ 电场可以表示为[3]

$$\begin{cases}\boldsymbol{E}(\rho_c,\phi_c,z_c)=\dfrac{1}{4\pi^2}\displaystyle\int_0^{\infty}\int_0^{2\pi}\boldsymbol{F}(k_{\rho c},\alpha_c)\mathrm{e}^{-\mathrm{j}k_{\rho c}\rho c\cos(\phi_c-\alpha_c)}\mathrm{e}^{-\mathrm{j}k_{zc}zc}k_{\rho c}\mathrm{d}k_{\rho c}\mathrm{d}\alpha_c\\ \Im(k_{\rho c},\alpha_c,z_c)=\displaystyle\int_0^{\infty}\int_0^{2\pi}\boldsymbol{E}(\rho_c,\phi_c,z_c)\mathrm{e}^{\mathrm{j}k_{\rho c}\rho_c\cos(\phi_c-\alpha_c)}\rho_c\mathrm{d}\rho_c\mathrm{d}\phi_c\end{cases}\tag{4-21}$$

式中:$k_{zc}^2=k^2-k_{\rho c}^2$;$k=\omega\sqrt{\mu\varepsilon}$。

在天线孔径($z_c=0$)处计算式(4-21)中的下式,同时考虑孔径处的场为 $y_c$ 极化则可得到 $F_x(k_{\rho c},\alpha_c)=0$。因此,$\boldsymbol{F}_x(k_{\rho c},\alpha_c)=F_y(k_{\rho c},\alpha_c)\hat{\boldsymbol{y}}_c+F_z(k_{\rho c},\alpha_c)\hat{\boldsymbol{z}}_c$。有

$$F_y(k_{\rho c},\alpha_c)=\int_0^{a}\int_0^{2\pi}E_y(\rho_c,\phi_c,0)\mathrm{e}^{\mathrm{j}k_{\rho c}\rho_c\cos(\phi_c-\alpha_c)}\rho_c\mathrm{d}\rho_c\mathrm{d}\phi_c\tag{4-22}$$

而且,对于圆形对称的孔径分布,频谱独立于 $\alpha_c$,即 $F_y(k_{\rho c},\alpha_c)=F_y(k_{\rho c})$。则式(4-21)中的上式可化简为

$$\begin{aligned}E_y(\rho_c,\phi_c,z_c)&=\frac{1}{4\pi^2}\int_0^{\infty}\int_0^{2\pi}F_y(k_{\rho c})\mathrm{e}^{-\mathrm{j}k_{\rho c}\rho_c\cos(\phi_c-\alpha_c)}\mathrm{e}^{-\mathrm{j}k_{zc}z_c}k_{\rho c}\mathrm{d}k_{\rho c}\mathrm{d}\alpha_c\\&=\frac{1}{2\pi}\int_0^{\infty}F_y(k_{\rho c})J_0(k_{\rho c}\ \rho c)\mathrm{e}^{-\mathrm{j}k_{zc}z_c}k_{\rho c}\mathrm{d}k_{\rho c}\end{aligned}\tag{4-23}$$

将式(4-21)代入麦克斯韦第三方程,即 $\nabla\cdot\boldsymbol{E}=0$,可得

$$\begin{aligned}\nabla\cdot\boldsymbol{E}&=\nabla\cdot\left\{\frac{1}{4\pi^2}\int_0^{\infty}\int_0^{2\pi}\boldsymbol{F}(k_{\rho c},\alpha_c)\mathrm{e}^{-\mathrm{j}\boldsymbol{k}_c\cdot\boldsymbol{r}_c}k_{\rho c}\mathrm{d}k_{\rho c}\mathrm{d}\alpha_c\right\}\\&=\frac{1}{4\pi^2}\int_0^{\infty}\int_0^{2\pi}\boldsymbol{F}(k_{\rho c},\alpha_c)\cdot\nabla(\mathrm{e}^{-\mathrm{j}\boldsymbol{k}_c\cdot\boldsymbol{r}_c})k_{\rho c}\mathrm{d}k_{\rho c}\mathrm{d}\alpha_c=0\end{aligned}\tag{4-24}$$

其中

$$\boldsymbol{r}_c=x_c\hat{\boldsymbol{x}}_c+y_c\hat{\boldsymbol{y}}_c+z_c\hat{\boldsymbol{z}}_c$$

$$\boldsymbol{k}=k_{xc}\hat{\boldsymbol{x}}_c+k_{yc}\hat{\boldsymbol{y}}_c+k_{zc}\hat{\boldsymbol{z}}_c=k_{\rho c}\cos\alpha_c\hat{\boldsymbol{x}}_c+k_{\rho c}\sin\alpha_c\hat{\boldsymbol{y}}_c+k_{zc}\hat{\boldsymbol{z}}_c$$

由 $\nabla(\mathrm{e}^{-\mathrm{j}\boldsymbol{k}_c\cdot\boldsymbol{r}_c})=-\mathrm{j}\boldsymbol{k}\mathrm{e}^{-\mathrm{j}\boldsymbol{k}_c\cdot\boldsymbol{r}_c}$,式(4-24)化简为

$$\begin{cases}\boldsymbol{F}\cdot\nabla(\mathrm{e}^{-\mathrm{j}\boldsymbol{k}\cdot\boldsymbol{r}_c})=-\mathrm{j}\boldsymbol{F}\cdot\boldsymbol{k}\mathrm{e}^{-\mathrm{j}\boldsymbol{k}\cdot\boldsymbol{r}_c}=0\\ \boldsymbol{F}\cdot\boldsymbol{k}=F_yk_{yc}+F_zk_{zc}=0\\ F_z=-\dfrac{k_{yc}}{k_{zc}}F_y=-\dfrac{k_{\rho c}\sin\alpha_c}{k_{zc}}F_y\end{cases}\tag{4-25}$$

将式(4-25)中第三个式子代入式(4-21)的第一个式子可得

$$E(\rho_c,\phi_c,z_c) = \frac{1}{4\pi^2}\int_0^{\infty}\int_0^{2\pi}\left(\hat{\boldsymbol{y}}_c - \hat{\boldsymbol{z}}_c\frac{k_{\rho c}\sin\alpha_c}{k_{zc}}\right)\times F_y(k_{\rho c})\mathrm{e}^{-\mathrm{j}k_{\rho c}\rho_c\cos(\phi_c-\alpha_c)}\mathrm{e}^{-\mathrm{j}k_{zc}zc}k_{\rho c}\mathrm{d}k_{\rho c}\mathrm{d}\alpha_c \tag{4-26}$$

如果我们对 $\alpha_c$ 进行积分,使用贝塞尔函数[7]可以进一步化简得

$$\int_0^{2\pi}\begin{Bmatrix}\sin(n\alpha_c)\\ \cos(n\alpha_c)\end{Bmatrix}\mathrm{e}^{\mathrm{j}k_{\rho}\rho c\cos(\phi_c-\alpha_c)}\mathrm{d}\alpha_c = 2\pi\mathrm{j}^n\begin{Bmatrix}\sin(n\alpha_c)\\ \cos(n\alpha_c)\end{Bmatrix}J_n(k_{\rho c}\rho_c) \tag{4-27}$$

然后,我们可以得到孔径天线辐射电场为

$$\begin{cases}E_y(\rho_c,\phi_c,z_c) = \dfrac{1}{2\pi}\displaystyle\int_0^{\infty}F_y(k_{\rho c})J_0(k_{\rho c}\rho_c)\mathrm{e}^{-\mathrm{j}k_{zc}zc}k_{\rho c}\mathrm{d}k_{\rho c}\\ E_z(\rho_c,\phi_c,z_c) = \dfrac{\mathrm{j}\sin\phi_c}{2\pi}\displaystyle\int_0^{\infty}F_y(k_{\rho c})J_1(k_{\rho c}\rho_c)\mathrm{e}^{-\mathrm{j}k_{zc}zc}\frac{k_{\rho c}^2}{k_{zc}}\mathrm{d}k_{\rho c}\end{cases} \tag{4-28}$$

式中:$J_0(k_{\rho c}\rho_c)$和$J_1(k_{\rho c}\rho_c)$分别为零阶和一阶贝塞尔函数。

为了计算磁场$\boldsymbol{H}=(x_c,y_c,z_c)$,我们使用麦克斯韦第一方程

$$\boldsymbol{H} = -\frac{1}{\mathrm{j}\omega\mu}\nabla\times\boldsymbol{E} = -\frac{1}{\mathrm{j}\omega\mu}\nabla\times\left[\frac{1}{4\pi^2}\int_0^{\infty}\int_0^{2\pi}\boldsymbol{F}(k_{\rho c},\alpha_c)\mathrm{e}^{-\mathrm{j}\boldsymbol{k}\cdot\boldsymbol{r}_c}k_{\rho c}\mathrm{d}k_{\rho c}\mathrm{d}\alpha_c\right] \tag{4-29}$$

将微分换成积分,并使用矢量恒等式

$$\nabla\times(\alpha\boldsymbol{A}) = \alpha\nabla\times\boldsymbol{A} + (\nabla\alpha)\times\boldsymbol{A} \tag{4-30}$$

恒等式$\nabla(\mathrm{e}^{-\mathrm{j}\boldsymbol{k}\cdot\boldsymbol{r}_c}) = -\mathrm{j}\boldsymbol{k}\mathrm{e}^{-\mathrm{j}\boldsymbol{k}\cdot\boldsymbol{r}_c}$,将式(4-29)化简为

$$\boldsymbol{H} = -\frac{1}{4\pi^2 k\eta}\int_0^{\infty}\int_0^{2\pi}(\boldsymbol{F}(k_{\rho c})\times\boldsymbol{k})\mathrm{e}^{-\mathrm{j}\boldsymbol{k}\cdot\boldsymbol{r}_c}k_{\rho c}\mathrm{d}k_{\rho c}\mathrm{d}\alpha_c \tag{4-31}$$

如果将式(4-25)代入式(4-31)并对 $\alpha_c$ 积分,可得关于平面波展开函数$F_y(k_{\rho c})$的天线孔径辐射磁场分量:

$$\begin{cases}H_x(\rho_c,\phi_c,z_c) = -\dfrac{1}{2\pi k\eta}\displaystyle\int_0^{\infty}F_y(k_{\rho c})\left[\left(k^2-\frac{1}{2}k_{\rho c}^2\right)J_0(k_{\rho c}\rho_c) + \frac{1}{2}k_{\rho c}^2\cos2\phi_c J_2(k_{\rho c}\rho_c)\right]\times\mathrm{e}^{-\mathrm{j}k_{zc}zc}\frac{k_{\rho c}}{k_{zc}}\mathrm{d}k_{\rho c}\\ H_y(\rho_c,\phi_c,z_c) = -\dfrac{\sin2\pi\phi_c}{4\pi k\eta}\displaystyle\int_0^{\infty}F_y(k_{\rho c})J_2(k_{\rho c}\rho_c)\mathrm{e}^{-\mathrm{j}k_{zc}zc}\frac{k_{\rho c}^2}{k_{zc}}\mathrm{d}k_{\rho c}\\ H_z(\rho_c,\phi_c,z_c) = -\dfrac{\mathrm{j}\cos\phi_c}{2\pi k\eta}\displaystyle\int_0^{\infty}F_y(k_{\rho c})J_1(k_{\rho c}\rho_c)\mathrm{e}^{-\mathrm{j}k_{zc}zc}k_{\rho c}^2\mathrm{d}k_{\rho c}\end{cases} \tag{4-32}$$

在 $y$ 极化圆孔径天线的情形下，可以通过式(4－22)计算频谱 $F_y$，使用式(4－27)和参考文献[8]中的恒等式6.561(5)，可得

$$F_y(k_{\rho c},\alpha_c) = \int_0^a \int_0^{2\pi} e^{jk_{\rho c}\rho_c\cos(\phi_c-\alpha_c)} \rho_c d\rho_c d\phi_c$$

$$= 2\pi \int_0^a J_0(k_{\rho c}\rho_c)\rho_c d\rho_c = \frac{2\pi a}{k_{\rho c}} J_1(k_{\rho c}a) \tag{4-33}$$

平面波谱分析将通过雷达天线罩上某一点传输的电磁波视为局部平面波通过雷达天线罩曲面上某一点的切线平面传输的电磁波。通过雷达天线罩上某一点传输的电磁波可近似于一个沿天线近场坡印亭矢量方向入射的单平面波。单位坡印亭矢量 $\hat{\boldsymbol{p}}$ 可由雷达天线罩内表面的近场数据中得

$$\hat{\boldsymbol{p}} = \frac{\mathrm{Re}(\boldsymbol{E}_i \times \boldsymbol{H}_i^*)}{|\mathrm{Re}(\boldsymbol{E}_i \times \boldsymbol{H}^*)|} \tag{4-34}$$

式中：$\boldsymbol{E}_i$ 和 $\boldsymbol{H}_i$ 为入射电场和磁场，其可在雷达天线罩的内部点上利用式(4－28)和式(4－32)计算得到。入射角度可通过下式得

$$\theta_i = \arccos(\hat{\boldsymbol{n}}' \cdot \hat{\boldsymbol{p}}) \tag{4-35}$$

式中：$\hat{\boldsymbol{n}}'$为雷达天线罩内表面的法线，对于锥形雷达天线罩由式(4－12)给出。通过雷达天线罩上某一点传输的电磁波可近似为沿天线近场的坡印亭矢量方向入射的单平面波。

对于图4－2中框架角为20°、孔径角为20°的雷达天线罩，图4－3比较了使用PWS和单平面波估计得到的其外表面的传输场。雷达天线罩长度为24.5λ，宽度为12λ，在计算中使用的天线是直径为10λ的线极化天线。

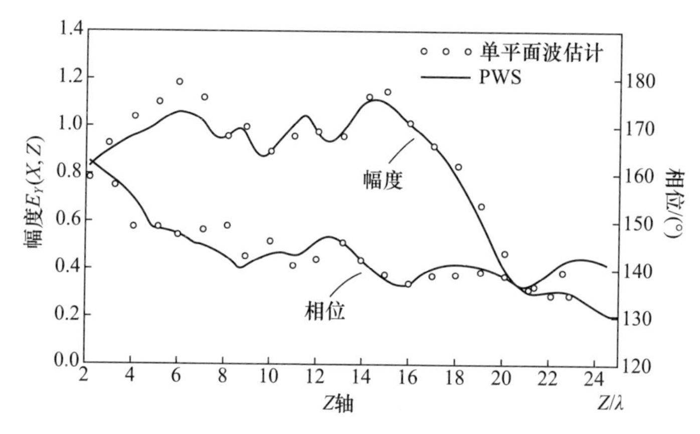


图4－3　使用PWS和单平面波估计得到的雷达天线罩外表面的传输场[3]

可以看出，当 $z_c/\lambda>12$ 时，单平面波估计得到的幅度和相位与 PWS 分析的值一致。因此，单平面波估计在该区域的计算是准确的。然而，当 $z_c/\lambda<12$ 时，两种方法之间出现了小的偏差，除了在天线孔径 $12\lambda$ 以内的区域有一些误差，单平面波估计整体是准确的。

由于在三维雷达天线罩的表面每一点上用适当的加权函数来修改平面波的频谱是很复杂的，在下面的处理中使用了单平面波估计法（射线追踪法）。因此，在传输场的分析中，雷达天线罩内表面某一点的入射近场可分解为入射面的法向分量和切向分量。切向、法向和副法向单位矢量的矢量集 $\hat{\boldsymbol{t}}',\hat{\boldsymbol{n}}',\hat{\boldsymbol{b}}'$ 可以将入射场分解（$\boldsymbol{E}_i,\boldsymbol{H}_i$）为垂直分量和平行分量。这些矢量直接的关系可由下式表示：

$$\hat{\boldsymbol{b}}'=\frac{\hat{\boldsymbol{n}}'\times\hat{\boldsymbol{p}}}{|\hat{\boldsymbol{n}}'\times\hat{\boldsymbol{p}}|} \tag{4-36}$$

$$\hat{\boldsymbol{t}}'=\hat{\boldsymbol{n}}'\times\hat{\boldsymbol{b}}' \tag{4-37}$$

$\hat{\boldsymbol{n}}'$ 和 $\hat{\boldsymbol{p}}$ 分别由式（4-12）和式（4-34）给出。因此，通过雷达天线罩的传输电场和磁场的切向分量由下式给出：

$$\hat{\boldsymbol{E}}_t=[(\hat{\boldsymbol{b}}'\cdot\hat{\boldsymbol{E}}_i)\hat{\boldsymbol{b}}']T_\perp+[(\hat{\boldsymbol{t}}'\cdot\hat{\boldsymbol{E}}_i)\hat{\boldsymbol{t}}']T_\parallel \tag{4-38}$$

$$\hat{\boldsymbol{H}}_t=[(\hat{\boldsymbol{b}}'\cdot\hat{\boldsymbol{H}}_i)\hat{\boldsymbol{b}}']T_\parallel+[(\hat{\boldsymbol{t}}'\cdot\boldsymbol{H}_i)\hat{\boldsymbol{t}}']T_\perp \tag{4-39}$$

式中：$T_\perp$ 和 $T_\parallel$ 分别为雷达天线罩壁垂直极化和平行极化的平面波传输系数，而对应的反射系数分别由 $\Gamma_\perp$ 和 $\Gamma_\parallel$ 表示。传输系数可由第 2 章介绍的 *ABCD* 传输矩阵得到。这个矩阵非常适用于分析多层夹层壁结构（可作为集总元件）和薄金属层（可作为 FSS 层）。

紧接着，表面积分（surface integration，SI）法被用来评估由于雷达天线罩引入的方向图畸变和瞄准误差。表面积分是在雷达天线罩坐标系下进行的，因此需要将天线坐标系转换到雷达天线罩坐标系。天线坐标系到雷达天线罩坐标系的转换由式（4-14）给出。据此，参考文献[9]中给出了罩内天线的辐射方向图畸变（远场近似）：

$$\boldsymbol{E}_p(r,\theta,\phi)=\mathrm{j}k\frac{\mathrm{e}^{-\mathrm{j}kr}}{4\pi r}\left\{\iint_{s_a}[\eta(\hat{\boldsymbol{n}}'\times\boldsymbol{H}_t)\times\hat{\boldsymbol{r}}+(\hat{\boldsymbol{n}}'\times\boldsymbol{E}_t)]\times\hat{\boldsymbol{r}}\mathrm{e}^{\mathrm{j}k\boldsymbol{r}'\cdot\boldsymbol{r}}\mathrm{d}s'\right\} \tag{4-40}$$

式中：$\eta=\sqrt{\mu/\varepsilon}$；$\boldsymbol{E}_t$ 和 $\boldsymbol{H}_t$ 由式（4-38）和式（4-39）计算得到；$\hat{\boldsymbol{n}}'$ 和 $\hat{\boldsymbol{r}}=\sin\theta\cos\phi\hat{\boldsymbol{x}}+\sin\theta\sin\phi\hat{\boldsymbol{y}}+\cos\theta\hat{\boldsymbol{z}}$ 由式（4-12）给出。

到目前为止，在有雷达天线罩的情况下，我们已经有了计算整个辐射方向图的流程。考虑到天线上的孔径分布，并假设对于每个天线/雷达天线罩的相对位置处,单平面波都可以照射到,则罩内天线的辐射方向图可以通过计算得到。首先,由式(4-22)和式(4-25)计算得到平面波谱 $F_y(k_p)$;然后,对于每条从天线孔径到雷达天线罩内表面的射线,其入射角和传输距离可分别用式(4-16)和式(4-20)计算得到,雷达天线罩内表面的入射场可由式(4-28)和式(4-32)计算得到。接下来,对于雷达天线罩上的每个交点分别用式(4-12)、式(4-36)和式(4-37)计算法向、切向和副法向单位矢量;然后,根据雷达天线罩的类型,用第2章中的方法可计算平行极化和垂直极化的传输系数 $T_{\parallel}$、$T_{\perp}$。接着,利用式(4-38)和式(4-37)计算通过雷达天线罩的传输场。最后,在雷达天线罩坐标系下使用式(4-40)进行积分,计算得到在有雷达天线罩时的天线方向图畸变。

一个令人感兴趣的问题是分析雷达天线罩引入的失真与天线框架角 $\Omega$ 之间的关系。在 $\Omega$ 处的电中心(定义为波束最大处)与几何中心的偏差定义为瞄准误差(BSE)。图4-4给出了一个典型例子。如果天线在某一特定方向扫描,并且瞄准误差与其在同一方向上,那么它被定义为正误差。在计算瞄准误差时可以做一些假设以简化计算。波束最大值通常在框架角的几分之一以内。因此,只需要计算靠近轴心角度的辐射方向图来确定瞄准误差。在有雷达天线罩的情况下,天线方向图由式(4-40)给出。此外,包围波束最大值的一个小区间内的方向图在波束最大值两侧是单调递减的,并且是近似对称的。

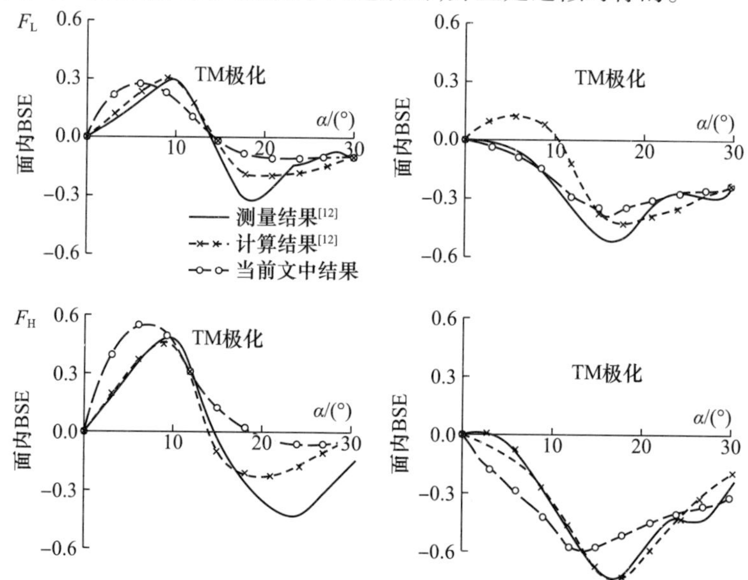


图4-4 直径6.6λ、长度14.4λ的等厚度卵型雷达天线罩的瞄准误差[10],其材料介电常数 $\varepsilon_r$,工作在X波段 $F_L$ 和 $F_H$ 占2.5%带宽

BSE是一种本征误差，在计算方向图时需要考虑进去或者去校正此误差。一种方法是在一个空间网格上的不同俯仰角和方位角下、不同极化下和不同离散频率范围内的测量值，并使用这些数据来进行校准。在最大接收要求的情况下，通常会使用一个控制系统来最大限度地提高接收信号的信噪比，这会覆盖基于天线定位器读取的天线的点坐标。

图4-5给出了一个典型的锥形雷达天线罩对天线的插入损耗(IL)和辐射方向图影响的例子。图中比较了反射器天线的辐射方向图(实线)与带有锥形雷达天线罩的反射器天线的辐射方向图，天线直径 $D=7.5\lambda_0$, $f/D=0.28$, $z$ 轴倾斜角 $\Omega=20°$；雷达天线罩的直径 $d_c=11.3\lambda_0$，长度 $L=15.5\lambda_0$, $\theta_a=20°$ (图4-2)。雷达天线罩由单层介质材料组成，其厚度为 $0.15\lambda_0$，介电常数 $\varepsilon_r=5.7$。所有的仿真均在HFSS软件中进行。

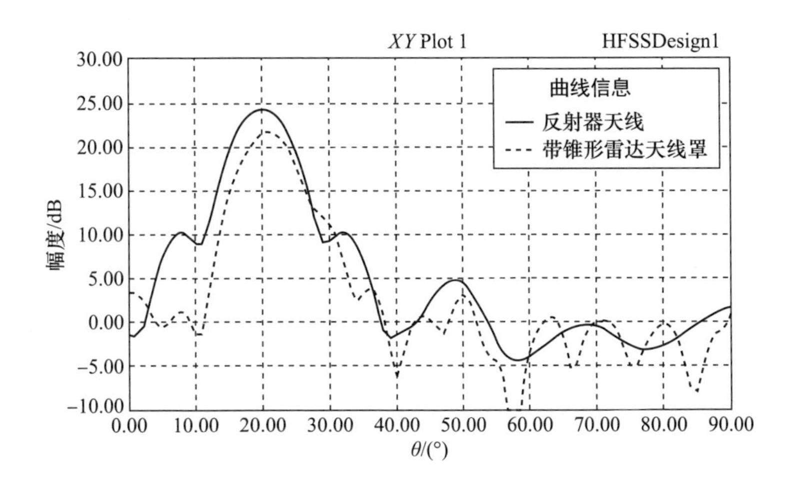


图4-5　反射器天线的辐射方向图(实线)与带有锥形雷达天线罩的反射器天线的辐射方向图。天线直径 $D=7.5\lambda_0$, $f/D=0.28$，倾斜框架角 $\Omega=20°$；雷达天线罩的直径 $d_c=11.3\lambda_0$，长度 $L=15.5\lambda_0$, $\theta_a=20°$，厚度为 $0.15\lambda_0$，介电常数 $\varepsilon_r=5.7$。仿真软件使用的是HFSS

我们可以看到，雷达天线罩的插损大约为2dB，其瞄准误差约为1°。雷达天线罩也影响了副瓣拓扑对称和副瓣电平。

图4-6给出了雷达天线罩存在时对罩内天线辐射方向图的额外影响(闪烁瓣)，它是由于天线主波束在雷达天线罩上的镜面反射造成的。该图还给出了雷达天线罩中天线在不同倾斜角下闪烁瓣的位置。对于所考虑的雷达天线罩，闪烁瓣大约下降了40dB，这在大多数情况下是可以接受的。

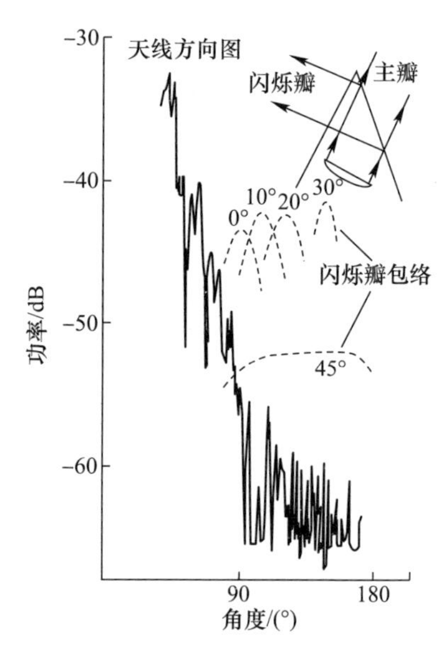


图 4-6　锥形雷达天线罩内天线的辐射方向图和罩内不同角度下闪烁瓣的位置图[11]

## 4.1.1　用于计算辐射方向图的多级算法

因为对空间中的每个观测角度都要重复积分,因此使用式(4-40)计算罩内天线的辐射方向图是非常耗时且耗费硬件内存的。参考文献[4,12]中介绍了一种替代的、更有效的方法,其基于一种使用辐射孔径(雷达天线罩表面)的分层分解的多级算法。首先,在一个角度的粗略网格上计算所有最细级别的子孔径的辐射方向图。然后,对相邻子孔径的辐射方向图通过相位补偿插值来计算整个天线孔径的最终辐射方向图。多级算法达到了快速傅里叶变换(FFT)算法的计算复杂度。如果我们考虑 $N=kR$,其中 $R$ 是包围孔径的最小球体的半径,$k$ 是波数,作为一个代表孔径大小的数字,计算复杂度可以通过这个参数来评估。式(4-40)中物理光学(PO)积分所采用的点数量与它的面积 $O(N^2)$ 成正比。此外,根据奈奎斯特抽样定理,恢复远场辐射方向图所需的最小点数等于孔径傅里叶变换,也等于 $O(N^2)$[13]。因此,基于式(4-40)计算得到的远场辐射方向图的计算复杂度是 $O(N^2)$。图 4-7 所示为多级算法的孔径区域分解示意图。

在图 4-7 中,$\boldsymbol{r}_n^L$ 和 $\boldsymbol{R}_n^L$ 分别是第 $L$ 层上包围子孔径 $\boldsymbol{S}_n^L$ 球体的中心和半径。该算法是基于以下的观察:有限大孔径的辐射方向图是一个角度的带限函数,其

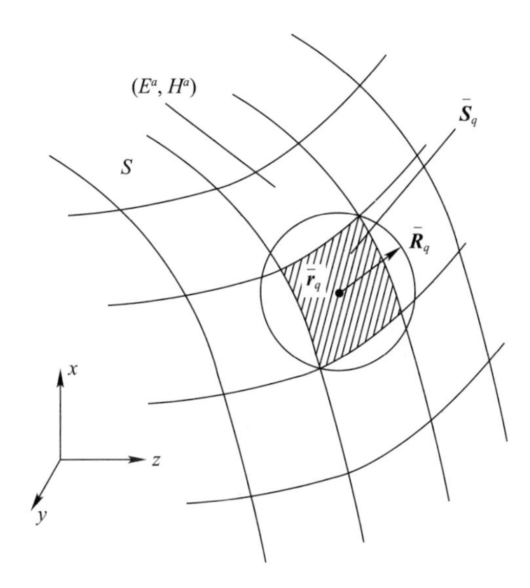


图4-7　孔径辐射的几何结构和其区域分解示意图

角度宽度与孔径表面域的线性大小成正比。因此，辐射方向图可以在任意点通过插值来评估，其插值样本的数量与孔径面积成正比。考虑到这一点，孔径（雷达天线罩外表面）被分解成多层的子孔径，每个子孔径都被视为一个较小的辐射孔径。除了最小的一层，每一个子孔径都被进一步分解为次子孔径，其线性尺寸大约是父级孔径的一半。最小级别的子孔径包括 $O(N^2)$ 个大约一个波长大小的次子孔径。通过式（4-40）中描述的直接PO积分计算的唯一辐射方向图是在一个非常粗略的方向网格上分解的最细级别的子孔径。然后，这些方向图经过多级聚合，成为孔径的最终方向图。每一个聚合过程都涉及相位补偿、插值和相位恢复，以消除快速的相位变化。与直接评估相比，多级算法达到了渐进复杂度。有趣的是，这个算法的整体复杂度与FFT相近。

辐射方向图 $\boldsymbol{U}(\theta,\phi)$ 可以通过式（4-40）描述的远场 $\boldsymbol{E}_p(r,\theta,\phi)$ 来定义，即

$$\boldsymbol{U}(\theta,\phi)=4\pi r\mathrm{e}^{\mathrm{j}kr}\boldsymbol{E}_p(r,\theta,\phi) \tag{4-41}$$

角度区间 $\phi\in[\phi_{\min},\phi_{\max}]$，$[\theta_{\min},\theta_{\max}]$。$\boldsymbol{U}(\theta,\phi)$ 可以简写为

$$\boldsymbol{U}(\theta,\phi)=\int_{s_a}\boldsymbol{A}(\hat{\boldsymbol{r}},r')\mathrm{e}^{\mathrm{j}k\boldsymbol{r}'\cdot\boldsymbol{r}}\mathrm{d}s' \tag{4-42}$$

式中：$\boldsymbol{A}(\hat{\boldsymbol{r}},\boldsymbol{r}')=-\mathrm{j}k\hat{\boldsymbol{r}}\times[\hat{\boldsymbol{n}}'\times\boldsymbol{E}_t(\boldsymbol{r}')-\eta\hat{\boldsymbol{r}}\times(\hat{\boldsymbol{n}}'\times\boldsymbol{H}_t(\boldsymbol{r}'))]$。此公式是基于多级孔径分解得到的。使用式（4-42）直接计算的辐射方向图只对最高级别分解的最小子孔径进行计算。对一个分层孔径进行分解作为多级计算序列的预处理步骤。让 $\boldsymbol{S}_n^L(L=0,1,\cdots,M,n=1,2,\cdots,N^L)$ 表示 $L$ 级上第 $n$ 个子孔径，其中

$M+1$是总级数,$N^L$是在 $L$ 级上的第 $n$ 个子孔径。第 0 级由雷达天线罩所有的表面 $\boldsymbol{S}_1^0$ 组成。一般来说,在每一层上的每个“父”子孔径会进一步分成“子”子孔径,即

$$\boldsymbol{S}_m^{L-1} = \bigcup_{n:P^L(n)=m} \boldsymbol{S}_n^L \tag{4-43}$$

其中,$P^L(n)=m$ 意味着 $L$ 层上的第 $n$ 个子孔径是 $L-1$ 层上“父”子孔径 $m$ 的“子”子孔径。经过每一层分解之后,子孔径的线性维度降低了两个数量级,如 $P^L(n)=m$。这个条件表明每个“父”会有 4 个“子”。分解的数量与雷达天线罩的外形有关,而且可能会有两种不同的分解数量。子孔径 $\boldsymbol{S}_n^L$ 的辐射方向图为

$$\boldsymbol{U}_n^L(\theta,\phi) = \mathrm{e}^{-\mathrm{j}k\boldsymbol{r}\cdot\boldsymbol{r}_n^L}\int_{S_n^L}\boldsymbol{A}(\hat{\boldsymbol{r}},\hat{\boldsymbol{r}}')\mathrm{e}^{-\mathrm{j}k\boldsymbol{r}'\cdot\hat{\boldsymbol{r}}}\mathrm{d}s' \tag{4-44}$$

式中:相位因子 $\mathrm{e}^{-\mathrm{j}k\hat{\boldsymbol{r}}\cdot\boldsymbol{r}_n^L}$表示 $L$ 层上包围第 $n$ 个子孔径球体中心的相移。与这一项相乘可以抵消方向图相位随 $\hat{\boldsymbol{r}}$ 引起的变化,并使子孔径的方向图适用于采样和插值。因此,整个辐射方向图为

$$\boldsymbol{U}(\theta,\phi) = \sum_{n=1}^{N^L}\mathrm{e}^{\mathrm{j}k\hat{\boldsymbol{\gamma}}\cdot\boldsymbol{r}_n^L}\boldsymbol{U}_n^L(\theta,\phi) \tag{4-45}$$

首先,通过式(4-44)计算最细级别 $L=M$ 的辐射方向图 $\boldsymbol{U}_n^M(\theta,\phi)$,包括最小的孔径。其次,基于“父”-“子”关系,“父”子孔径方向图可由下式给出:

$$\boldsymbol{U}_m^{L-1}(\theta,\phi) = \sum_{n=1}^{N^L}\mathrm{e}^{-\mathrm{j}k\hat{\boldsymbol{r}}\cdot(\boldsymbol{r}_n^{L-1}-\boldsymbol{r}_n^L)}\boldsymbol{U}^L(\theta,\phi) \tag{4-46}$$

重复应用式(4-46)进行计算,首先是 $L=M$ 时,其次是越来越低的层级,直到 $L=1$ 实现整个方向图 $\boldsymbol{U}_1^0(\theta,\phi)=\boldsymbol{U}(\theta,\phi)$ 的多级计算。然而,直接应用式(4-46)并不能节省计算量。使得每个层的辐射方向图的采样和插值更加节省计算量是开发高效数值算法的关键。辐射方向图的最佳采样方法取决于雷达天线罩表面的具体形状,参考文献[14]中有所介绍。出于简单和插值效率的考虑,下面的计算中采用笛卡儿坐标$(\theta,\Phi)$网格。对于以原点为中心的半径为 $R$ 的球体所包围的源分布,其辐射方向图是一个与 $\theta$ 和 $\Phi$ 有关的带限函数[15]。在 $2\pi$ 角度范围内,需要的采样点数应该大于 $2kR$。因此,对于每一个子孔径 $\boldsymbol{S}_n^L$,角度方向的最小采样点数由 $R_n^L$ 决定[15]。假设所有子孔径在相同层级分解的尺寸一样,则为了简化算法,每一层级的辐射方向图都在一个二维方向的网格上计算。此外,每个网格都是由笛卡儿坐标系下 $\theta$ 和 $\Phi$ 网格的乘积得到的,从而降低了插值复杂度。令 $R_{\max}^L=\max_n R_n^L$ 为 $L$ 层的最大子孔径,则可以得到在 $L$ 层的观察角度采样数量满足:

$$N_\alpha^L = \frac{\Omega_\alpha^L kR_{\max}^L(\alpha_{\max}-\alpha_{\min})}{\pi}+C_\alpha;\alpha=\theta,\phi \tag{4-47}$$

式中：$\Omega_{\alpha}^{L}>1$ 是 $L$ 层过采样参数。因为 $\boldsymbol{A}(\hat{\boldsymbol{r}},\boldsymbol{r}')$ 通常为一个与角度相关的较小的值，因此无量纲常数 $C_{\alpha}$ 也是必须存在的。通过不同层级间的转换之后，对于各个角度下的网格密度也会翻一倍。一旦通过式(4-47)确定了网格点数量，就可以定义 $L$ 层中不同观测角下的 2D 网格为 $\{(\theta_i^L,\phi_j^L)\}$，$i=1,2,\cdots,N_{\theta}^{L}$，$j=1,2,\cdots,N_{\phi}^{L}$。根据式(4-44)，可通过在最粗网格方向进行数值积分计算在最细层 $L=M$ 时的辐射方向图：

$$\boldsymbol{U}_n^M(\theta_i^M,\phi_j^M)=\int_{S_n^M}\boldsymbol{A}(\hat{r}_{i,j}^M,\boldsymbol{r}')\mathrm{e}^{\mathrm{j}k\hat{\boldsymbol{r}}_{ij}^M\cdot(\boldsymbol{r}'-\boldsymbol{r}_n^M)}\mathrm{d}s' \tag{4-48}$$

对于 $n=1,2,\cdots,N^M$，其中，$\hat{\boldsymbol{r}}_{ij}^M=\hat{\boldsymbol{r}}(\theta_i^M,\phi_j^M)$。在 $L-1(L-1<M)$ 层上子孔径 $m$ 的辐射方向图现在可以通过式(4-42)计算得到，作为它的 $L$ 层“子”子孔径的插值方向图的和。

$$\boldsymbol{U}_m^{L-1}(\theta_i^{L-1},\phi_j^{L-1})=\sum_{n:p^L(n)=m}\mathrm{e}^{-\mathrm{j}k\hat{\boldsymbol{r}}_{ij}^{L-1}\cdot(\boldsymbol{r}_m^{L-1}-\boldsymbol{r}_n^L)}\boldsymbol{U}_n^L(\theta_i^{L-1},\phi_j^{L-1}) \tag{4-49}$$

其中

$$\boldsymbol{U}_n^L(\theta_i^{L-1},\phi_j^{L-1})=\sum_{i'}a_{ii'}^L\boldsymbol{U}_n^L(\theta_{i'}^L,\phi_j^{L-1}) \tag{4-50}$$

$$\boldsymbol{U}_n^L(\theta_{i'}^L,\phi_j^{L-1})=\sum_{j'}b_{jj'}^L\boldsymbol{U}_n^L(\theta_{i'}^L,\phi_{j'}^L) \tag{4-51}$$

式(4-50)和式(4-51)表示 $\theta$ 和 $\phi$ 的插值，$a_{ii'}^L$ 和 $b_{jj'}^L$ 表示它们的插值系数。此外，使用邻近的 $p$ 个点进行插值。在通常情况下，$p=2$ 用于线性插值，$p=4$ 用于立方插值。在 $p=4$ 的情况下，多项式系数为 $a_{ii}=b_{jj}=(-1/16,9/16,9/16,-1/16)$。中心插值(每个插值目标点都位于两组 $p/2$ 插值点的中间)被用于确保统一的精度和插值误差相对于 $p$ 指数收敛。在感兴趣的角度范围的边界附近，中心插值需要额外的点放在边界之外。图 4-8 给出了立方插值的网格点和插值系数的例子。

需要注意的是，粗网格点与大约一半的细网格点重合，如图 4-8 中垂直的箭头所示。因此，这里只是对“新”点进行插值。

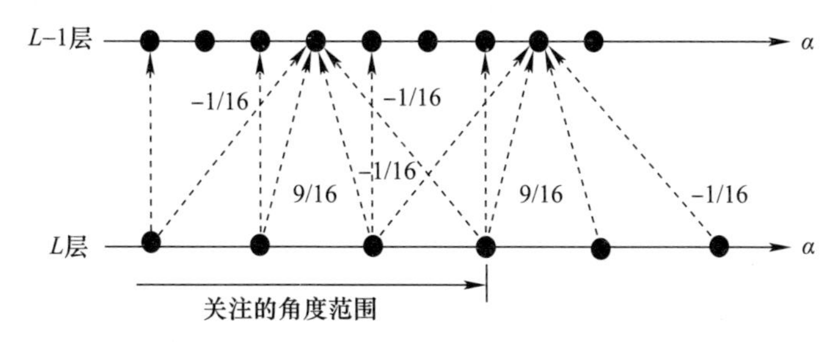


图 4-8　在边界及其附近上 $L$ 和 $L-1$ 层网格的立方插值示意图。使用了在关注范围外两个额外的点，图中也给出了中心立方插值的权重

## 4.2 基于等效原理的表面积分方法

在4.1节中介绍的平面波方法对于电大尺寸(相对于波长)天线和雷达天线罩的计算来说特别有效。如果是一个任意形状的电小尺寸雷达天线罩和天线,表面等效原理可以用来分析雷达天线罩对天线发射场的影响。辐射场用在无界介质中辐射的等效表面电流和磁流来表示。下面以参考文献[5]中介绍的内容为基础进行分析。总场切向分量的边界条件给出了一个涉及这些电流的耦合积分方程组。MoM[16]用来计算这些积分方程的数值解。

图4-9表示一个被发射天线$S_T$激励的任意形状雷达天线罩,其辐射信号通过外部天线$S_R$来接收。

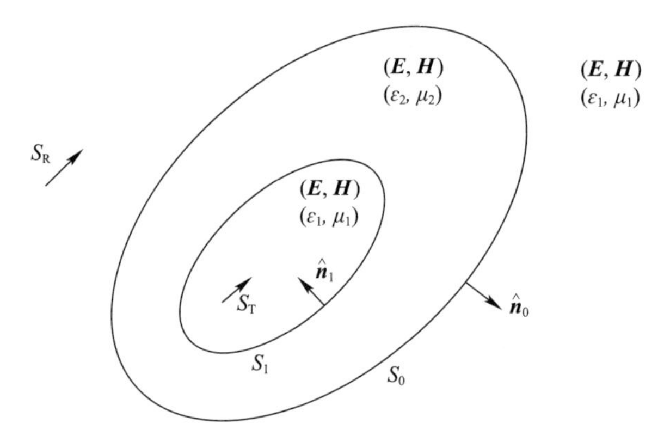


图4-9　任意外形的雷达天线罩示意图,其通过内部天线发射激励信号和外部天线接收信号

为了不失一般性和简单起见,我们假设雷达天线罩是一个单层结构,但不影响其通用性。在多层雷达天线罩的情况下,可以根据雷达天线罩的层数重复下面的步骤。雷达天线罩的外表面用$S_0$表示,内表面用$S_1$表示,电参数$(\varepsilon_2,\mu_2)$为置于参数为$(\varepsilon_1,\mu_1)$的均匀介质中。入射场$(\boldsymbol{E}_R^{\text{inc}},\boldsymbol{H}_R^{\text{inc}})$和$(\boldsymbol{E}_t^{\text{inc}},\boldsymbol{H}_t^{\text{inc}})$表示由外部源和内部源产生的辐射到介质$(\varepsilon_1,\mu_1)$的场。我们关注的是寻找雷达天线罩外部任一点的总场$(\boldsymbol{E},\boldsymbol{H})$,这个场是总入射场和雷达天线罩散射场之和。

根据等效原理[17],图4-9中描述的问题可以通过图4-10中所示的三个更为简单有效的方法来解决。图4-10(a)表示雷达天线罩外部等效的情况,在这里雷达天线罩和发射模式的源$S$被在$S_0$上的等效表面电流$\boldsymbol{J}_0$和磁流$\boldsymbol{J}_{m0}$所取代。整个空间现在由参数$(\varepsilon_1,\mu_1)$和源$S_R$来表示,如图4-10(a)所示。假设相对于$S_0$外部任一点的总场与图4-9中同一点的总场相同,则图4-10(a)

中相对于 $S_0$ 内部任一点的总场为零。换句话说，入射场（$\boldsymbol{E}_R^{\mathrm{inc}}$，$\boldsymbol{H}_R^{\mathrm{inc}}$）加上图4－10(a)中表面电流 $\boldsymbol{J}_0$ 和无界介质（$\varepsilon_1$，$\mu_1$）中辐射磁流 $\boldsymbol{J}_{m0}$ 产生的场，即可得到 $S_0$ 外部点的准确总场（$\boldsymbol{E}$，$\boldsymbol{H}$）。

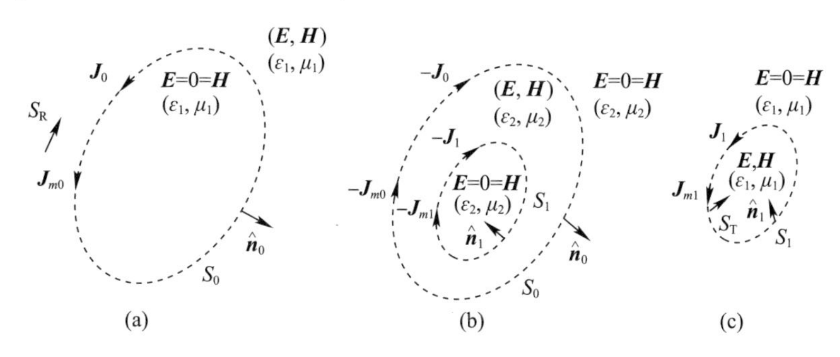


图4－10　用于雷达天线罩分析的等效区域示意图

（a）罩外问题的等效分析；（b）以 $S_0$ 和 $S_1$ 为边界的等效分析；（c）罩内问题的等效分析。

对于罩外的问题，在任一内部点（相对于 $S_0$）散射场与入射场相抵消。因此，

$$\begin{cases}\boldsymbol{E}_1^-(\boldsymbol{J}_0\boldsymbol{J}_{m0})_{\tan} = -\boldsymbol{E}_{R,\tan}^{\mathrm{inc}}, & \text{在 } S_0^- \text{ 上}\\ \boldsymbol{H}_1^-(\boldsymbol{J}_0\boldsymbol{J}_{m0})_{\tan} = -\boldsymbol{H}_{R,\tan}^{\mathrm{inc}}, & \text{在 } S_0^- \text{ 上}\end{cases} \tag{4-52}$$

式中：下标“tan”表示切向分量；$S_0^-$ 为紧贴 $S_0$ 的内表面；$\boldsymbol{E}_1(\boldsymbol{J}_0,\boldsymbol{J}_{m0})$ 和 $\boldsymbol{H}_1(\boldsymbol{J}_0,\boldsymbol{J}_{m0})$ 为当表面电流 $\boldsymbol{J}_0$ 和磁流 $\boldsymbol{J}_{m0}$（在 $S_0$ 上的一点）辐射到无界媒质（$\varepsilon_1$，$\mu_1$）上产生的电场和磁场。由等效原理可得 $\boldsymbol{J}_0=\hat{\boldsymbol{n}}_0\times\boldsymbol{H}_0^+$；$\boldsymbol{J}_{m0}=-\hat{\boldsymbol{n}}_0\times\boldsymbol{E}_0^+$，其中 $\hat{\boldsymbol{n}}_0$ 为在 $S_0$ 上朝外的法矢量，（$\boldsymbol{E}_0^+$，$\boldsymbol{H}_0^+$）为图4－10(a)中紧贴 $S_0$ 外面的总场。再次使用等效原理计算 $S_0$ 和 $S_1$ 区域内的场。这里整个空间用参数（$\varepsilon_2$，$\mu_2$）来表征，源 $S_R$ 和 $S_T$ 现在被紧贴 $S_0$ 的等效表面电流 $-\boldsymbol{J}_0$ 和 $-\boldsymbol{J}_{m0}$ 以及紧贴 $S_1$ 的等效表面电流 $-\boldsymbol{J}_1$ 和 $-\boldsymbol{J}_{m1}$ 所替代。这4个电流辐射到边界媒质（$\varepsilon_2$，$\mu_2$）后，在 $S_0$ 和 $S_1$ 区域内的任一点产生的总场为（$\boldsymbol{E}$，$\boldsymbol{H}$），而在这个区域之外的没有产生电磁场：

$$\begin{cases}\boldsymbol{E}_{2,\tan}^+(-\boldsymbol{J}_0,-\boldsymbol{J}_{m0})+\boldsymbol{E}_{2,\tan}^-(-\boldsymbol{J}_1,-\boldsymbol{J}_{m1})=0, & \text{在 } S_0^+ \text{ 上}\\ \boldsymbol{E}_{2,\tan}^-(-\boldsymbol{J}_0,-\boldsymbol{J}_{m0})+\boldsymbol{E}_{2,\tan}^+(-\boldsymbol{J}_1,-\boldsymbol{J}_{m1})=0, & \text{在 } S_1^+ \text{ 上}\\ \boldsymbol{H}_{2,\tan}^+(-\boldsymbol{J}_0,-\boldsymbol{J}_{m0})+\boldsymbol{H}_{2,\tan}^-(-\boldsymbol{J}_1,-\boldsymbol{J}_{m1})=0, & \text{在 } S_0^+ \text{ 上}\\ \boldsymbol{H}_{2,\tan}^-(-\boldsymbol{J}_0,-\boldsymbol{J}_{m0})+\boldsymbol{H}_{2,\tan}^+(-\boldsymbol{J}_1,-\boldsymbol{J}_{m1})=0, & \text{在 } S_1^+ \text{ 上}\end{cases} \tag{4-53}$$

式中：$S_0^+$ 和 $S_1^+$ 分别表示正好在 $S_0$ 和 $S_1$ 之外的表面；下标“2”表示电流辐射到有

界媒质($\varepsilon_2,\mu_2$)中;上标"+"表示计算的场正好在 $S_0$ 和 $S_1$ 所限定的区域之外(沿 $\hat{\boldsymbol{n}}_0$ 和$\hat{\boldsymbol{n}}_1$ 方向)。$S_0$ 和 $S_1$ 之间的场不连续性要求 $\boldsymbol{J}_1=\hat{\boldsymbol{n}}_1\times\boldsymbol{H}_{1n}^{+}$和 $\boldsymbol{J}_{m1}=-\hat{\boldsymbol{n}}_1\times\boldsymbol{E}_{1n}^{+}$,其中($\boldsymbol{E}_{1n}^{+},\boldsymbol{H}_{1n}^{+}$)表示图 4-10 中 $S_1$ 外表面(沿$\hat{\boldsymbol{n}}_1$ 方向)的总场。

最后,为了得到图 4-10 中 $S_1$ 的内部场,使用 $S_1$ 上的等效表面电流 $\boldsymbol{J}_1$ 和磁流 $\boldsymbol{J}_{m1}$代替雷达天线罩和源 $S_{\mathrm{R}}$,其辐射到内部介质($\varepsilon_1,\mu_1$),见图 4-10(c)。需要注意的是,原始发射模式的源 $S_{\mathrm{T}}$也在图 4-10(c)中标明了。源 $S_{\mathrm{T}}$产生的场和图 4-10(c)中的表面电流 $\boldsymbol{J}_1$ 和磁流 $\boldsymbol{J}_{m1}$,给出了 $S_1$ 内部任一点的总场。然而,这两个场在 $S_1$ 外的任一点之和为零。因此

$$\begin{cases}\boldsymbol{E}_1^{-}(\boldsymbol{J}_1,\boldsymbol{J}_{m1})_{\tan}=-\boldsymbol{E}_{\mathrm{T},\tan}^{\mathrm{inc}},\text{在 } S_1^{-} \text{ 上}\\ \boldsymbol{H}_1^{-}(\boldsymbol{J}_1,\boldsymbol{J}_{m1})_{\tan}=-\boldsymbol{H}_{\mathrm{T},\tan}^{\mathrm{inc}},\text{在 } S_1^{-} \text{ 上}\end{cases} \tag{4-54}$$

这里,$S_1^{-}$ 表示沿着 $-\hat{\boldsymbol{n}}_1$ 方向 $S_1$ 的外表面。式(4-52)~式(4-54)表示对 4 个未知量 $\boldsymbol{J}_0$、$\boldsymbol{J}_{m0}$、$\boldsymbol{J}_1$ 和 $\boldsymbol{J}_{m1}$进行积分的 8 个耦合积分方程。这些方程的不同组合方式会产生不同的方程形式。电场方程组由式(4-52)中的第一个式子、式(4-53)中的前两个式子和式(4-54)中的第一个式子组成,而磁场方程组由式(4-52)中的第二个式子、式(4-53)中的后两个式子和式(4-54)中的第二个式子组成。因为有 4 个未知量,所以需要将 8 个耦合积分方程减少到 4 个积分方程才能解此方程组。我们分别将式(4-52)中的第一个式子与式(4-53)第一个式子、式(4-53)第二个式子和(4-54)第一个式子、式(4-52)第二个式子与式(4-53)第三个式子以及式(4-53)第四个式子和式(4-54)第二个式子相加,可得

$$\boldsymbol{E}_{1,\tan}^{-}(\boldsymbol{J}_0,\boldsymbol{J}_{m0})+\boldsymbol{E}_{2,\tan}^{+}(-\boldsymbol{J}_0,-\boldsymbol{J}_{m0})+\boldsymbol{E}_{2,\tan}^{-}(-\boldsymbol{J}_1,-\boldsymbol{J}_{m1})=-\boldsymbol{E}_{\mathrm{R},\tan}^{\mathrm{inc}},\quad \text{在 } S_0 \text{ 上} \tag{4-55}$$

$$\boldsymbol{E}_{1,\tan}^{-}(\boldsymbol{J}_1,\boldsymbol{J}_{m1})+\boldsymbol{E}_{2,\tan}^{+}(-\boldsymbol{J}_1,-\boldsymbol{J}_{m1})+\boldsymbol{E}_{2,\tan}^{-}(-\boldsymbol{J}_0,-\boldsymbol{J}_{m0})=-\boldsymbol{E}_{\mathrm{T},\tan}^{\mathrm{inc}},\quad \text{在 } S_1 \text{ 上} \tag{4-56}$$

$$\boldsymbol{H}_{1,\tan}^{-}(-\boldsymbol{J}_0,\boldsymbol{J}_{m0})+\boldsymbol{H}_{2,\tan}^{+}(-\boldsymbol{J}_0,-\boldsymbol{J}_{m0})+\boldsymbol{H}_{2,\tan}^{-}(-\boldsymbol{J}_1,-\boldsymbol{J}_{m1})=-\boldsymbol{H}_{\mathrm{R},\tan}^{\mathrm{inc}},\quad \text{在 } S_0 \text{ 上} \tag{4-57}$$

$$\boldsymbol{H}_{1,\tan}^{-}(\boldsymbol{J}_1,\boldsymbol{J}_{m1})+\boldsymbol{H}_{2,\tan}^{+}(-\boldsymbol{J}_1,-\boldsymbol{J}_{m1})+\boldsymbol{H}_{2,\tan}^{-}(-\boldsymbol{J}_0,-\boldsymbol{J}_{m0})=-\boldsymbol{H}_{\mathrm{T},\tan}^{\mathrm{inc}},\quad \text{在 } S_1 \text{ 上} \tag{4-58}$$

由于 $S_0$ 和 $S_1$ 之间的场不连续性,在电场或磁场上采用了上角标以作区分。此外这些求和运算避免了激发出数值解中的内部谐振。式(4-55)和式(4-58)可以重写为以下形式:

$$\left[\boldsymbol{E}_{1,\tan}^{-}(\boldsymbol{J}_0)+\boldsymbol{E}_{2,\tan}^{+}(-\boldsymbol{J}_0)\right]+\boldsymbol{E}_{2,\tan}^{-}(-\boldsymbol{J}_1)+\left[\boldsymbol{E}_{1,\tan}^{-}(\boldsymbol{J}_{m0})+\boldsymbol{E}_{2,\tan}^{+}(-\boldsymbol{J}_{m0})\right]+ \\ \boldsymbol{E}_{2,\tan}^{-}(-\boldsymbol{J}_{m1})=-\boldsymbol{E}_{\mathrm{R},\tan}^{\mathrm{inc}},\quad \text{在 } S_0 \text{ 上} \tag{4-59}$$

$$\boldsymbol{E}_{2,\tan}^{-}(-\boldsymbol{J}_0)+\left[\boldsymbol{E}_{1,\tan}^{-}(\boldsymbol{J}_1)+\boldsymbol{E}_{2,\tan}^{+}(-\boldsymbol{J}_1)\right]+\boldsymbol{E}_{2,\tan}^{-}(-\boldsymbol{J}_{m0})+ \\ \left[\boldsymbol{E}_{1,\tan}^{-}(\boldsymbol{J}_{m1})+\boldsymbol{E}_{2,\tan}^{+}(-\boldsymbol{J}_{m1})\right]=-\boldsymbol{E}_{\mathrm{T},\tan}^{\mathrm{inc}},\quad \text{在 } S_1 \text{ 上} \tag{4-60}$$

$$\left[\boldsymbol{H}_{1,\tan}^{-}(\boldsymbol{J}_0)+\boldsymbol{H}_{2,\tan}^{+}(-\boldsymbol{J}_0)\right]+\boldsymbol{H}_{2,\tan}^{-}(-\boldsymbol{J}_1)+\left[\boldsymbol{H}_{1,\tan}^{-}(\boldsymbol{J}_{m0})+\boldsymbol{H}_{2,\tan}^{+}(-\boldsymbol{J}_{m0})\right]+ \\ \boldsymbol{H}_{2,\tan}^{-}(-\boldsymbol{J}_{m1})=-\boldsymbol{H}_{\mathrm{R},\tan}^{\mathrm{inc}},\quad \text{在 } S_0 \text{ 上} \tag{4-61}$$

$$\boldsymbol{H}_{2,\tan}^{-}(-\boldsymbol{J}_0)+\left[\boldsymbol{H}_{1,\tan}^{-}(\boldsymbol{J}_1)+\boldsymbol{H}_{2,\tan}^{+}(-\boldsymbol{J}_1)\right]+\boldsymbol{H}_{2,\tan}^{-}(-\boldsymbol{J}_{m0})+ \\ \left[\boldsymbol{H}_{1,\tan}^{-}(\boldsymbol{J}_{m1})+\boldsymbol{H}_{2,\tan}^{+}(-\boldsymbol{J}_{m1})\right]=-\boldsymbol{H}_{\mathrm{T},\tan}^{\mathrm{inc}},\quad \text{在 } S_1 \text{ 上} \tag{4-62}$$

为方便起见，我们分别用磁矢势 $\boldsymbol{A}$ 和电矢势 $\boldsymbol{F}$ 以及标量电势 $\boldsymbol{\Phi}$ 和磁势 $\boldsymbol{\Psi}$ 来表示电场和磁场。磁矢势 $\boldsymbol{A}$ 和标量电势 $\boldsymbol{\Phi}$ 与电流 $\boldsymbol{J}_0$、$\boldsymbol{J}_1$ 直接相关，电矢势 $\boldsymbol{F}$ 和标量磁势 $\boldsymbol{\Psi}$ 与磁流 $\boldsymbol{J}_{m0}$、$\boldsymbol{J}_{m1}$ 相关，即

$$\begin{cases}\boldsymbol{E}(\boldsymbol{J})=-\mathrm{j}k_i\eta_i\boldsymbol{A}-\nabla\boldsymbol{\Phi}=\dfrac{\eta_i}{\mathrm{j}k_i}\left[\nabla(\nabla\cdot\boldsymbol{A})+k_i^2\boldsymbol{A}\right],i=1,2\\ \boldsymbol{E}(\boldsymbol{J}_m)=-\nabla\times\boldsymbol{F}\\ \boldsymbol{H}(\boldsymbol{J})=\nabla\times\boldsymbol{A}\\ \boldsymbol{H}(\boldsymbol{J}_m)=-\mathrm{j}\,\dfrac{k_i}{\eta_i}\boldsymbol{F}-\nabla\boldsymbol{\Psi}=\dfrac{1}{\mathrm{j}k_i\eta_i}\left[\nabla(\nabla\cdot\boldsymbol{F})+k_i^2\boldsymbol{F}\right]\end{cases} \tag{4-63}$$

式中：$\eta_i=\sqrt{\dfrac{\mu_i}{\varepsilon_i}}$；$k_i=\omega\sqrt{\mu_i\varepsilon_i}\,(i=1,2)$。电矢势和磁矢势通过辐射在无界媒质[17]上的电偶极子或磁偶极子的格林函数与电流和磁流相关联，即

$$\begin{cases}\boldsymbol{A}=\displaystyle\int_S\boldsymbol{J}(\boldsymbol{r}')\frac{\mathrm{e}^{-\mathrm{j}k_i|\boldsymbol{r}-\boldsymbol{r}'|}}{4\pi|\boldsymbol{r}-\boldsymbol{r}'|}\mathrm{d}s\\ \boldsymbol{F}=\displaystyle\int_S\boldsymbol{J}_m(\boldsymbol{r}')\frac{\mathrm{e}^{-\mathrm{j}k_i|\boldsymbol{r}-\boldsymbol{r}'|}}{4\pi|\boldsymbol{r}-\boldsymbol{r}'|}\mathrm{d}s\\ \boldsymbol{\Phi}=-\dfrac{\eta_i}{\mathrm{j}k_i}\nabla\cdot A=-\dfrac{\eta_i}{\mathrm{j}k_i}\displaystyle\int_S\boldsymbol{J}(\boldsymbol{r}')\cdot\nabla'\left[\frac{\mathrm{e}^{-\mathrm{j}k_i|\boldsymbol{r}-\boldsymbol{r}'|}}{4\pi|\boldsymbol{r}-\boldsymbol{r}'|}\right]\mathrm{d}s\\ \boldsymbol{\Psi}=-\dfrac{1}{\mathrm{j}k_i\eta_i}\nabla\cdot\boldsymbol{F}=-\dfrac{1}{\mathrm{j}k_i\eta_i}\displaystyle\int_S\boldsymbol{J}-m(\boldsymbol{r}')\cdot\nabla'\left[\frac{\mathrm{e}^{-\mathrm{j}k_i|\boldsymbol{r}-\boldsymbol{r}'|}}{4\pi|\boldsymbol{r}-\boldsymbol{r}'|}\right]\mathrm{d}s\end{cases} \tag{4-64}$$

式中：$|\boldsymbol{r}-\boldsymbol{r}'|=\sqrt{(x-x')^2+(y-y')^2+(z-z')^2}$。可以利用已知的电流分布，通过式(4-64)估算 $S_0$ 和 $S_1$ 表面上的($\boldsymbol{E}_R^{\mathrm{inc}}$,$\boldsymbol{H}_R^{\mathrm{inc}}$)和($\boldsymbol{E}_t^{\mathrm{inc}}$,$\boldsymbol{H}_t^{\mathrm{inc}}$)。将式(4-64)

代入式(4－59)～式(4－62),得到在 $S_0$ 和 $S_1$ 表面上未知量为 $\boldsymbol{J}_0$、$\boldsymbol{J}_{m0}$、$\boldsymbol{J}_1$、$\boldsymbol{J}_{m1}$ 的 4 个耦合积分方程。

这组积分方程可以用 MoM[16] 进行数值求解。在应用 MoM 时,$S_0$ 和 $S_1$ 的表面由三角形贴片近似,电流和磁流的基函数与表面上每个三角形的边缘相关联。因此有

$$
\boldsymbol{Jf}\begin{cases}\boldsymbol{J}_0 = \sum_{m=1}^{N_0} I_{0m}\boldsymbol{f}_{0m} \\ \boldsymbol{J}_{m0} = \sum_{m=1}^{N_0} K_{0m}\boldsymbol{f}_{0m} \\ \boldsymbol{J}_1 = \sum_{m=1}^{N_i} I_{1m}\boldsymbol{f}_{1m} \\ \boldsymbol{J}_{m1} = \sum_{m=1}^{N_i} K_{1m}\boldsymbol{f}_{1m}\end{cases} \tag{4-65}
$$

式中:$\boldsymbol{f}_{0m}$,($m=1,2,\cdots,N_0$)为与 $S_0$ 上第 $m$ 条边相关联的基函数;$\boldsymbol{f}_{1m}$($m=1,2,\cdots,N_1$)为与 $S_1$ 上第 $m$ 条边相关联的基函数。上面使用的矢量基函数 $\boldsymbol{f}$ 与参考文献[18－19]中使用的基函数相同。

可以看到每个基函数与三角形贴片模型的内部相关联,而且除了与该边相连的两个三角形,在表面 $S$ 的其他地方都没有。图 4－11 给出了两个这样的三角形 $T_n^+$ 和 $T_n^-$,对应于为散射体建模的三角形表面的第 $n$ 条边。$T_n^+$ 中的点可以用相对于全局原点 $O$ 定义的位置矢量 $\boldsymbol{r}$,或者用相对于 $T_n^+$ 的自由顶点定义的位置矢量 $\boldsymbol{\rho}_n^+$ 来指定。类似的标记方法也适用于位置矢量 $\boldsymbol{\rho}_n^-$,只不过它是指向 $T_n^-$ 的自由顶点。三角形的加号或减号是由第 $n$ 条边的正电流参考方向的选择决定的,假设这个参考方向从 $T_n^+$ 到 $T_n^-$。

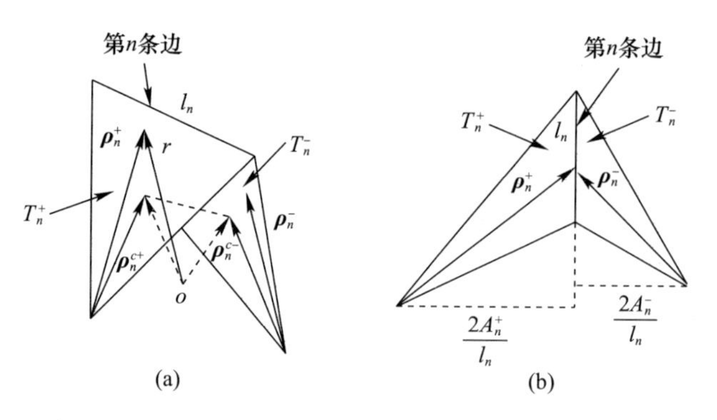


图 4－11 (a)与两个三角形相关联的公共边的坐标;(b)公共边处基函数的法矢量

与第 $n$ 条边相关联的三角矢量基函数定义为

$$\boldsymbol{f}_n(\boldsymbol{r})=\begin{cases}\dfrac{l_n}{2A_n^+}\boldsymbol{\rho}_n^+, & \boldsymbol{r}\text{ 在 }T_n^+\text{ 上}\\ \dfrac{l_n}{2A_n^-}\boldsymbol{\rho}_n^-, & \boldsymbol{r}\text{ 在 }T_n^-\text{ 上}\\ 0, & \text{其他}\end{cases} \tag{4-66}$$

式中：$l_n$ 为边的长度；$A_n^\pm$ 为三角形 $T_n^\pm$ 的面积，见图4－11。下面是基函数 $\boldsymbol{f}_n(\boldsymbol{r})$ 的5个属性：

（1）该电流在由两个三角形 $T_n^+$ 和 $T_n^-$ 形成的表面边界（不包括公共边）上没有法向分量，因此沿该边界不存在线电荷。

（2）电流在第 $n$ 条边上的法向分量是恒定的，并且在整个边上是连续的，见图4－11，图中表明 $\boldsymbol{\rho}_n^+$ 的法向分量沿边 $n$ 作为基点，高度表示为 $2A_n^\pm/l_n$。这个因素将 $\boldsymbol{f}_n(\boldsymbol{r})$ 归一化，使其在边 $n$ 的法向上的磁通密度为单位磁通，确保了电流在边的法向上的连续性。这个结果，加上第一个属性，意味着 $T_n^+$ 和 $T_n^-$ 的所有边都没有线电荷。

（3）$\boldsymbol{f}_n(\boldsymbol{r})$ 的散度与基元相关的表面电荷密度成正比，为

$$\nabla\cdot\boldsymbol{f}_n=\begin{cases}\dfrac{l_n}{A_n^+}, & \boldsymbol{r}\text{ 在 }T_n^+\text{ 上}\\ -\dfrac{l_n}{A_n^-}, & \boldsymbol{r}\text{ 在 }T_n^-\text{ 上}\\ 0, & \text{其他}\end{cases} \tag{6-67}$$

因为 $T_n^\pm$ 的表面散度（圆柱坐标）是 $\pm\dfrac{1}{\rho_n^\pm}\dfrac{\partial(\rho_n^\pm f_n)}{\partial\rho_n^\pm}$。因此，电荷密度在每个三角形中是恒定的，与两个三角形 $T_n^+$ 和 $T_n^-$ 相关的总电荷为零，而电荷的基函数显然具有脉冲对的形式。

（4）$\boldsymbol{f}_n(\boldsymbol{r})$ 的矩由 $(A_n^+ + A_n^-)\boldsymbol{f}_n^{\text{avg}}$ 给出，定义为

$$\int_{T_n^+ + T_n^-}\boldsymbol{f}_n\mathrm{d}s\equiv(A_n^+ + A_n^-)\boldsymbol{f}_n^{\text{avg}}=\frac{l_n}{2}(\boldsymbol{\rho}_n^{c+}+\boldsymbol{\rho}_n^{c-})=\frac{l_n}{2}(\boldsymbol{r}_n^{c+}-\boldsymbol{r}_n^{c-}) \tag{4-68}$$

式中：$\boldsymbol{\rho}_n^{c\pm}$ 是自由顶点和 $T_n^\pm$ 的中心点之间的矢量；$\boldsymbol{\rho}_n^{c-}$ 指向顶点；$\boldsymbol{\rho}_n^{c+}$ 指向远离顶点的方向，见图4－11；$\boldsymbol{r}_n^{c\pm}$ 是全局原点 $O$ 到 $T_n^\pm$ 中心点的矢量。

（5）此外，由于 $\boldsymbol{f}_n(\boldsymbol{r})$ 在第 $n$ 条边上的法向分量是单位矢量，式（4－65）中

的每个系数都可以解释为流过第 $n$ 条边的电流密度的法向分量。此外,每个三角形中的基函数都是独立的,因为第 $n$ 条边的电流是一个独立的量。

为了找到积分方程式(4-59)~式(4-62)中的电流和磁流系数,利用其正交特性,将这些积分方程组与 $N$ 个测试函数进行标量相乘。选择这些测试函数的一个有效方法是选择与基函数相等的测试函数(Galerkin 方法)。通过对式(4-59)~式(4-62)与测试函数 $\boldsymbol{f}_m(\boldsymbol{r})$ 的标量相乘和积分,可以估算电流和磁流系数。这个操作将式(4-59)~式(4-62)的函数形式简化为一个对应的分块矩阵方程。

$$\begin{bmatrix} \boldsymbol{ETJ}0 & \boldsymbol{E2J}1 & \boldsymbol{ETM}0 & \boldsymbol{E2M}1 \\ \boldsymbol{E2J}0 & \boldsymbol{ETJ}1 & \boldsymbol{E2M}0 & \boldsymbol{ETM}1 \\ \boldsymbol{HTJ}0 & \boldsymbol{H2J}1 & \boldsymbol{HTM}0 & \boldsymbol{H2M}1 \\ \boldsymbol{H2J}0 & \boldsymbol{HTJ}1 & \boldsymbol{H2M}0 & \boldsymbol{HTM}1 \end{bmatrix} \begin{bmatrix} \boldsymbol{I}_0 \\ \boldsymbol{I}_1 \\ \boldsymbol{K}_0 \\ \boldsymbol{K}_i \end{bmatrix} = \begin{bmatrix} \boldsymbol{V}_0^E \\ \boldsymbol{V}_1^E \\ \boldsymbol{V}_0^H \\ \boldsymbol{V}_1^H \end{bmatrix} \tag{4-69}$$

在式(4-65)中,矢量 $\boldsymbol{I}_0$ 的第 $n$ 个元素是 $\boldsymbol{I}_{0n}$,$\boldsymbol{I}_1$ 的第 $m$ 个元素是 $\boldsymbol{I}_{1m}$。同样地,$\boldsymbol{K}_0$ 和 $\boldsymbol{K}_1$ 的第 $m$ 个元素分别是 $\boldsymbol{K}_{0\mathrm{m}}$ 和 $\boldsymbol{K}_{1\mathrm{m}}$。矢量 $\boldsymbol{V}_0^E$ 和 $\boldsymbol{V}_0^H$ 的第 $n$ 个元素分别为 $\boldsymbol{f}_{0n}$ 与 $-\boldsymbol{E}_{R,\tan}^{\mathrm{inc}}$ 和 $-\boldsymbol{H}_{R,\tan}^{\mathrm{inc}}$ 的对称积。类似地,矢量 $\boldsymbol{V}_1^E$ 和 $\boldsymbol{V}_1^H$ 的第 $n$ 个元素分别等于测试函数 $\boldsymbol{f}_{1n}$ 与 $-\boldsymbol{E}_{R,\tan}^{\mathrm{inc}}$ 和 $-\boldsymbol{H}_{R,\tan}^{\mathrm{inc}}$ 的对称积。

式(4-69)中方阵的子矩阵按照以下惯例命名。第一个字母表示的是场(**E** 代表电场,**H** 代表磁场)。第三个字母(带下标)表示这个场的来源。第二个字母表示场源辐射到的介质,若是2,则该场源辐射在($\varepsilon_2$,$\mu_2$);若是字母 $T$,则该场源在两种介质中都有辐射,并且这些场的贡献被添加到总场中。

使用式(4-54)在各自三角形的中心点估算标势 $\boldsymbol{\Phi}$ 和 $\boldsymbol{\Psi}$,得到以下式子的标量积:

$$\begin{aligned} \left\langle \begin{Bmatrix} \nabla\Phi \\ \nabla\Psi \end{Bmatrix}, \boldsymbol{f}_m \right\rangle &= -\left\langle \begin{Bmatrix} \Phi \\ \Psi \end{Bmatrix}, \nabla\cdot \boldsymbol{f}_m \right\rangle \\ &= l_m \left[ \frac{1}{A_m^-}\int_{T_m^-} \begin{Bmatrix} \Phi \\ \Psi \end{Bmatrix} \mathrm{d}s - \frac{1}{A_m^+}\int_{T_m^+} \begin{Bmatrix} \Phi \\ \Psi \end{Bmatrix} \mathrm{d}s \right] \\ &\approx l_m \left[ \begin{Bmatrix} \Phi(\boldsymbol{r}_m^{c-}) \\ \Psi(\boldsymbol{r}_m^{c-}) \end{Bmatrix} - \begin{Bmatrix} \Phi(\boldsymbol{r}_m^{c+}) \\ \Psi(\boldsymbol{r}_m^{c+}) \end{Bmatrix} \right] \end{aligned} \tag{4-70}$$

式中:标量乘法定义为 $\langle \boldsymbol{f},\boldsymbol{g}\rangle = \int_S \boldsymbol{f}\cdot\boldsymbol{g}\mathrm{d}s$。类似地,利用式(4-66),可得

$$\left\langle \begin{Bmatrix} \nabla\times \boldsymbol{A} \\ \nabla\times \boldsymbol{F} \end{Bmatrix}, \boldsymbol{f}_m \right\rangle = \frac{l_m}{2A_m^+}\int_{T_m^+} \boldsymbol{\rho}_m^+ \cdot \left[ \begin{Bmatrix} \nabla\times \boldsymbol{A} \\ \nabla\times \boldsymbol{F} \end{Bmatrix} \right]^+ \mathrm{d}s + \frac{l_m}{2A_m^-}\int_{T_m^-} \boldsymbol{\rho}_m^- \cdot \left[ \begin{Bmatrix} \nabla\times \boldsymbol{A} \\ \nabla\times \boldsymbol{F} \end{Bmatrix} \right]^- \mathrm{d}s \tag{4-71}$$

考虑一个额外的项

$$\left\langle \begin{Bmatrix} \boldsymbol{E}^{\mathrm{inc}} \\ \boldsymbol{H}^{\mathrm{inc}} \\ \boldsymbol{A} \\ \boldsymbol{F} \end{Bmatrix}, \boldsymbol{f}_m \right\rangle = l_m \left[ \frac{1}{2A_m^+}\int_{T_m^+} \begin{Bmatrix} \boldsymbol{E}^{\mathrm{inc}} \\ \boldsymbol{H}^{\mathrm{inc}} \\ \boldsymbol{A} \\ \boldsymbol{F} \end{Bmatrix} \cdot \boldsymbol{\rho}_m^+ \mathrm{d}s + \frac{1}{2A_m^-}\int_{T_m^-} \begin{Bmatrix} \boldsymbol{H}^{\mathrm{inc}} \\ \boldsymbol{H}^{\mathrm{inc}} \\ \boldsymbol{A} \\ \boldsymbol{F} \end{Bmatrix} \cdot \boldsymbol{\rho}_m^- \mathrm{d}s \right]$$
$$\approx \frac{l_m}{2} \left[ \begin{Bmatrix} \boldsymbol{E}^{\mathrm{inc}}(\boldsymbol{r}_m^{c+}) \\ \boldsymbol{H}^{\mathrm{inc}}(\boldsymbol{r}_m^{c+}) \\ \boldsymbol{A}(\boldsymbol{r}_m^{c+}) \\ \boldsymbol{F}(\boldsymbol{r}_m^{c+}) \end{Bmatrix} \cdot \boldsymbol{\rho}_m^{c+} + \begin{Bmatrix} \boldsymbol{E}^{\mathrm{inc}}(\boldsymbol{r}_m^{c-}) \\ \boldsymbol{H}^{\mathrm{inc}}(\boldsymbol{r}_m^{c-}) \\ \boldsymbol{A}(\boldsymbol{r}_m^{c-}) \\ \boldsymbol{F}(\boldsymbol{r}_m^{c-}) \end{Bmatrix} \cdot \boldsymbol{\rho}_m^{c-} \right] \tag{4-72}$$

又

$$\begin{cases} \boldsymbol{E}^{\mathrm{inc}+}(\boldsymbol{r}_m^{c+}) = \boldsymbol{E}^{\mathrm{inc}}(\boldsymbol{r}_m^{c+}) \\ \boldsymbol{E}^{\mathrm{inc}-}(\boldsymbol{r}_m^{c-}) = \boldsymbol{E}^{\mathrm{inc}}(\boldsymbol{r}_m^{c-}) \\ \boldsymbol{H}^{\mathrm{inc}+}(\boldsymbol{r}_m^{c+}) = \boldsymbol{H}^{\mathrm{inc}}(\boldsymbol{r}_m^{c+}) \\ \boldsymbol{H}^{\mathrm{inc}-}(\boldsymbol{r}_m^{c-}) = \boldsymbol{H}^{\mathrm{inc}}(\boldsymbol{r}_m^{c-}) \end{cases} \tag{4-73}$$

在上述方程中，矢势 $\boldsymbol{A}$、$\boldsymbol{F}$ 和标势 $\boldsymbol{\Phi}$、$\boldsymbol{\Psi}$ 是由式(4-64)给出的。包含旋度运算的式(4-71)可以通过下式进一步简化：

$$\begin{cases} \nabla\times \boldsymbol{F} = \int_S \boldsymbol{J}_m(\boldsymbol{r}') \times \nabla' \dfrac{\mathrm{e}^{-\mathrm{j}k_i|\boldsymbol{r}-\boldsymbol{r}'|}}{4\pi|\boldsymbol{r}-\boldsymbol{r}'|}\mathrm{d}s \\ \nabla\times \boldsymbol{A} = \int_S \boldsymbol{J}(\boldsymbol{r}') \times \nabla' \dfrac{\mathrm{e}^{-\mathrm{j}k_i|\boldsymbol{r}-\boldsymbol{r}'|}}{4\pi|\boldsymbol{r}-\boldsymbol{r}'|}\mathrm{d}s \end{cases} \tag{4-74}$$

其中

$$\nabla' \frac{\mathrm{e}^{-\mathrm{j}k_i|\boldsymbol{r}-\boldsymbol{r}'|}}{|\boldsymbol{r}-\boldsymbol{r}'|} = (\boldsymbol{r}-\boldsymbol{r}')(1-\mathrm{j}k_i|\boldsymbol{r}-\boldsymbol{r}'|)\frac{\mathrm{e}^{-\mathrm{j}k_i|\boldsymbol{r}-\boldsymbol{r}'|}}{|\boldsymbol{r}-\boldsymbol{r}'|^3} \tag{4-75}$$

其中，$i=1,2$。利用式(4-70)、式(4-72)和式(4-74)，我们可以得到式(4-69)中子矩阵的元素

$$\boldsymbol{ETJ}0_{mn} = l_m \left[\frac{\boldsymbol{\rho}_m^{c+}}{2} \cdot \sum_{i=1}^{2} (\mathrm{j}k_i\eta_i) \boldsymbol{A}_{i_{mn}}^{+} + \frac{\boldsymbol{\rho}_m^{c-}}{2} \cdot \sum_{i=1}^{2} (\mathrm{j}k_i\eta_i) \boldsymbol{A}_{i_{mn}}^{-} + \sum_{i=1}^{2} \left(\frac{-\eta_i}{\mathrm{j}k_i}\right) [\boldsymbol{\Phi}_{i_{mn}}^{-} - \boldsymbol{\Phi}_{i_{mn}}^{+}] \right] \quad (4-76)$$

其中

$$\boldsymbol{A}_{i_{mn}}^{\pm} = \int_{T_n^+ + T_n^- n} f(\boldsymbol{r}') G_i(\boldsymbol{r}_m^{c\pm}, \boldsymbol{r}') \mathrm{d}s(\boldsymbol{r}'); G_i(\boldsymbol{r}_m^{c\pm}, \boldsymbol{r}') = \frac{\mathrm{e}^{-\mathrm{j}k_i |\boldsymbol{r}_m^{c\pm} - \boldsymbol{r}'|}}{4\pi |\boldsymbol{r}_m^{c\pm} - \boldsymbol{r}'|} \quad (4-77)$$

和

$$\boldsymbol{\Phi}_{i_{mn}}^{\pm} = \int_{T_n^+ + T_n^-} [\nabla' \cdot \boldsymbol{f}_n(\boldsymbol{r}')] G_i(\boldsymbol{r}_m^{c\pm}, \boldsymbol{r}') \mathrm{d}s(\boldsymbol{r}') \quad (4-78)$$

而且

$$\boldsymbol{E}2\boldsymbol{J}1_{mn} = \mathrm{j}k_2\eta_2 \frac{l_m}{2}(\boldsymbol{\rho}_m^{c+} \cdot \boldsymbol{A}_{2_{mn}}^{+} + \boldsymbol{\rho}_m^{c-} \cdot \boldsymbol{A}_{2_{mn}}^{-}) + \mathrm{j}\frac{\eta_2 l_m}{k_2}(\boldsymbol{\Phi}_{2_{mn}}^{-} - \boldsymbol{\Phi}_{2_{mn}}^{+}) \quad (4-79)$$

然后有

$$\boldsymbol{ETM}0_{mn} = \sum_{i=1}^{2} P_{i_{mn}}^{+} + \sum_{i=1}^{2} P_{i_{mn}}^{-} \quad (4-80)$$

其中

$$P_{i_{mn}}^{\pm} = \frac{l_m}{2A_m^{\pm}} \int_{T_m^{\pm}} \boldsymbol{\rho}_m^{\pm} \cdot \left[ \int_{T_n^+ + T_n^-} \boldsymbol{f}_n \times \nabla' G_i(\boldsymbol{r}_m^{\pm}, \boldsymbol{r}') \mathrm{d}s(\boldsymbol{r}') \right] \mathrm{d}s(\boldsymbol{r}) \quad (4-81)$$

和

$$\boldsymbol{E}2\boldsymbol{M}1_{mn} = \boldsymbol{P}_{2_{mn}}^{+} + \boldsymbol{P}_{2_{mn}}^{-} \quad (4-82)$$

类似地，也可以计算得到子矩阵 $\boldsymbol{E}2\boldsymbol{J}0$, $\boldsymbol{ETJ}1$, $\boldsymbol{E}2\boldsymbol{M}0$ 和 $\boldsymbol{ETM}1$。通过式(4-69)、式(4-72)和式(4-74)，还可以得到磁场子矩阵

$$\boldsymbol{HTJ}0_{mn} = l_m \left[\frac{\boldsymbol{\rho}_m^{c+}}{2} \cdot \sum_{i=1}^{2} \left(\frac{\mathrm{j}k_i}{\eta_i}\right) \boldsymbol{F}_{i_{mn}}^{+} + \frac{\boldsymbol{\rho}_m^{c-}}{2} \cdot \sum_{i=1}^{2} \left(\frac{\mathrm{j}k_i}{\eta_i}\right) \boldsymbol{F}_{i_{mn}}^{-} + \sum_{i=1}^{2} \left(\frac{-1}{\mathrm{j}k_i\eta_i}\right) [\boldsymbol{\Psi}_{i_{mn}}^{-} - \boldsymbol{\Psi}_{i_{mn}}^{+}] \right] \quad (4-83)$$

其中，$\boldsymbol{F}_{i_{mn}}^{\pm} = \boldsymbol{A}_{i_{mn}}^{\pm}$, $\boldsymbol{\Psi}_{i_{mn}}^{\pm} = \boldsymbol{\Phi}_{i_{mn}}^{\pm}$。而且有

$$\boldsymbol{H2J1}_{mn}=\frac{\mathrm{j}k_2}{\eta_2}\frac{l_m}{2}(\boldsymbol{\rho}_m^{c+}\cdot\boldsymbol{F}_{2_{mn}}^{+}+\boldsymbol{\rho}_m^{c-}\cdot\boldsymbol{F}_{2_{mn}}^{-})+\frac{-l_m}{\mathrm{j}k_2\eta_2}(\Psi_{2_{mn}}^{-}-\Psi_{2_{mn}}^{+})\quad(4-84)$$

和

$$\boldsymbol{HTM0}_{mn}=\sum_{i=1}^{2}Q_{i_{mn}}^{+}+\sum_{i=1}^{2}Q_{i_{mn}}^{-}\quad(4-85)$$

其中，$Q_{i_{mn}}^{\pm}=P_{i_{mn}}^{\pm}$，且

$$\boldsymbol{H2M1}_{mn}=Q_{2_{mn}}^{+}+Q_{2_{mn}}^{-}\quad(4-86)$$

类似地，可以计算得到子矩阵 $\boldsymbol{H2J0}$、$\boldsymbol{HTJ1}$、$\boldsymbol{H2M0}$ 和 $\boldsymbol{HTM1}$。利用式(4－72)，可得到激发的电场和磁场矩阵的元素：

$$V_{0m}^{E}=\frac{l_m}{2}[\boldsymbol{\rho}_m^{c+}\cdot\boldsymbol{E}_R^{\mathrm{inc}}(\boldsymbol{r}_m^{c+})+\boldsymbol{\rho}_m^{c-}\cdot\boldsymbol{E}_R^{\mathrm{inc}}(\boldsymbol{r}_m^{c-})]\quad(4-87)$$

$$V_{1m}^{E}=\frac{l_m}{2}[\boldsymbol{\rho}_m^{c+}\cdot\boldsymbol{E}_t^{\mathrm{inc}}(\boldsymbol{r}_m^{c+})+\boldsymbol{\rho}_m^{c-}\cdot\boldsymbol{E}_t^{\mathrm{inc}}(\boldsymbol{r}_m^{c-})]\quad(4-88)$$

$$V_{0m}^{H}=\frac{l_m}{2}[\boldsymbol{\rho}_m^{c+}\cdot\boldsymbol{H}_R^{\mathrm{inc}}(\boldsymbol{r}_m^{c+})+\boldsymbol{\rho}_m^{c-}\cdot\boldsymbol{H}_R^{\mathrm{inc}}(\boldsymbol{r}_m^{c-})]\quad(4-89)$$

$$V_{1m}^{H}=\frac{l_m}{2}[\boldsymbol{\rho}_m^{c+}\cdot\boldsymbol{H}_t^{\mathrm{inc}}(\boldsymbol{r}_m^{c+})+\boldsymbol{\rho}_m^{c-}\cdot\boldsymbol{H}_t^{\mathrm{inc}}(\boldsymbol{r}_m^{c-})]\quad(4-90)$$

基于前面讨论的内容，接下来需要计算式(4－77)、式(4－78)中与 MoM 的解相关的矢势和标量势的积分。图 4－12 给出了一对三角面，观察点在面 $p$ 上，源电流在面 $q$ 上。在 $T^q$ 中可能同时存在的三个基函数中的每一个都与矢量 $\boldsymbol{\rho}_1$、$\boldsymbol{\rho}_2$ 或 $\boldsymbol{\rho}_3$ 之一成正比。从图中可以看到，每个矢量 $\boldsymbol{\rho}_i$，$i=1,2,3$ 的方向为远离与其相关联顶点的方向，但是如果相关联边的当前参考方向是在三角形里面，那么每个矢量会指向与其相关联的顶点。

因此有

$$\boldsymbol{\rho}_i=\pm(\boldsymbol{r}'-\boldsymbol{r}_i),i=1,2,3\quad(4-91)$$

其中，如果正向电流参考方向在 $T^q$ 之外，那么使用正号，否则使用负号。所考虑的积分是磁矢量势。

考虑磁矢势

$$\boldsymbol{A}_{ipq}=\int_{T^q}\left(\frac{l_i}{2A_q}\right)\boldsymbol{\rho}_i\frac{\mathrm{e}^{-\mathrm{j}kR^p}}{4\pi R^p}\mathrm{d}s'\quad(4-92)$$

和电标势

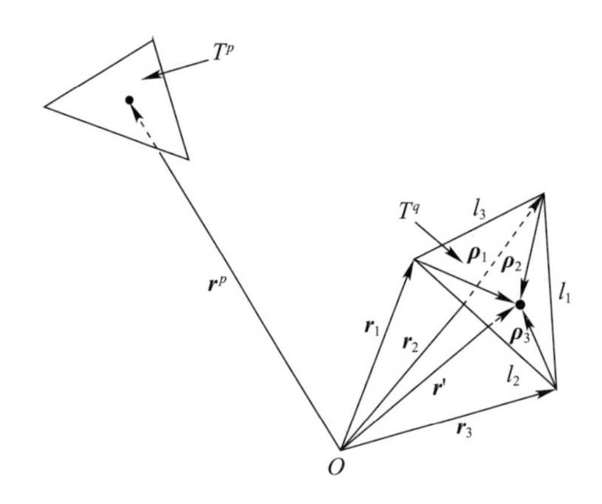


图 4-12　源三角形 $T^q$ 的局部坐标系及其边，观察点位于三角形 $T^p$ 内

$$\Phi_{ipq} = -\frac{\eta_i}{\mathrm{j}k_i}\int_{T^q}\left(\frac{l_i}{A_q}\right)\frac{\mathrm{e}^{-\mathrm{j}kR^p}}{4\pi R^p}\mathrm{d}s' \tag{4-93}$$

与通过在面 $p$ 上的中心点观察到的面 $q$ 上的第 $i$ 个基函数有关。类似的推导可以应用于电矢势 $\boldsymbol{F}$ 和磁标势 $\boldsymbol{\Psi}$。在式(4-92)和式(4-93)中，有

$$R_p = |\boldsymbol{r}^{cp} - \boldsymbol{r}'|,\quad i = 1,2,3 \tag{4-94}$$

式中：$\boldsymbol{r}^{cp}$ 为面 $p$ 上的中心点的位置矢量。对式(4-77)和式(4-78)积分最方便的方式是将其从全局坐标系转换为定义在 $T^q$ 内的局部坐标系。为了定义这些坐标，需要注意图 4-12 中的矢量 $\boldsymbol{\rho}_i$ 将 $T^q$ 分成面积为 $A_1$、$A_2$ 和 $A_3$ 的三个子三角形，这些三角形分别以 $l_1$、$l_2$ 和 $l_3$ 作为其一个边长。然而，由于它们必须满足关系式 $A_1 + A_2 + A_3 = A_q$，所以这些面积并不是独立的。现在引入归一化面积坐标系：

$$\xi = \frac{A_1}{A_q},\quad \eta = \frac{A_2}{A_q},\quad \zeta = \frac{A_3}{A_q} \tag{4-95}$$

由于面积的限制，它必须满足 $\xi + \eta + \zeta = 1$。需要注意的是，在 $T^q$ 和三角形的角 $\boldsymbol{r}_1$、$\boldsymbol{r}_2$、$\boldsymbol{r}_3$ 中所有三个坐标都在 0 和 1 范围内变化，$(\xi,\eta,\zeta)$ 的取值分别为 (1,0,0)、(0,1,0) 和 (0,0,1)。从直角坐标系到归一化面积坐标系的转换可以写成矢量形式：

$$\boldsymbol{r}' = \xi\boldsymbol{r}_1 + \eta\boldsymbol{r}_2 + \zeta\boldsymbol{r}_3 \tag{4-96}$$

式中：$\xi$，$\eta$ 和 $\zeta$ 受制于其和为 1 的约束。因此，对 $T_q$ 的表面积分转化为

$$\int_{T^q} g(\boldsymbol{r})\,\mathrm{d}s = 2A_q\int_0^1\int_0^{1-\eta} g[\xi\boldsymbol{r}_1 + \eta\boldsymbol{r}_2 + (1-\xi-\eta)\boldsymbol{r}_3]\,\mathrm{d}\xi\mathrm{d}\eta \tag{4-97}$$

利用式(4－91)、式(4－94)～式(4－96)可以化简式(4－92)和式(4－93)为

$$\boldsymbol{A}_{ipq} = \pm \frac{l_i}{4\pi}(\boldsymbol{r}_1 I_{\xi pq} + \boldsymbol{r}_2 I_{\eta pq} + \boldsymbol{r}_3 I_{\zeta pq}) \tag{4-98}$$

和

$$\Phi_{ipq} = \mp \frac{l_i}{\mathrm{j}2\pi\omega\varepsilon_i} I_{pq} \tag{4-99}$$

其中

$$\begin{cases} I_{pq} = \int_0^1 \int_0^{1-\eta} \dfrac{\mathrm{e}^{-\mathrm{j}kR^P}}{R^P} \mathrm{d}\xi \mathrm{d}\eta \\ I_{\xi pq} = \int_0^1 \int_0^{1-\eta} \xi \dfrac{\mathrm{e}^{-\mathrm{j}kR^P}}{R^P} \mathrm{d}\xi \mathrm{d}\eta \\ I_{\eta pq} = \int_0^1 \int_0^{1-\eta} \eta \dfrac{\mathrm{e}^{-\mathrm{j}kR^P}}{R^P} \mathrm{d}\xi \mathrm{d}\eta \\ I_{cpq} = I_{pq} - I_{\xi_{pq}} - I_{\eta pq} \end{cases} \tag{4-100}$$

因此,只有式(4－100)中的前三个为独立的积分公式,必须对每个平面对$p$和$q$的组合进行数值计算。可以通过使用专门为三角形区域开发的数值正交技术来完成对式(4－100)中的前三个公式的积分计算。然而,对于$p=q$的情况,积分是奇异的,对于这种情况,每个积分的奇异部分必须被移除并进行综合分析。

如果我们遵循MoM的计算步骤[16],矩阵方程(4－69)将通过矩阵的逆来求解。在条件数较高的大矩阵情况下,求解矩阵方程(4－69)的有效方法是采用迭代法,如附录D中描述的共轭梯度法[20]。对于一个$N$个未知的问题,内存要求是$O(N^2)$,每次迭代的计算复杂度是$O(N^2)$。对于分析电大尺寸的雷达天线罩来说,这样的内存需求量和计算复杂度过于偏高,必须降低内存需求量和计算复杂度,以提高求解效率。自适应积分法(adaptive integral method,AIM)[21]可以作为一种替代方法来降低MoM的计算复杂度和内存需求。在AIM算法中,阻抗矩阵方程(4－69)被表示为近场和远场区分量之和。阻抗矩阵的近场分量是通过使用传统的MoM与利用任意局部支撑函数的Galerkin离散化计算得到的。由于根据定义,一个给定的电流元素只拥有有限数量的近邻,所以它导致产生了一个稀疏矩阵。远场矩阵使用快速傅里叶变换进行计算,这降低了求解具有足够多未知数问题的存储需求量和操作难度。对于表面散射体,AIM的计算复杂度和内存需求量分别为$O(N^{1.5}\log N)$和$O(N^{1.5})$。求解矩阵方程的另一种有效

的方法是参考文献[22]中介绍的多层快速多极子算法(multilevel fast - multipole algorithm,MLFMA),当涉及足够多层级的矩阵计算时,它的计算复杂度仅为 $O(N\log N)$。因此,MLFMA 的算法复杂度要比 AIM 好。尽管如此,AIM 还是可以与 MLFMA 相竞争的,因为 AIM 引入了一种 FFT 算法,可以避免 MLFMA 中复杂的插值和插值算子运算。另外,AIM 还可以通过与其他特定技术的适当整合而进一步降低其复杂度,如域分解策略。

图 4 - 13 给出了带有雷达天线罩时 MoM 算法、PO - MoM 混合算法和无雷达天线罩时计算得到的辐射方向图的结果比较,其中天线孔径倾斜了 10°。卵形雷达天线罩的长度为 10λ,直径为 5λ。雷达天线罩的厚度为 0.2λ,介电常数 $\varepsilon_r = 4$[23]。

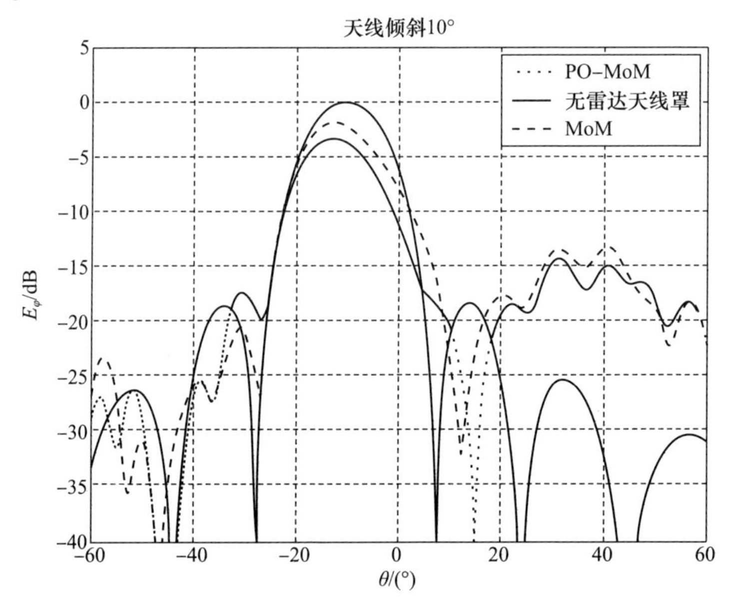


图 4 - 13 MoM 算法、PO - MoM 混合算法和无雷达天线罩时计算得到的辐射方向图的结果比较,其中天线孔径倾斜了 10°。卵形雷达天线罩的长度为 10λ,直径为 5λ。雷达天线罩的厚度为 0.2λ,介电常数 $\varepsilon_r = 4$[23]

从图 4 - 13 中可以看到,带有雷达天线罩的天线辐射方向图的数值解之间有很好的一致性。

## 4.3 体积分方法

体积分方程法(volume integral equation, VIE)与多层快速多极子算法

(MLFMA)结合是一种替代表面积分方程(surface integral equation,SIE)的方法,用于分析存在介质雷达天线罩时的天线辐射特性。在求解 VIE 时,使用四面体或六面体形状的小体积单元来对雷达天线罩建模,通过这种方式,复杂的三维雷达天线罩也可以被准确地建模。这种方法的显著优点是可以分析非均匀介质。一般来说,SIE 对均匀介质产生较少的未知数。

在本节中,我们在参考文献[24]的基础上提出了一种通用的 MoM 方法来有效地解决 VIE 的问题。由于使用了 MLFMA[22],数值求解的效率得到了提高。考虑一个在无限大均匀背景介质中任意形状的介质壳,如图 4-14 所示,其介电常数和磁导率参数为($\varepsilon_b$,$\mu_b$)。

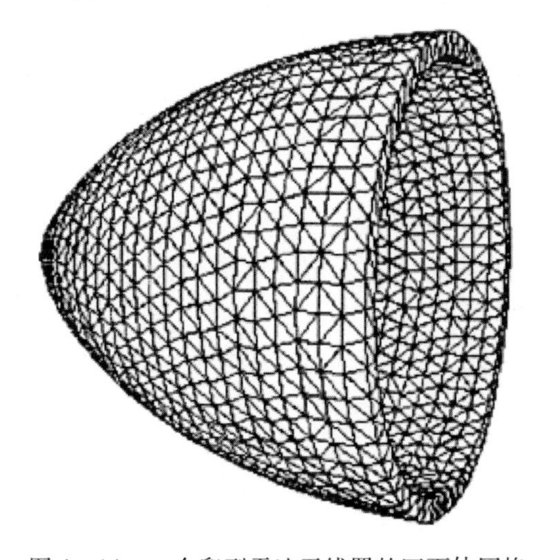

图 4-14　一个卵型雷达天线罩的四面体网格

为了简单起见,我们假设介电常数 $\varepsilon(\boldsymbol{r}')$ 与位置有关,材料的磁导率是恒定的。激励源位于背景介质中的一个固定位置(雷达天线罩内部或外部)。根据等效原理,总辐射是天线在没有雷达天线罩时的一次辐射 $\boldsymbol{E}^i(\boldsymbol{r})$ 和背景介质中的诱导体积偏振电流 $\boldsymbol{J}_v$ 的辐射之和[17],即

$$\boldsymbol{E}(\boldsymbol{r}) = \boldsymbol{E}^i(\boldsymbol{r}) - \mathrm{j}\omega\mu_b\int_V G(\boldsymbol{r},\boldsymbol{r}')\boldsymbol{J}_V(\boldsymbol{r}')\mathrm{d}v' + \frac{1}{\mathrm{j}\omega\varepsilon_b}\nabla\int_V G(\boldsymbol{r},\boldsymbol{r}')\ \nabla'\cdot\boldsymbol{J}_V(\boldsymbol{r}')\mathrm{d}v' \tag{4-101}$$

式中:$V$ 为雷达天线罩区域;$\boldsymbol{E}(\boldsymbol{r})$ 为总电场;$G(\boldsymbol{r},\boldsymbol{r}') = \exp(-\mathrm{j}k_bR)/(4\pi R)$ 为背景介质中的三维标量格林函数。$R = |\boldsymbol{r}-\boldsymbol{r}'|$ 是源点 $\boldsymbol{r}'$ 到场点 $\boldsymbol{r}$ 的距离,$k_b = \omega\sqrt{\varepsilon_b\mu_b}$ 是背景介质的波数。通过在麦克斯韦方程中写出 $\varepsilon(\boldsymbol{r}) = \varepsilon_b + [\varepsilon(\boldsymbol{r}) - \varepsilon_b]$,可以确定体电流与总电场的关系为

$$\boldsymbol{J}_V(\boldsymbol{r}) = \mathrm{j}\omega[\varepsilon(\boldsymbol{r}) - \varepsilon_b]\boldsymbol{E}(\boldsymbol{r}) = \mathrm{j}\omega\varepsilon(\boldsymbol{r})\chi(\boldsymbol{r})\boldsymbol{E}(\boldsymbol{r}) \tag{4-102}$$

式中：$\chi(\boldsymbol{r}) = 1 - \varepsilon_b/\varepsilon(\boldsymbol{r})$。因此，式(4－101)可以写成

$$\frac{1}{\mathrm{j}\omega\varepsilon(\boldsymbol{r})\chi(\boldsymbol{r})}\boldsymbol{J}_V(\boldsymbol{r}) + \mathrm{j}\omega\mu_b\int_V G(\boldsymbol{r},\boldsymbol{r}')\boldsymbol{J}_V(\boldsymbol{r}')\mathrm{d}v' - \frac{1}{\mathrm{j}\omega\varepsilon_b}\nabla\int_V G(\boldsymbol{r},\boldsymbol{r}')\,\nabla'\cdot\boldsymbol{J}_V(\boldsymbol{r}')\mathrm{d}v' = \boldsymbol{E}^i(\boldsymbol{r}) \tag{4-103}$$

式(4－103)是未知函数 $\boldsymbol{J}_V(\boldsymbol{r})$ 的体积分方程。MoM 可以用来求解体积分方程。在应用子域 MoM 时，需要将介质区域细分为多个小体积单元。在参考文献[25－27]中使用的是立方体单元，而在参考文献[28－29]中使用的是四面体单元。MoM 中的矩阵方程可以使用共轭梯度快速傅里叶变换(conjugate gradient fast fourier transform，CGFFT)[26]算法解决，使用的是结构化立方体模型。然而，对于具有弯曲边界的结构以及在介电常数差别较大的情况下，建立的模型并不准确。另外，四面体形状和六面体形状适合于对任意形状的介质结构进行建模。因此，这两种形状在这里提出的算法中都有考虑。图 4－14 给出了一个卵形天线罩的四面体网格例子。

为了求解积分方程式(4－103)，未知矢量 $\mathrm{j}\omega\varepsilon(\boldsymbol{r})\boldsymbol{E}(\boldsymbol{r})$ 用一组 $N$ 个基函数 $\boldsymbol{f}_j, j=1,2,\cdots,N$ 表示

$$\boldsymbol{J}_V(\boldsymbol{r}) = [1 - \varepsilon_b/\varepsilon(\boldsymbol{r})]\mathrm{j}\omega\varepsilon(\boldsymbol{r})\boldsymbol{E}(\boldsymbol{r}) = \chi(\boldsymbol{r})\sum_{j=1}^{N} a_j\boldsymbol{f}_j(\boldsymbol{r}) \tag{4-104}$$

其中：$\chi(\boldsymbol{r}) = 1 - \varepsilon_b/\varepsilon(\boldsymbol{r})$。对于不同的单元形状，基函数的定义是不同的。一般来说，见图 4－11，基函数 $\boldsymbol{f}_j$ 被定义在两个相邻的网格面上，$\Omega_j^+$ 和 $\Omega_j^-$ 共享同一个面 $S_j$。参考文献[28]介绍了四面体网格的扩展 RWG 函数。按照 MoM 的计算步骤，使用类似的测试函数作为基函数(Galerkin 方法)，积分公式(4－103)可以转化为矩阵方程$[\boldsymbol{Z}_{ij}][\boldsymbol{a}_j] = [\boldsymbol{V}_{mi}]$，其中 $\boldsymbol{V}_{mi} = \int_{V_i}\boldsymbol{f}_i\cdot\boldsymbol{E}^i\mathrm{d}v'$。这个矩阵方程可以求出展开系数 $\boldsymbol{a}_j$。矩阵元素由下式给出：

$$\boldsymbol{Z}_{ij} = \int_{V_i}\frac{\boldsymbol{f}_i\cdot\boldsymbol{f}_j}{\mathrm{j}\omega\varepsilon(\boldsymbol{r}')}\mathrm{d}v' + \int_{V_i}\boldsymbol{f}_i\cdot(\mathrm{j}\omega\boldsymbol{A}_j, + \nabla\boldsymbol{\Phi}_j)\mathrm{d}v' \tag{4-105}$$

其中

$$\boldsymbol{A}_j(\boldsymbol{r}) = \mu_b\int_{V_j}G(\boldsymbol{r},\boldsymbol{r}')\chi(\boldsymbol{r}')\boldsymbol{f}_j(\boldsymbol{r}')\mathrm{d}v' \tag{4-106}$$

和

$$\boldsymbol{\Phi}_j(\boldsymbol{r}) = -\frac{1}{\mathrm{j}\omega\varepsilon_b}\int_{V_j} G(\boldsymbol{r},\boldsymbol{r}')\ \nabla'\cdot[\chi(\boldsymbol{r}')\boldsymbol{f}_j(\boldsymbol{r}')]\,\mathrm{d}v' \qquad (4-107)$$

因为屋顶基函数自动满足这一条件，未知矢量函数 $j\omega\varepsilon(\boldsymbol{r})\boldsymbol{E}(\boldsymbol{r})$ 确保了电通量密度 $\boldsymbol{D}$ 的法向分量的连续性。在两个具有不同介电常数体单元之间的连续性条件引入的表面电荷与 $(\chi_j^+ - \chi_j^-)$ 成正比。这并不会增加额外的自由度。事实上，对于网格单元中片状连续的 $\chi$，与式(4－107)中电势相关的积分可以写成

$$\begin{aligned}&\int_{V_j^\pm} G(\boldsymbol{r},\boldsymbol{r}')\ \nabla'\cdot(\chi_j^\pm \boldsymbol{f}_j)\,\mathrm{d}v' \\ &= \int_{V_j^\pm}\chi_j^\pm G(\boldsymbol{r},\boldsymbol{r}')\ \nabla'\cdot\boldsymbol{f}_j\mathrm{d}v' + \int_{S_j} G(\boldsymbol{r},\boldsymbol{r}')[\chi_j^+ - \chi_j^-]\boldsymbol{f}_j\cdot\mathrm{d}\boldsymbol{s}'\end{aligned} \qquad (4-108)$$

在式(4－108)中，右侧(right－hand side，RHS)的第二个积分是在两个相邻单元的共同面上。正如预期的那样，如果两个相邻的单元具有相同的介电常数，则两个单元具有相同的 $\chi$，那么界面上就不会有净电荷。在参考文献[28]中对于四面体单元也可得出这样的结论。

另一个需要考虑的问题是网格的截断。一般来说，矢量 $\mathrm{j}\omega\varepsilon(\boldsymbol{r})\boldsymbol{E}(\boldsymbol{r})$ 在整个背景介质中是非零的。因此，有必要将网格扩展到整个空间。然而，根据式(4－104)，只有定义在属于介质材料区域单元上的基函数才被用来表示感应电流 $\boldsymbol{J}_V(\boldsymbol{r})$，因为若 $\boldsymbol{r}$ 在介质区域之外，则 $\chi(r)=0$。因此，网格应该被截断，以便那些处于介质区域内或与介质区域直接接触的单元被保留；而不属于介质区域的单元称为辅助单元，如图 4－15 所示。

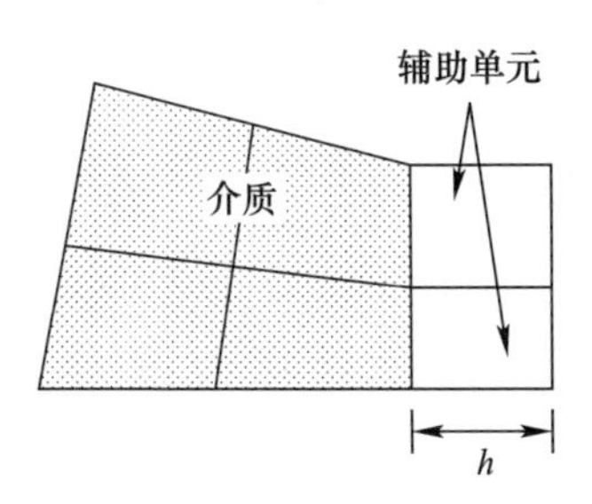


图 4－15　介质中的单元(阴影部分)和辅助单元(非阴影部分)。引入辅助单元用来截断网格($h$ 的量纲是任意的，在数值求解时取为零)

辅助单元的存在也带来了一些难题：①它将式(4－106)和式(4－107)中的源积分和式(4－105)中的场积分扩展到了真正的介质之外；②因为有额外的积分区域，增加了计算时间；③虽然这不一定能实现，但是它需要完成额外的网格生成过程。因此，在该算法的实际执行过程中，辅助单元通过其他方式来消除

掉,如采取 $h \to 0$ 的极限形式。这种方式是可实现的,因为对辅助单元的大小没有限制,只要它与介质区域的一个单元共享一个面就可以了。因此,一个边界基函数原本与一个介质单元和一个辅助单元相关联,现在只定义在介质单元上。与普通的(或完整的)基函数相比,该基函数被称为“半”基函数,因为它只与一个单元相关联。

### 4.3.1 快速多极子方法

如果用迭代方法解矩阵方程,如附录 D 中描述的共轭梯度(conjugate gradient,CG)方法,对于一个 $N$ 个未知量的问题,执行矩阵矢量积的计算复杂度为$O(N^2)$。显然,对于这种复杂度,当 $N$ 很大时,内存需求量和 CPU 计算时间都会变得非常高。因此,对于电大尺寸雷达天线罩来说,通过迭代求解器直接求解线性方程组是基本不可能实现的。这也是以前用 MoM 研究介电散射问题仅限于小尺寸结构的重要原因。然而,如果对计算复杂度为 $O(N\log N)$ 的多层快速多极子算法(MLFMA)来进行矩阵矢量积运算,上述矩阵矢量积的复杂度可以降低到一个较低的数量级。参考文献[30-31]中的 MLFMA 是参考文献[32]中描述的快速多极子方法(fast multipole method,FMM)的多层实现,用于对计算复杂度为 $O(N^{1.5})$ 的矩阵作矢量积运算。FMM 的原理是基于球面谐波的加法定理[17]。下面介绍实现 FMM 的过程,重点是解决 VIE 的应用问题。对于一个给定的测试函数,所有的基函数都可以根据测试函数和基函数之间的距离分为两类:一类是相邻(near-neighbor,NN)元素,一类是非相邻的或者说是远场(far-field,FF)元素。由此,式(4-105)中的矩阵-矢量积可以写成两项的总和:

$$\sum_j Z_{ij}a_j = \sum_{j\in \mathrm{NN}} Z_{ij}a_j + \sum_{j\in \mathrm{FF}} Z_{ij}a_j \tag{4-109}$$

NN 元素直接使用式(4-105)计算,并存储在一个稀疏矩阵中。如下面所述,对于 FF 矩阵元素,可以使用另一种形式的积分算子。此外,式(4-105)可以改写成

$$Z_{ij} = \int_{V_i} \frac{\boldsymbol{f}_i \cdot \boldsymbol{f}_j}{\mathrm{j}\omega\varepsilon(\boldsymbol{r})}\mathrm{d}v + \mathrm{j}\omega\mu_b \int_{V_i}\int_{V_j} \boldsymbol{f}_i(\boldsymbol{r}) \cdot \left(\boldsymbol{I} + \frac{1}{k_b^2}\nabla\nabla\right)\cdot G(\boldsymbol{r},\boldsymbol{r}')\chi(\boldsymbol{r}')\boldsymbol{f}_j(\boldsymbol{r}_j)\,\mathrm{d}v'\mathrm{d}v \tag{4-110}$$

假设介质区域被细分为 $M$ 个小的矩形盒子,属于一个盒子的基函数形成一个组。让基函数$\boldsymbol{f}_j(\boldsymbol{r})$属于以 $\boldsymbol{r}_n$ 为中心的第 $n$ 组,而测试函数$\boldsymbol{f}_i(\boldsymbol{r})$属于以 $\boldsymbol{r}_m$ 为中心的第 $m$ 组。那么,源到场矢量可以改写为 $\boldsymbol{r}-\boldsymbol{r}' = (\boldsymbol{r}-\boldsymbol{r}_m) + (\boldsymbol{r}_m-\boldsymbol{r}_n) +$

$(\boldsymbol{r}_n-\boldsymbol{r}')=\boldsymbol{d}+\boldsymbol{r}_{mn}$。其中，$\boldsymbol{d}=(\boldsymbol{r}-\boldsymbol{r}_m)+(\boldsymbol{r}_n-\boldsymbol{r}')$ 和 $\boldsymbol{r}_{mn}=(\boldsymbol{r}_m-\boldsymbol{r}_n)$。对于 $r_{mn}>d$，其中 $r_{mn}=|\boldsymbol{r}_{mn}|$，$d=|\boldsymbol{d}|$，球函数的加法定理[7]可以用来将标量格林函数 $\boldsymbol{G}(\boldsymbol{r},\boldsymbol{r}')$ 扩展为一个多极子表达式。

$$\begin{aligned}G(\boldsymbol{r},\boldsymbol{r}')&=\frac{\mathrm{e}^{-\mathrm{j}k_b|\boldsymbol{r}-\boldsymbol{r}'|}}{4\pi|\boldsymbol{r}-\boldsymbol{r}'|}=\frac{\mathrm{e}^{-\mathrm{j}k_b|\boldsymbol{r}_{mn}+\boldsymbol{d}|}}{4\pi|\boldsymbol{r}_{mn}+\boldsymbol{d}|}\\&=\frac{\mathrm{j}k_b}{4\pi}\sum_{l=0}^{\infty}(-1)^l(2l+1)\mathrm{j}_l(k_bd)h_l^{(2)}(k_br_{mn})P_l(\boldsymbol{r}_{mn}\cdot\hat{\boldsymbol{d}})\end{aligned}\tag{4-111}$$

式中：$\mathrm{j}_l$ 为球贝塞尔函数；$h_l^{(2)}$ 为球汉克尔函数；$P_l$ 为勒让德多项式；$d<r_{mn}$。用平面波展开法[7]对积 $j_lP_l$ 进行展开，可得

$$4\pi\mathrm{j}^l\mathrm{j}_l(k_bd)P_l(\hat{\boldsymbol{r}}_{mn}\cdot\hat{\boldsymbol{d}})=\int P_l(\hat{\boldsymbol{r}}_{mn}\cdot\hat{\boldsymbol{k}})\mathrm{e}^{\mathrm{j}\boldsymbol{k}_b\cdot\boldsymbol{d}}\mathrm{d}k_x\mathrm{d}k_y\tag{4-112}$$

将式(4－112)代入式(4－111)，得

$$\begin{cases}G(\boldsymbol{r},\boldsymbol{r}')=\dfrac{\mathrm{e}^{-\mathrm{j}k_b|\boldsymbol{r}_{mn}+\boldsymbol{d}|}}{4\pi|\boldsymbol{r}_{mn}+\boldsymbol{d}|}=\dfrac{\mathrm{j}k_b}{(4\pi)^2}\displaystyle\int T_{mn}(\hat{\boldsymbol{k}})\mathrm{e}^{\mathrm{j}k_b\hat{\boldsymbol{k}}\cdot\boldsymbol{d}}\mathrm{d}k_x\mathrm{d}k_y\\T_{mn}(\hat{\boldsymbol{k}})=\displaystyle\sum_{l=0}^{\infty}\mathrm{j}^l(2l+1)h_l^{(2)}(k_br_{mn})P_l(\hat{\boldsymbol{r}}_{mn}\cdot\hat{\boldsymbol{k}})\end{cases}\tag{4-113}$$

式中：$\hat{\boldsymbol{k}}=(\sin\theta\cos\phi,\sin\theta\sin\phi,\cos\theta)$。在实际计算中，式(4－113)中下式的无穷级数由 $L$ 项来近似。$L$ 的选择取决于所需的精度，参考文献[32]给出了一些关于如何选择这个截断参数的参考方法。为了获得足够的精度，$L>k_bD$ 就足够了，其中 $D$ 是级数展开参数 $d$ 的最大值。实际上，人们选择 $r_{mn}$ 以使 $d$ 相对较小，因此可以用一个适度的 $L$ 值获得良好的精度。在 $\hat{\boldsymbol{k}}$ 的 $K$ 个方向上计算角函数，使其足以给出一个正交规则，该规则对所有 $l<2L$ 阶的球谐函数都是精确的。完成这一任务的简单方法是挑选极化角 $\theta$，使其成为 $P_L(\cos\theta)$ 的零点，而方位角 $\phi$ 为 $2L$ 的等距点。因此，这里选择 $K=2L^2$。由于 $kD\propto\sqrt{N/M}$，这证明了以下论断 $K\propto N/M$ 的正确性。事实上，式(4－113)中下式的求和可以在对 $k$ 进行积分之前归为一组以对 FMM 的计算进行加速。将式(4－113)代入式(4－110)，由 $\boldsymbol{d}=(\boldsymbol{r}-\boldsymbol{r}_m)+(\boldsymbol{r}_n-\boldsymbol{r}')$ 的定义得到对应非相邻的测试函数和基函数的阻抗矩阵元素。

$$\begin{aligned}Z_{ij}=&\int_{V_i}\frac{\boldsymbol{f}_i\cdot\boldsymbol{f}_j}{\mathrm{j}\omega\varepsilon(\boldsymbol{r})}\mathrm{d}v-\frac{k_b^2\eta_b}{(4\pi)^2}\int\mathrm{d}k_x\mathrm{d}k_y\int_{V_i}(\boldsymbol{I}-\overline{kk})f_i(\boldsymbol{r})\mathrm{e}^{\mathrm{j}k_b\hat{\boldsymbol{k}}\cdot(\boldsymbol{r}-\boldsymbol{r}_m)}\mathrm{d}v\cdot T_{mn}(\hat{\boldsymbol{k}})\cdot\\&\int V_j(\boldsymbol{I}-\overline{kk})f_j(\boldsymbol{r}')\chi(\boldsymbol{r}')\mathrm{e}^{\mathrm{j}k_b\hat{\boldsymbol{k}}\cdot(\boldsymbol{r}_n-\boldsymbol{r}')}\mathrm{d}v'\end{aligned}\tag{4-114}$$

式中：$\eta_b=\sqrt{\mu_b/\varepsilon_b}$。式(4－114)可以简写为

$$Z_{ij}=\int_{V_i}\frac{\boldsymbol{f}_i\cdot\boldsymbol{f}_j}{\mathrm{j}\omega\varepsilon(\boldsymbol{r})}\mathrm{d}v-\frac{k_b^2\eta_b}{(4\pi)^2}\int \boldsymbol{V}_{fmi}(\hat{\boldsymbol{k}})T_{mn}(\hat{\boldsymbol{k}})V_{snj}(\hat{\boldsymbol{k}})\mathrm{d}k_x\mathrm{d}k_y \tag{4-115}$$

其中

$$\begin{cases}\boldsymbol{V}_{fmi}(\hat{\boldsymbol{k}})=\int_{V_i}(\boldsymbol{I}-\overline{kk})\cdot\boldsymbol{f}_i(\boldsymbol{r})\mathrm{e}^{\mathrm{j}k_b\hat{\boldsymbol{k}}\cdot(\boldsymbol{r}-\boldsymbol{r}_m)}\mathrm{d}v\\ \boldsymbol{V}_{snj}(\hat{\boldsymbol{k}})=\int_{V_j}(\boldsymbol{I}-\overline{kk})\cdot\boldsymbol{f}_j(\boldsymbol{r}')\chi(\boldsymbol{r}')\mathrm{e}^{\mathrm{j}k_b\hat{\boldsymbol{k}}\cdot(\boldsymbol{r}_n-\boldsymbol{r}')}\mathrm{d}v'\end{cases} \tag{4-116}$$

参考文献[32]中提出算法通过以下步骤来解决这个问题。首先,我们将 $N$ 个基函数分成 $M$ 个局部组,用一个索引 $m$ 来标记,每个组支持大约 $N/M$ 个基函数。最好的选择是 $M\sim\sqrt{N}$个。其次,在基函数索引 $n$ 和一对$(m,a)$索引之间建立对应关系,其中 $a$ 表示第 $m$ 组中的特定基函数。再次,$\boldsymbol{r}_m$ 表示包围每个组的最小球体的中心。最后,使用式(4－116)和式(4－113)的下式计算 $K$ 方向$(L\propto\sqrt{K})$的 $\boldsymbol{V}_{fmi}(\hat{\boldsymbol{k}})$、$\boldsymbol{V}_{snj}(\hat{\boldsymbol{k}})$和 $\boldsymbol{T}_{mn}(\hat{\boldsymbol{k}})$矩阵,并将它们合并到式(4－115)中得到 $\boldsymbol{Z}$ 矩阵。

MLFMA 是 FMM 的一个扩展算法,它将矩阵矢量积的复杂度降低到 $O(N\log N)$。为了使用 MLFMA,整个对象首先被包围在一个大立方体中,该立方体被分割成 8 个小立方体。然后每个子立方体被递归地细分为更小的立方体,直到最细的立方体的边长约为一个波长的一半,而且所有层级的立方体都有索引。在最细的一级,我们通过比较基函数中心与立方体中心的坐标,找到每个基函数所在的立方体。进一步通过排序找到非空的立方体,只有非空的立方体才会在所有层级使用树状结构数据进行记录。因此,计算复杂度只取决于非空立方体。

矩阵－矢量积的基本算法可以分成两个步骤:第一步扫描包括在所有层级上每个非空立方体上构建外部多极子展开;第二步扫描包括构建由各层非相邻的立方体贡献的局部多极子展开。当立方体从最细的层级到最粗的层级变得更大时,多极子展开的数量也会增加。在第一次扫描中,外部多极子展开是在最细层级计算的,然后利用偏移和插值获得更大立方体的多极子展开。

让 $\boldsymbol{r}_{n_l}$和 $\boldsymbol{r}_{n_{l-1}}$分别为 $l$ 级和 $l-1$ 级的立方体中心;那么较粗的 $l-1$ 级的外部多极子展开应该为

$$\boldsymbol{V}_{sn_{l-1}j}(\hat{\boldsymbol{k}})=\mathrm{e}^{\mathrm{j}\boldsymbol{k}\cdot\boldsymbol{r}_{n_ln_{l-1}}}\boldsymbol{V}_{sn_lj}(\hat{\boldsymbol{k}}) \tag{4-117}$$

但是 $\boldsymbol{V}_{sn_l j}(\hat{\boldsymbol{k}})$ 只有 $K_l$ 值，我们需要 $\boldsymbol{V}_{sn_{l-1}j}(\hat{\boldsymbol{k}})$ 的 $K_{l-1}$ 值。因此，首先将 $\boldsymbol{V}_{sn_l j}(\hat{\boldsymbol{k}})$ 插值到 $K_{l-1}$，即

$$\boldsymbol{V}_{sn_{l-1}j}(\hat{\boldsymbol{k}}_{(l-1)p'}) = \mathrm{e}^{\mathrm{j}\hat{\boldsymbol{k}}_{(l-1)p'}\cdot\boldsymbol{r}_{n_l n_{l-1}}}\sum_{p=1}^{K_l}\boldsymbol{W}_{p'p}\boldsymbol{V}_{sn_l j}(\hat{\boldsymbol{k}}_{lp}) \tag{4-118}$$

式中：插值矩阵 $\boldsymbol{W}$ 是一个稀疏矩阵。同样地，使用下式对 $\boldsymbol{V}_{fm_{l-1}i}(\hat{\boldsymbol{k}}_{(l-1)p})$ 插值有

$$\boldsymbol{V}_{fm_{l-1}i}(\hat{\boldsymbol{k}}_{(l-1)p'}) = \mathrm{e}^{\mathrm{j}\hat{\boldsymbol{k}}_{(l-1)p'}\cdot\boldsymbol{r}_{m_l m_{l-1}}}\sum_{p=1}^{K_l}\boldsymbol{W}_{p'p}\boldsymbol{V}_{fm_l i}(\hat{\boldsymbol{k}}_{lp}) \tag{4-119}$$

在最粗的层级上，使用式(4－115)的第二部分计算来自非相邻立方体的局部多极子扩展的贡献。在第二步扫描中，使用移位和插值[33]，较小立方体的局部扩展包括来自父立方体的贡献，以及来自这一层的非相邻的立方体，但不包括父层非相邻的立方体。如果 $l-1$ 层的立方体中心接收到的局部多极子扩展是 $\boldsymbol{B}(\hat{\boldsymbol{k}})$，那么来自所有非相邻立方体的贡献可以写为

$$I = \int\boldsymbol{V}_{fm_{l-1}i}(\hat{\boldsymbol{k}})\cdot\boldsymbol{B}(\hat{\boldsymbol{k}})\mathrm{d}k_x\mathrm{d}k_y = \sum_{p'=1}^{K_{l-1}}w_{p'}\boldsymbol{V}_{fm_{l-1}i}(\hat{\boldsymbol{k}}_{(l-1)p'})\cdot\boldsymbol{B}(\hat{\boldsymbol{k}}_{(l-1)p'}) \tag{4-120}$$

式中：$w_{p'}$ 为加权函数。对于 $\boldsymbol{V}_{fm_{l-1}i}(\hat{\boldsymbol{k}}_{(l-1)p'})$，将插值表达式(4－119)代入式(4－120)并改变两层求和的顺序，可得

$$I = \sum_{p=1}^{K_l}w_p\boldsymbol{V}_{fm_l}(\hat{\boldsymbol{k}}_{lp})\cdot\sum_{p'=1}^{K_{l-1}}\boldsymbol{w}_{p'p}\boldsymbol{B}(\hat{\boldsymbol{k}}_{(l-1)p'})\mathrm{e}^{\mathrm{j}k_{(l-1)p'}\cdot\boldsymbol{r}_{m_l m_{l-1}}} \tag{4-121}$$

在最精细的层面上，来自相邻立方体的贡献是可以直接计算得到的。因为只考虑非空立方体，MLFMA 的计算复杂度降低到 $O(N\log N)$，而且 MLFMA 的内存需求量也是相同的量级。

下面一个例子给出了一个直径为 $6\lambda_0$，$f/D=0.25$，增益为 22.5dBi 的圆形抛物面反射器天线在三种类型的雷达天线罩存在下的计算结果。

(1) 正切卵型雷达天线罩，$v=2$、长 $10.4\lambda_0$、底面直径 $9.3\lambda_0$（由 76914 个四面体建模）。

(2) 锥形雷达天线罩，$\theta_a=20°$（图 4－2）、长 $12.8\lambda_0$、底面直径 $9.3\lambda_0$（由 55308 个四面体建模）。

(3) 底部直径为 $9.3\lambda_0$、长度为 $4.6\lambda_0$ 的半球形雷达天线罩（由 45000 个四面体建模）。

三种雷达天线罩的厚度和介电常数相同，均为 $t=0.21\lambda_0$，$\varepsilon_r=5.7$。反射器天线沿着雷达天线罩坐标轴同一方向转动。图 4－16 给出了线极化（使用 HFSS

仿真)下的增益和计算的辐射方向图,此时 $\Phi=0°$,$\theta$ 从 0°到 90°。作为参考,图中也给出了在自由空间中反射器天线的辐射方向图。

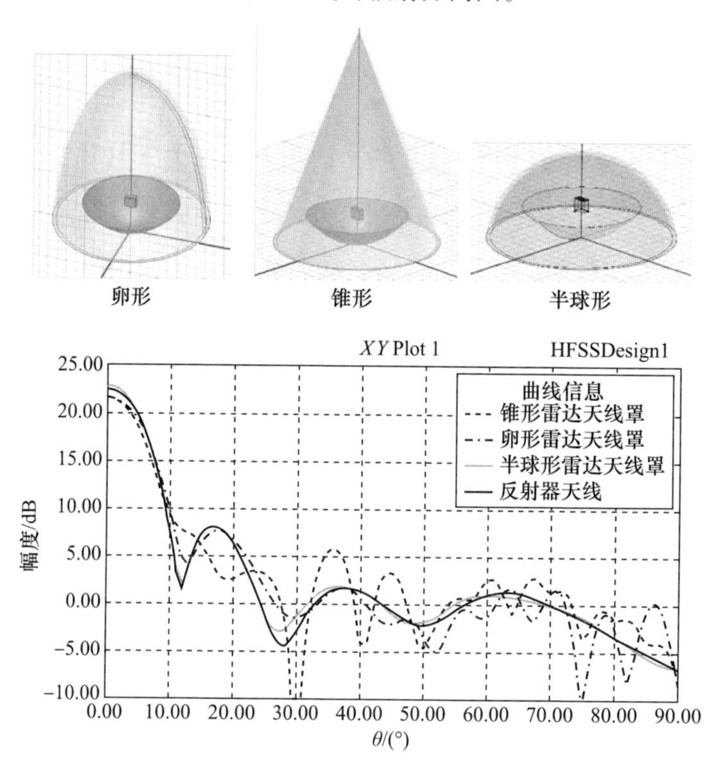


图 4-16　有三种类型雷达天线罩存在时的反射器天线的归一化辐射方向图:半球形(点线)、卵形(长虚线)和锥形(虚线),以及在自由空间中反射器天线的辐射方向图(实线)。所有的仿真都是在 HFSS 中进行的

可以看到,有半球形雷达天线罩的天线辐射方向图与无雷达天线罩的辐射方向图最为接近。卵形和锥形雷达天线罩的性能几乎一样,插入损耗都为 1.5dB。

## 4.4　微分方程方法

在前几节中,我们讨论了使用各种技术对雷达天线罩内部的天线进行分析,如结合物理光学法的射线光学技术和使用 MoM 的数值分析技术来求解表征多层雷达天线罩结构的表面积分和体积分。这些技术产生了高条件数的高填充矩阵,这对求解结果的准确性有不好的影响。对于具有任意不均匀性的雷达天线罩,我们可以使用有限元方法(FEM)进行数值分析。这种方法的一些优势有:

①矩阵方程的填充时间远远小于 MoM 方法;②得到的矩阵是高度稀疏的,可以有效求解;③可以使用自动网格生成算法方便地描述雷达天线罩的形状。

在本节中,基于参考文献[34－35],我们提出了一个通用的方法来分析轴对称雷达罩。在分析过程中,同时使用了互易性定理与轴对称有限元方法。轴对称有限元方法,采用吸收性边界条件进行网格截断。遵循以下两个步骤:首先使用有限元法来确定当雷达天线罩被远处的场源照射时罩内的近场,其次使用互易定理来计算具有给定电流分布的罩内天线的远场方向图。从第一步确定的近场信息中找出天线的远场方向图。这种方法假定雷达天线罩的存在不会对天线电流产生重大影响。

从第一步开始,用傅里叶级数的 $\phi$ 展开来表示 $\boldsymbol{E}$ 和 $\boldsymbol{H}$ 为

$$\begin{cases}\boldsymbol{E}(\rho,\phi,z)=\sum\limits_{m=-\infty}^{\infty}[E_{\rho,m}\hat{\boldsymbol{\rho}}+E_{\phi,m}\hat{\boldsymbol{\phi}}+E_{z,m}\hat{\boldsymbol{z}}]\mathrm{e}^{\mathrm{j}m\phi}\\\boldsymbol{H}(\rho,\phi,z)=\sum\limits_{m=-\infty}^{\infty}[H_{\rho,m}\hat{\boldsymbol{\rho}}+H_{\phi,m}\hat{\boldsymbol{\phi}}+H_{z,m}\hat{\boldsymbol{z}}]\mathrm{e}^{\mathrm{j}m\phi}\end{cases}\tag{4-122}$$

引入第 $m$ 个模式的标量势 $u_m$ 和 $v_m$ 定义为

$$\begin{cases}u_m=E_{\phi,m}\\v_m=\eta_0H_{\phi,m}\end{cases}\tag{4-123}$$

将式(4－123)代入式(4－122),并将所得方程代入麦克斯韦的两个旋度方程,得到 6 个标量方程,这些方程可以写成以下形式:

$$\begin{cases}E_{\rho,m}=\mathrm{j}f_m\left(m\dfrac{\partial(\rho u_m)}{\partial\rho}+k_0\rho^2\mu_\mathrm{r}\dfrac{\partial v_m}{\partial z}\right)\\E_{z,m}=\mathrm{j}f_m\left(m\rho\dfrac{\partial u_m}{\partial z}-k_0\rho\mu_\mathrm{r}\dfrac{\partial(\rho v_m)}{\partial\rho}\right)\\H_{\rho,m}=\mathrm{j}f_m\left(m\dfrac{\partial(\rho v_m)}{\partial\rho}-k_0\rho^2\varepsilon_\mathrm{r}\dfrac{\partial u_m}{\partial z}\right)\\H_{z,m}=\mathrm{j}f_m\left(m\rho\dfrac{\partial v_m}{\partial z}+k_0\rho\varepsilon_\mathrm{r}\dfrac{\partial(\rho u_m)}{\partial\rho}\right)\end{cases}\tag{4-124}$$

和

$$\begin{cases}u_m\varepsilon_\mathrm{r}+\nabla\cdot(f_m\rho\varepsilon_\mathrm{r}\nabla(\rho u_m))+(m/k_0)\nabla\cdot(f_m\hat{\boldsymbol{\phi}}\times\nabla(\rho v_m))=0\\v_m\mu_\mathrm{r}+\nabla\cdot(f_m\rho\mu_\mathrm{r}\nabla(\rho v_m))-(m/k_0)\nabla\cdot(f_m\hat{\boldsymbol{\phi}}\times\nabla(\rho u_m))=0\end{cases}\tag{4-125}$$

其中

$$f_m=[k_0^2\mu_\mathrm{r}(\rho,z)\varepsilon_\mathrm{r}(\rho,z)\rho^2-m^2]^{-1}\tag{4-126}$$

式(4－124)表明,$E_{\rho,m}$,$E_{z,m}$,$H_{\rho,m}$,$H_{z,m}$可以用$E_{\phi,m}$,$H_{\phi,m}$或者用$u_m$,$v_m$来表示。此外,式(4－125)描述了有限元求解的两个基本耦合微分方程,它们利用问题的边界条件确定$u_m$,$v_m$。每个模式的总电场和磁场表示为第$m$个模式散射场$E_m^s$,$H_m^s$和第$m$个模式入射场$\boldsymbol{E}_m^{\text{inc}}$,$H_m^{\text{inc}}$的总和。此外,由于罩体的方位对称性,所提出的表示方法只需要在任何$\phi$=恒定平面的一个二维网格,而不是三维网格,如图4－17所示。

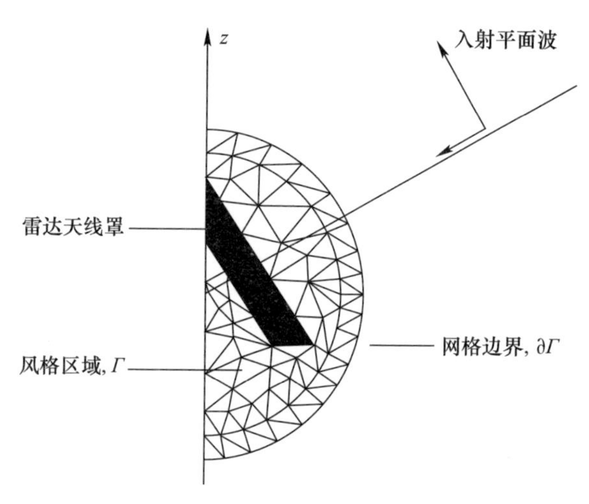


图4－17　分析轴对称雷达天线罩的有限元网格

这种表示方法可以大大减少未知数的数量,这也意味着允许分析电大尺寸的雷达天线罩。式(4－125)乘以一个测试函数$T$,在整个网格区域$\Gamma$上进行积分,并使用二维形式的散度定理$\iint_\Gamma \nabla\cdot(T\boldsymbol{A})\mathrm{d}s = \iint_\Gamma[\nabla T\cdot\boldsymbol{A} + T\nabla\cdot\boldsymbol{A}]\mathrm{d}s = \int_{\partial\Gamma} T\boldsymbol{A}\cdot\hat{n}\mathrm{d}l$可得

$$\iint_\Gamma Tu_m\varepsilon_\mathrm{r}\mathrm{d}s - \iint_\Gamma f_m\rho\varepsilon_\mathrm{r}\nabla T\cdot\nabla(\rho u_m)\mathrm{d}s - \frac{m}{k_0}\iint_\Gamma f_m\nabla T\cdot(\hat{\boldsymbol{\phi}}\times\nabla(\rho v_m))\mathrm{d}s$$
$$= -\int_{\partial\Gamma} Tf_m\rho\varepsilon_\mathrm{r}\frac{\partial(\rho u_m)}{\partial n}\mathrm{d}l - \frac{m}{k_0}\int_{\partial\Gamma} f_m T(\hat{\boldsymbol{\phi}}\times\nabla(\rho v_m))\cdot\hat{\boldsymbol{n}}\mathrm{d}l$$

(4－127)

和

$$\iint_\Gamma Tv_m\mu_\mathrm{r}\mathrm{d}s - \iint_\Gamma f_m\rho\mu_\mathrm{r}\nabla T\cdot\nabla(\rho v_m)\mathrm{d}s + \frac{m}{k_0}\iint_\Gamma f_m\nabla T\cdot(\hat{\boldsymbol{\phi}}\times\nabla(\rho u_m))\mathrm{d}s$$
$$= -\int_{\partial\Gamma} Tf_m\rho\mu_\mathrm{r}\frac{\partial(\rho v_m)}{\partial n}\mathrm{d}l + \frac{m}{k_0}\int_{\partial\Gamma} f_m T(\hat{\boldsymbol{\phi}}\times\nabla(\rho u_m))\cdot\hat{\boldsymbol{n}}\mathrm{d}l$$

(4－128)

式中：$\partial\Gamma$ 为网格区域的边界；$\Gamma$ 和 $\hat{\boldsymbol{n}}$ 为 $\partial\Gamma$ 上朝外的单位法矢量；$\mathrm{d}l$ 为沿 $\partial\Gamma$ 的弧长元素。这两个耦合方程用有限元法来求解得到 $u_m$ 和 $v_m$。式(4－127)和式(4－128)右边的第一项涉及沿外边界 $\partial\Gamma$ 的未知数法向导数的积分。这些积分是在吸收边界条件的帮助下进行分析的，这些吸收边界条件是从 Wilcox 散射场展开[36]、Bayliss－Gunzburger－Turkel 边界条件[37]或参考文献[38]中介绍的完美匹配层(perfect matching layers，PML)边界条件中得到的。

两个未知数 $u_m$ 和 $v_m$ 可以表示为由未知系数加权的基函数的有限和，即

$$u_m = \sum_{j=1}^{N} a_j B_j(\rho, z) \tag{4-129}$$

和

$$v_m = \sum_{j=1}^{N} b_j B_j(\rho, z) \tag{4-130}$$

式中：$a_j$ 和 $b_j$ 为未知系数；$Bj(\rho, z)$ 为网格中每个三角形单元中节点 $j$ 的基函数。节点 $j$ 处的基函数和检验函数的形式为

$$T_j = B_j = \rho^q (R_j\rho + Q_j z + K_j) \tag{4-131}$$

式中：$R_j$、$Q_j$ 和 $K_j$ 取决于节点 $j$ 的位置；对于不同的模式，$q$ 为 0 或 1。需要注意的是，如果 $q=1$ 且 $\rho=0$（即 $z$ 轴），有 $T_j = B_j = 0$。如果模式数的绝对值不等于 1，这是可以接受的，因为沿 $z$ 轴的边界条件是 $u_m = v_m = 0$。因此，对于这些模式，在沿 $z$ 轴的节点上既不需要测试函数也不需要基函数。然而，当模式数的绝对值等于 1 时，不要求未知数 $u_m$ 和 $v_m$ 沿 $z$ 轴为 0。因此，在这种情况下，$q$ 的值不能是 1。相反，当模式数的绝对值为 1 时，$q$ 被认为是 0，除了零阶模式（即 $m=0$）。为了了解为什么在这种情况下 $q$ 不能为 0，有必要评估式(4－118)左边的第三个积分

$$\iint_{\Gamma} \frac{\rho^{2q}}{k^2\rho^2 - m^2}\mathrm{d}s \tag{4-132}$$

对于 $m=0$ 有

$$\iint_{\Gamma} \frac{\rho^{2q}}{k^2\rho^2}\mathrm{d}s \tag{4-133}$$

由于 $\Gamma$ 的一条边与 $z$ 轴重合($\rho=0$)，所以不可能求解这个积分，除非 $q$ 大于 0.5，否则无法求解这个积分。因此，当 $m=0$ 时，$q$ 等于 1。使用记号

$$I(n, m) = \int_{\rho_i}^{\rho_j} \frac{\rho^n}{k^2\rho^2 - m^2}\mathrm{d}\rho \tag{4-134}$$

Morgan 和 Mei[39]观察到，$I(0,m)$和$I(1,m)$很容易计算，对于$n>1$，$I(n,m)$可以通过使用递归公式找到

$$I(n,m)=\frac{1}{k^2}\left(m^2 I(n-2,m)+\frac{\rho_j^{n-1}-\rho_i^{n-1}}{n-1}\right) \tag{4-135}$$

需要注意的是，在无损耗区域，$k$ 是实数，并且式(4-134)的积分在边线上将会有一个简单的极点奇点，沿着这条边线 $\rho$ 等于 $1/k$ 乘以 $m$ 的绝对值。这个极点将为积分引入一个残差，如果 $\rho_j>\rho_i$，残差为 $+j\pi$；如果 $\rho_j<\rho_i$，则为 $-j\pi$。因此，式(4-127)和式(4-128)的左手边(Left Hand Side)的所有项现在都可以计算了。计算式(4-127)和式(4-128)的右手边(RHS)也需要特别注意。虽然式(4-127)和式(4-128)的 RHS 上的第二个积分只涉及一个未知数沿外部边界的切向导数，因此计算没有困难，但 RHS 上的第一个积分需要求解一个未知数沿$\partial\Gamma$ 的法向导数。因此，我们需要对未知数的法向导数在网格外边界的行为进行建模。这个任务可以用 Wilcox 展开法得出的散射场外边界条件或 PML 边界条件来实现。

当雷达天线罩被一个平面波以某个相对于 $z$ 轴的角度 $\theta$ 入射时，用有限元法求解雷达天线罩附近的近场，只是完成了两个步骤中的第一步。

接下来，利用互易定理寻找位于雷达天线罩内任意位置的天线在所需观测角度的远场。这是两个步骤中的第二步，详见下文。假设($\boldsymbol{J}^a,\boldsymbol{J}_m^a$)和($\boldsymbol{J}^b,\boldsymbol{J}_m^b$)是存在于同一线性介质中的两组源，让 $\boldsymbol{E}^a$ 和 $\boldsymbol{H}^a$ 为由($\boldsymbol{J}^a,\boldsymbol{J}_m^a$)单独产生的场，$\boldsymbol{E}^b$ 和 $\boldsymbol{H}^b$ 是由($\boldsymbol{J}^b,\boldsymbol{J}_m^b$)产生的场。然后，通过互易性定理，可得

$$\iiint(\boldsymbol{E}^a\cdot\boldsymbol{J}^b-\boldsymbol{H}^a\cdot\boldsymbol{J}_m)\mathrm{d}v=\iiint(\boldsymbol{E}^b\cdot\boldsymbol{J}^a-\boldsymbol{H}^b\cdot\boldsymbol{J}_m^a)\mathrm{d}v \tag{4-136}$$

因此，如果我们假定 $\boldsymbol{J}_m^a$ 和 $\boldsymbol{J}_m^b$ 为零，$\boldsymbol{J}^a$ 为天线上的电流分布，$\boldsymbol{J}^b$ 为远离雷达天线罩的电偶极子，那么式(4-136)可用于确定天线在雷达天线罩内辐射的电场远场 $\boldsymbol{E}^a$。为了进行计算，$\boldsymbol{J}^a$ 和 $\boldsymbol{E}^b$ 都必须是已知的。我们假设雷达天线罩的存在对天线的电流分布没有什么影响。因此，$\boldsymbol{J}^a$ 可以通过分析天线在自由空间的辐射来确定。我们还注意到，当被电偶极子 $\boldsymbol{J}^b$ 照射时，$\boldsymbol{E}^b$ 是雷达天线罩附近的电场近场。这也正是在第一个步骤中所确定的，即电偶极子的平面波入射到雷达天线罩上。因此，在第一步中确定的电场与 $\boldsymbol{E}^b$ 相同。一旦在第一步得到 $\boldsymbol{J}^b$ 在某一特定位置的入射场，式(4-136)就可以用来计算，在这个相同的位置，天线在雷达天线罩内辐射的电场。同样地，磁场远场可以通过设置 $\boldsymbol{J}^b$ 等于零，让 $\boldsymbol{J}_m^b$ 是一个远离雷达天线罩的磁偶极子。可以看到，此时没有必要为每个新位置的 $\boldsymbol{J}^b$ 和 $\boldsymbol{J}_m^b$ 重新求解有限元矩阵，这些源只影响入射场。此外，虽然雷达天线

罩必须具有轴对称性，但天线可以是任何形状，也可以位于雷达天线罩内的任何地方。

下面，选择一个抛物线反射器天线作为测试天线，直径为 $7.5\lambda_0$，$f/D=0.28$，相对于天线罩轴线倾斜 $\Omega=30°$，天线用线极化波导馈电激励。反射器天线被封闭在一个底部开放的锥形雷达天线罩中，其长度为 $L=15.5\lambda_0$，底部直径 $d_c=11.2\lambda_0$，顶角 $\theta_a=20°$，厚度为 $0.21\lambda_0$，材料介电常数 $\varepsilon_r=5.7$。图4－18给出了有无雷达天线罩时 $x-z$ 平面上的增益辐射方向图。

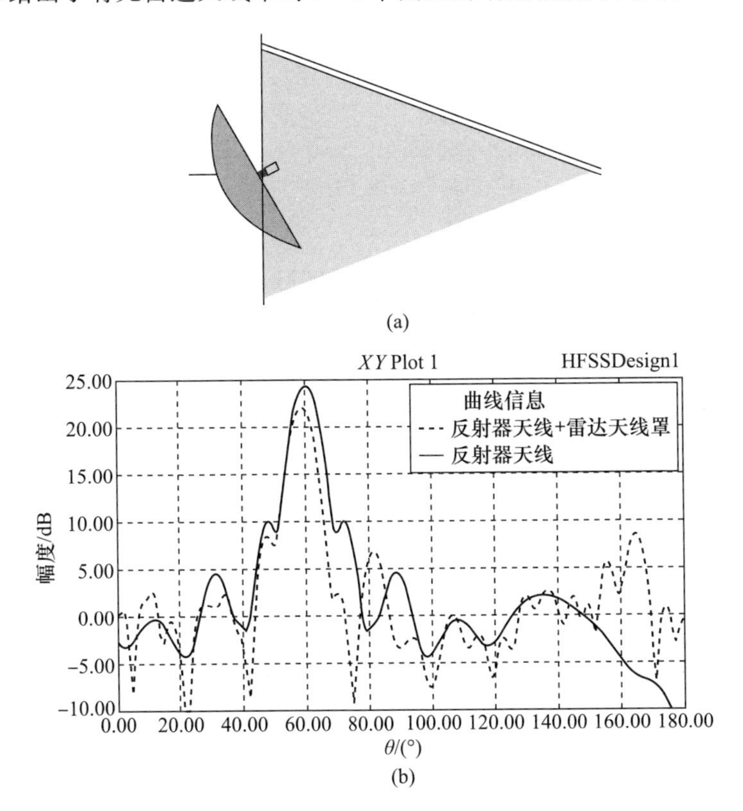


图4－18　锥形雷达天线罩内的反射器天线在 $x-z$ 平面的辐射方向图

(a)锥形雷达天线罩的几何形状，$\theta_a=20°$，$\Omega=30°$；(b)反射器天线的辐射方向图，其中包括有雷达天线罩(虚线)和没有雷达天线罩(实线)的反射器天线的辐射方向图。所有仿真都是用HFSS完成的。

从图4－18中可以看到，天线的辐射方向图是对称的。雷达天线罩将辐射方向图的瞄准误差峰值向左移动了1.5°，打破了其对称性。所有这些都影响了系统的测向误差。此外，由于雷达天线罩的多次反射，还产生了一个在大约 $\theta=165°$ 的闪烁瓣。

# 参考文献

1 Paris, DT. Computer-aided radome analysis. *IEEE Trans. Antennas Propagat.*, 18(1), 7–15, 1970.

2 Cornbleet, S. Microwave optics. New York: Academic Press, 1976.

3 Wu, DCF, and Rudduck, RC. Plane wave spectrum-surface integration technique for radome analysis. *IEEE Trans. Antennas Propagat.*, 22(3), 497–500, 1974.

4 Boag A, and Letrou, C. Multilevel fast physical optics algorithm for radiation from non-planar apertures. *IEEE Trans. Antennas Propagat.*, 53(6), 2064–2075, 2005.

5 Arvas, E, Rahhalarabi, A, Pekel, U, and Gundogan, E. Electromagnetic transmission through a small radome of arbitrary shape. *IEE Proceedings, pt. H*, 137(6), 401–405, 1990.

6 Overfelt, PL. Superspheroids: A new family of radome shapes. *IEEE Trans. Antennas Propagat.*, 43(2), 215–220, 1995.

7 Abramowitz, M, and Stegun, IA. Handbook of mathematical functions. New York: Dover, 1964.

8 Gradshteyn, IS, and Ryzhik, IM. Table of integrals, series, and products. New York: Academic Press, 1980.

9 Silver, S. Microwave antenna theory and design. London: Peter Peregrinus, 1984.

10 Burks, DG, Graf, ER, and Fahey, MD. A high-frequency analysis of radome-induced radar pointing error. *IEEE Trans. Antennas Propagat.*, 30(5), 947–955, 1982.

11 Crone, GAE, Rudge, AW, and Taylor, GN. Design and performance of airborne radomes: a review." *IEE Proceedings, pt. F*, 128(7), 451–464, 1981.

12 Boag, A, and Letrou, C. Fast Radiation Pattern Evaluation for Lens and Reflector Antennas. *IEEE Trans. Antennas Propagat.*, 51(5), 1063–1069, 2003.

13 Balanis, CA. Antenna theory—analysis and design. Hoboken, NJ: John Wiley & Sons, 2005.

14 Bucci, OM, Gennarelli, C, and Savarese, C. Representation of electromagnetic fields over arbitrary surfaces by a finite and nonredundant number of samples. *IEEE Trans. Antennas Propag.*, 46(3), 351–359, 1998.

15 Bucci, OM, and Franceschetti, G. On the spatial bandwidth of scattered fields. *IEEE Trans. Antennas Propag.*, 35(12), 1445–1455, 1987.

16 Harrington, RF. Field computation by moment methods. New York: IEEE Press, 1968.

17 Harrington, RF. Time-harmonic electromagnetic fields. New York: McGraw-Hill, 1961.
18 Rao, SM, Wilton, DR, and Glisson, AW. Electromagnetic scattering by surfaces of arbitrary shape. *IEEE Trans. Antennas Propagat.*, 30(5), 409–418, 1982.
19 Umanshakar, K., Taflove, A, and Rao, S. M. Electromagnetic Scattering by Three-Dimensional Homogeneous Lossy Dielectric Objects. *IEEE Trans. Antennas Propagat.*, 34(6), 758–766, 1986.
20 Peterson, AF, Ray, SL, Chan, CH, and Mittra, R. Numerical implementations of the conjugate gradient method and the CG-FFT for electromagnetic scattering. In Applications of Conjugate Gradient Method to Electromagnetics and Signal Analysis. New York, Elsevier, 1991, 125–145.
21 Bleszynski, E, Bleszynski, M, and Jaroszewicz, T. AIM: Adaptive integral method for solving large-scale electromagnetic scattering and radiation problems. *Radio Science*, 31(5), 1225–1251, 1996.
22 Chew, WC, Jin, JM, Lu, CC, Michielssen, E, and Song, JM. Fast solution methods in electromagnetics. *IEEE Trans. Antennas Propagat.*, 45(3), 533–543, 1997.
23 Moneum, MAA, Shen, Z, Volakis, JL, and Graham, O. Hybrid PO-MoM analysis of large axi-symmetric radomes. *IEEE Trans. Antennas Propagat.*, 49(12), 1657–1666, 2001.
24 Lu, CC. A fast algorithm based on volume integral equation for analysis of arbitrarily shaped dielectric radomes. *IEEE Trans. Antennas Propagat.*, 51(3), 606–612, 2003.
25 Livesay, DE, and Chen, KM. Electromagnetic fields induced inside arbitrary shaped biological bodies. *IEEE Trans. Microwave Theory Tech..*, 22(12), 1273–1280, 1974.
26 Catedra, MF, Gago, E, and Nulo, L. A numerical scheme to obtain the RCS of three dimensional bodies of resonant size using the conjugate gradient method and the fast fourier transform. *IEEE Trans. Antennas Propagat.*, 37(5), 528–537, 1989.
27 Gan, H, and Chew, W. A discrete BCG-FFT algorithm for solving 3D inhomogeneous scatterer problems. *J. Electromagnetic Waves Applicat.*, 9(10), 1339–1357, 1995.
28 Schaubert, DH, Wilton, DR, and Glisson, AW. A tetrahedral modeling method for electromagnetic scattering by arbitrary shaped inhomogeneous dielectric bodies. *IEEE Trans. Antennas Propagat.*, 32(1), 77-85, 1984.
29 Graglia, RD. The use of parametric elements in the moment method solution of static and dynamic volume integral equations. *IEEE Trans. Antennas Propagat.*, 36(5), 636–646, 1996.
30 Song, JM, and Chew, WC. Multilevel fast-multipole algorithm

for solving combined field integral equations of electromagnetic scattering. *Microwave Opt. Tech. Lett.*, 10(1), 14–19, 1995.
31 Song, JM, Lu, CC, and Chew, WC. Multilevel fast-multipole algorithm for electromagnetic scattering by large complex objects. *IEEE Trans. Antennas Propagat.*, 45(10), 1488–1493, 1997.
32 Coifman, R, Rokhlin, V, and Wandzura, S. The fast multipole method for the wave equation: a pedestrian prescription. *IEEE Antennas Propagat. Magazine*, 35(3), 7–12, 1993.
33 Brandt, A. Multilevel computations of integral transforms and particle interactions with oscillatory kernels. *Computation Physical Commun.*, 65(2), 24–38, 1991.
34 Gordon, RK, and Mittra, R. Finite element analysis of axisymmetric radomes. *IEEE Trans. Antennas Propagat.*, 41(7), 975–981, 1993.
35 Gordon, RK, and Mittra, R. PDE techniques for solving the problem of radar scattering by a body of revolution. *Proc. of IEEE*, 79(10), 1449–1458, 1991.
36 Wilcox, CH. An expansion theorem for electromagnetic fields. *Communication Pure Appl. Math.*, IX, 115–134, 1956.
37 Bayliss, A, Gunzburger, M, and Turkel, E. Boundary conditions for the numerical solution of elliptic equations in exterior regions. *SIAM J. Appl. Math.*, 42(4), 430–451, 1982.
38 Sacks, ZS, Kingsland, DM, Lee, R, and Lee, JF. A perfectly matched anisotropic absorber for use as an absorbing boundary condition. *IEEE trans. Antennas Propagat.*, 43(12), 1460–1463, 1995.
39 Morgan, MA, and Mei, KK. Finite-element computation of scattrering by inhomogeneous penetrable bodies of revolution. *IEEE Trans. Antennas Propagat.*, 27(2), 202–215, 1979.
40 Siwiak, K, Dowling, TB, and Lewis, LR. Boresight errors induced by missile radomes. *IEEE Trans. Antennas Propagat.*, 27(11), 832–841, 1979.

## 习　　题

P4.1　一个直径为 10$\lambda$、阵子均匀排布的圆形孔径天线，放置在长度为 24.5$\lambda$、底部直径 12$\lambda$、顶角 20°的锥形雷达天线罩内。天线相对于雷达天线罩轴线倾斜 20°，并传输水平极化($y$)，见图 4-2。雷达天线罩厚度 $t=\dfrac{\lambda}{2\sqrt{\varepsilon_r}}$，介电常数 $\varepsilon_r=5.7$。

(1) 假设雷达天线罩上的入射场为平面波，计算雷达天线罩内表面在 $x-z$ 平面上的场分布(振幅和相位)，并与来自孔径的全谱平面波的场分布相比较。

（2）假设有一单频入射平面波，求雷达天线罩外表面在 $x-z$ 平面的场分布。

（3）使用多项式系数（$-1/16, 9/16, 9/16, -1/16$）利用多级算法计算天线在 $x-z$ 平面的辐射方向图，比较有无雷达天线罩的辐射方向图。预期的插入损耗和瞄准误差是多少？

P4.2　用直径为 $2\lambda$ 的天线替代 P4.1 中的孔径天线。

（1）假设雷达天线罩上的入射场为平面波，计算在 $x-z$ 平面内雷达天线罩内表面的场分布（振幅和相位），并与来自孔径的全谱平面波的场分布进行比较。

（2）使用射线跟踪法来评估雷达天线罩外表面的场分布。

（3）使用表面积分公式及其 MoM 解来确定雷达天线罩内部和外部表面的场分布。与（1）和（2）中使用射线跟踪法的场分布结果进行比较，讨论其中的差异。

（4）使用（1）和（2）中的射线跟踪法的计算结果和（3）中的场分布结果计算远场方向图，并讨论差异。

（5）使用射线跟踪法和表面积分法得到的插入损耗和瞄准误差的值是多少？

P4.3　一个直径为 $10\lambda$、阵子均匀排布的圆形孔径天线罩被封闭在一个长为 $24.5\lambda$、底部直径为 $12\lambda$、顶角为 $20°$ 的锥形雷达天线罩中。该天线相对于雷达天线罩轴线倾斜 $20°$，设为水平极化（$y$），见图4-2。工作频率是14GHz。雷达天线罩由C型夹层制成，外蒙皮厚度0.27mm，内蒙皮厚度0.58mm，电参数 $\varepsilon_r=4.6$，$\tan\delta=0.028$。C型夹层的芯层厚度是5.8mm，电参数 $\varepsilon_r=1.3$，$\tan\delta=0.003$。

（1）使用体积分方程解决雷达天线罩的分析问题，并使用 MoM 计算其数值解。

（2）计算雷达天线罩内外表面的场分布。

（3）计算雷达天线罩内部天线的辐射方向图。

（4）什么是雷达天线罩的插入损耗和瞄准误差？

# 第5章 无限大圆柱体的散射

基于制造和机械要求，大型天线罩通常由金属或电介质梁将面板连接组装，而中小型天线罩则是由平面或共形曲面一体制成的。第2章和第3章说明，由薄膜或夹层结构制成的天线罩，经优化可在工作频段上达到最小传输损耗。除了通过天线罩的传输损耗，梁还会产生散射效应，从而降低天线罩内天线的整体电磁性能。本章将介绍多种数值方法，以计算任意横截面、正交极化和斜入射角的介质、导体和非均匀梁（带导电条的电介质梁）的散射效应。梁的散射可以通过其散射模式和引入的感应场比（induced field ratio IFR）来表征[1-2]。IFR定义为前向散射远场与2D孔径沿前向辐射的远场之比，2D孔径的宽度等于梁在入射波前的光学阴影。IFR取决于极化方式，如$\mathrm{IFR}_e$与TM极化入射波有关，而$\mathrm{IFR}_h$与TE极化入射波有关。封闭天线前向梁阵列的总散射效应将在第6章进行描述。

将散射场视为等效极化电流和导电电流辐射的叠加，可以计算由电介质和导电材料构成的非均匀梁的散射。建立两个体耦合积分方程：电场积分方程（electric field integral equation，EFIE）和磁场积分方程（magnetic field integral equation，MFIE）来计算等效源。基于总场等于入射场和散射场与束流等效电极化电流和磁极化电流之和，建立起积分方程。这两个积分方程可以通过矩量法（MoM）使用点匹配或线性基函数$B_n(x,y)$求解。相关积分方程的公式和数值计算在5.1节进行描述。

体积离散化对于准确模拟非均匀散射体是必要的，但计算量很大。对于均质或层状几何体，可以用表面积分方程公式来处理，这种方式可以减少数值计算中的未知数。类似于体积分方程的方式，利用等效定理建立了两个耦合积分方程EFIE和MFIE来定义梁上的等效电磁源。表面积分方程的公式及其数值计算在5.2节进行描述。

可以采用表面积分方程推导导电梁的散射方程，该方程适用于梁表面的完美导电体（perfect electric conductor，PEC），其边界条件满足$\hat{\boldsymbol{n}}\times\boldsymbol{E}=0$。假定EFIE和MFIE对于正交入射不耦合，可以进一步简化曲面积分方程，这进一步降低了使用矩量法求解积分方程的计算难度。但由于内部共振,积分方程的数值解会出现奇异性。这些内腔共振是积分方程齐次解的结果,这导致对应频率下的解不准确。问题根源在于,表面积分方程只涉及散射体表面上的数据,无法区分“内部”和“外部”以获取外部解。根据 EFIE 和 MFIE 的内部共振不同,可以将这些积分方程组合到组合场积分方程(combined field integral equation,CFIE)中,将内部共振的影响最小化。表面积分方程的公式及其数值计算在 5.3 节描述。

设计均匀介质梁构成的空间框架天线罩的一个重要目标是减少梁的前向散射。减少介质梁前向散射的一种方法,是在电介质梁体中插入导电条对其调谐。导电条中的感应电流抵消了均匀介质梁中感应的极化电流,并在有限的频带内减少梁的前向散射。可调梁的散射分析问题可以通过建立 EFIE,使沿梁导电条的切向电场等于零求解。5.4 节介绍了有垂直和水平导电条的调谐介质梁的散射公式和数值计算。

据 5.1 节所述,矩量法求解出的体积分方程是通用的,但涉及完全填充矩阵的问题,且需要较大的计算量来处理中等电尺寸的散射体。另外,表面积分方程矩阵作为体积分方程矩阵填充,但适用的散射体尺寸较小,以上方法只能解决同质、多层和导电问题。计算复合非均匀梁散射的另一种方法是使用有限元法(FEM)[4-5]求解其微分方程,将有限元计算结果与体积分方程的解进行比较后发现,有限元方法对应的矩阵比较稀疏,计算量较小,但适用的散射体尺寸稍大。微分方程方法通常包括散射体外部附加的空间区域,以计算散射场向外传播的解,这个附加区域要用辐射边界条件终止。5.5 节描述了使用 FEM 计算非均匀梁散射的公式和数值计算。

## 5.1 非均匀介质梁的散射——体积分方法

本节介绍的斜入射体积分方程公式主要基于参考文献[3]。参考文献[6-11]中提供了垂直和斜入射 TM 和 TE 极化的相关体积分公式。非均匀介质梁的散射横截面如图 5-1 所示。此外,入射波传播矢量分量为$k_t=\sqrt{k_0^2-k_z^2}=k_0\sin\theta_0$和 $k_z=k_0\cos\theta_0$,其中 $k_0=\omega\sqrt{\mu_0\varepsilon_0}$,$\theta_0$ 是入射波传播方向和入射面法线之间的夹角$\left(\text{正入射 }\theta_0=\dfrac{\pi}{2}\right)$,$\omega$ 是角频率。

基于时谐$\{e^{j\omega t}\}$麦克斯韦方程组,引入等效电流 $\boldsymbol{J}$ 和等效磁流 $\boldsymbol{J}_m$ 表示在相对介电常数 $\varepsilon_r(x,y)$ 与相对磁导率 $\mu_r(x,y)$ 在介质中产生的相对电流。

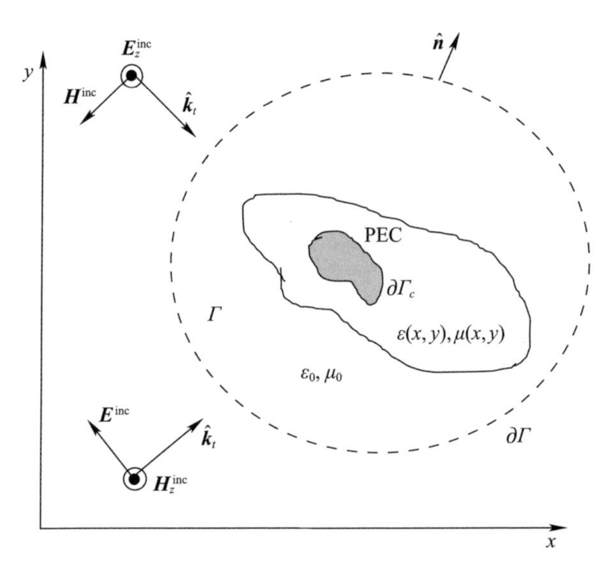


图 5-1 梁几何体

$$\nabla\times\boldsymbol{E}=-\mathrm{j}\omega\mu_0\mu_r\boldsymbol{H}=-\mathrm{j}\omega\mu_0\boldsymbol{H}-\underbrace{\mathrm{j}\omega\mu_0(\mu_r-1)\boldsymbol{H}}_{\boldsymbol{J}_m} \tag{5-1}$$

$$\nabla\times\boldsymbol{H}=-\mathrm{j}\omega\varepsilon_0\varepsilon_r\boldsymbol{E}=-\mathrm{j}\omega\mu_0\boldsymbol{E}+\underbrace{\mathrm{j}\omega\varepsilon_0(\varepsilon_r-1)\boldsymbol{E}}_{\boldsymbol{J}} \tag{5-2}$$

$$\nabla\cdot(\varepsilon_0\varepsilon_r\boldsymbol{E})=0 \tag{5-3}$$

$$\nabla\cdot(\mu_0\mu_r\boldsymbol{H})=0 \tag{5-4}$$

斜入射场的 $z$ 值取决于 $\mathrm{e}^{\mathrm{j}k_z z}$，其中 $k_z$ 为 $z$ 方向上的传播常数，相应地假设系统中总场的 $z$ 值也取决于 $\mathrm{e}^{\mathrm{j}k_z z}$。因此，总电场和磁场可以表示为

$$\boldsymbol{E}(x,y,z)=(\boldsymbol{E}_t(x,y)+\boldsymbol{E}_z(x,y)\hat{\boldsymbol{z}})\mathrm{e}^{\mathrm{j}k_z z} \tag{5-5}$$

$$\boldsymbol{H}(x,y,z)=(\boldsymbol{H}_t(x,y)+\boldsymbol{H}_z(x,y)\hat{\boldsymbol{z}})\mathrm{e}^{\mathrm{j}k_z z} \tag{5-6}$$

式中：$(\boldsymbol{E}_t(x,y),\boldsymbol{H}_t(x,y))$ 为横电场和横磁场；$(\boldsymbol{E}_z(x,y),\boldsymbol{H}_z(x,y))$ 为电场和磁场的 $z$ 分量。假设圆柱体的横截面可由具有恒定介电常数和磁导率的三角形单元模拟，其中每个单元的横截面不同。梁的总散射是所有这些均匀三角形单元散射的叠加。利用定义 $\nabla=\nabla_t+\mathrm{j}k_z\hat{\boldsymbol{z}}$ 和 $\nabla_t=\frac{\partial}{\partial_x}\hat{\boldsymbol{x}}+\frac{\partial}{\partial_y}\hat{\boldsymbol{y}}$，计算每个三角形单元磁场的微分方程：

$$\begin{cases}\nabla_t^2\boldsymbol{H}_t+(k_0^2\varepsilon_r\mu_r-k_z^2)\boldsymbol{H}_t=0\\ \nabla_t^2\boldsymbol{H}_z+(k_0^2\varepsilon_r\mu_r-k_z^2)\boldsymbol{H}_z=0\end{cases} \tag{5-7}$$

同样地,可以得到电场

$$\begin{cases}\nabla_t^2\boldsymbol{E}_t+(k_0^2\varepsilon_r\mu_r-k_z^2)\boldsymbol{E}_t=0\\ \nabla_t^2\boldsymbol{E}_z+(k_0^2\varepsilon_r\mu_r-k_z^2)\boldsymbol{E}_z=0\end{cases}\tag{5-8}$$

将式(5-5)和式(5-6)代入式(5-1)~式(5-4),则

$$\begin{cases}\nabla_t\times\boldsymbol{H}_t=\mathrm{j}\omega\varepsilon_0\varepsilon_r E_z\hat{z}\\ \nabla_t H_z\times\hat{z}+\mathrm{j}k_z\hat{z}\times\boldsymbol{H}_t=\mathrm{j}\omega\varepsilon_0\varepsilon_r\boldsymbol{E}_t\end{cases}\tag{5-9}$$

$$\begin{cases}\nabla_t\times\boldsymbol{E}_t=\mathrm{j}\omega\mu_0\mu_r H_z\hat{z}\\ \nabla_t E_z\times\hat{z}+\mathrm{j}k_z\hat{z}\boldsymbol{E}_t=\mathrm{j}\omega\varepsilon_0\varepsilon_r\boldsymbol{H}_t\end{cases}\tag{5-10}$$

$$\nabla_t\cdot\boldsymbol{H}_t=-\mathrm{j}k_z H_z\tag{5-11}$$

$$\nabla_t\cdot\boldsymbol{E}_t=-\mathrm{j}k_z E_z\tag{5-12}$$

在式(5-9)中应用运算符$\nabla_t\times$,并代换式(5-7),经代数运算得到

$$\nabla_t\times\nabla_t\times\boldsymbol{H}_t=\mathrm{j}\omega\varepsilon_0\varepsilon_r\nabla_t\times E_z\hat{z}\tag{5-13}$$

$$\nabla_t(\nabla_t\cdot\boldsymbol{H}_t)-\nabla_t^2\boldsymbol{H}_t=\mathrm{j}\omega\varepsilon_0\varepsilon_r\nabla_t E_z\times\hat{z}\tag{5-14}$$

$$-\mathrm{j}k_z\nabla_t H_z+(k_0^2\varepsilon_r\mu_r-k_z^2)\boldsymbol{H}_t=\mathrm{j}\omega\varepsilon_0\varepsilon_r\nabla_t E_z\times\hat{z}\tag{5-15}$$

$$\boldsymbol{H}_t=\frac{1}{k_0^2\varepsilon_r\mu_r-k_z^2}(\mathrm{j}\omega\varepsilon_0\varepsilon_r\nabla_t E_z\times\hat{z}+\mathrm{j}k_z\nabla_t H_z)\tag{5-16}$$

定义横向和纵向等效极化磁流 $\boldsymbol{J}_{mt}$,$J_{mz}$,可用电场和磁场的 $z$ 向电分量表示为

$$\begin{cases}\boldsymbol{J}_{mt}\triangleq\mathrm{j}\omega\mu_0(\mu_r-1)\boldsymbol{H}_t=\dfrac{\mu_r-1}{k_0^2\varepsilon_r\mu_r-k_z^2}(k_0^2\varepsilon_r\hat{z}\times\nabla_t E_z-k_z\omega\mu_0\nabla_t H_z)\\ J_{mz}\triangleq\mathrm{j}\omega\mu_0(\mu_r-1)H_z\end{cases}\tag{5-17}$$

同样,可以得到

$$\boldsymbol{E}_t=\frac{1}{k_0^2\varepsilon_r\mu_r-k_z^2}(-\mathrm{j}\omega\mu_0\mu_r\nabla_t H_z\times\hat{z}+\mathrm{j}k_z\nabla_t E_z)\tag{5-18}$$

横向和纵向极化电流 $\boldsymbol{J}_t$ 和 $J_z$ 为

$$\begin{cases}\boldsymbol{J}_t\triangleq\mathrm{j}\omega\varepsilon_0(\varepsilon_r-1)\boldsymbol{E}_t=\dfrac{\varepsilon_r-1}{k_0^2\varepsilon_r\mu_r-k_z^2}(-k_0^2\mu_r\hat{z}\times\nabla_t H_z-k_z\omega\varepsilon_0\nabla_t H_z)\\ J_z\triangleq\mathrm{j}\omega\varepsilon_0(\varepsilon_r-1)E_z\end{cases}\tag{5-19}$$

等效极化电流在自由空间中辐射,取决于总场分量 $E_z$ 和 $H_z$,故数量未知。由电流产生的电场和磁场($\boldsymbol{E}_1^s$,$\boldsymbol{H}_1^s$)及由磁流产生的电场和磁场($\boldsymbol{E}_2^s$,$\boldsymbol{H}_2^s$),计算总场

$$\boldsymbol{E}^s = \boldsymbol{E}_1^s + \boldsymbol{E}_2^s \tag{5-20}$$

$$\boldsymbol{H}^s = \boldsymbol{H}_1^s + \boldsymbol{H}_2^s \tag{5-21}$$

定义 $\boldsymbol{H}_1^s \triangleq \nabla \times \boldsymbol{A}$ 和 $\boldsymbol{E}_2^s \triangleq -\nabla \times \boldsymbol{F}$,其中 $\boldsymbol{A}$ 是矢量磁位,$\boldsymbol{F}$ 是矢量电位。将矢量位代入麦克斯韦方程组(5-1)和(5-2),并使用矢量恒等式

$$\nabla \times \boldsymbol{E}_1^s = -\mathrm{j}\omega\mu_0 \boldsymbol{H}_1^s = -\mathrm{j}\omega\mu_0 \nabla \times \boldsymbol{A} \tag{5-22}$$

$$\boldsymbol{E}_1^s = -\mathrm{j}\omega\mu_0 \boldsymbol{A} - \nabla \Phi \tag{5-23}$$

式中:$\Phi$ 为标量电位,则

$$\begin{cases} \nabla \times \boldsymbol{H}_1^s = -\mathrm{j}\omega\varepsilon_0 \boldsymbol{E}_1^s + \boldsymbol{J} \\ \nabla \times \nabla \times \boldsymbol{A} = \mathrm{j}\omega\varepsilon_0 \boldsymbol{E}_1^s + \boldsymbol{J} \end{cases} \tag{5-24}$$

$$\nabla(\nabla \cdot \boldsymbol{A}) - \nabla^2 \boldsymbol{A} = \mathrm{j}\omega\varepsilon_0(-\mathrm{j}\omega\mu_0 \boldsymbol{A} - \nabla\Phi) + \boldsymbol{J} \tag{5-25}$$

利用洛伦兹规范$\nabla \cdot \boldsymbol{A} \triangleq -\mathrm{j}\omega\varepsilon_0 \Phi$,得到

$$\nabla^2 \boldsymbol{A} + k_0^2 \boldsymbol{A} = -\boldsymbol{J} \tag{5-26}$$

$$\boldsymbol{E}_1^s = \frac{\eta_0}{\mathrm{j}k_0}(\nabla(\nabla \cdot \boldsymbol{A}) + k_0^2 \boldsymbol{A}) \tag{5-27}$$

同样,利用磁电流的洛伦兹规范$\nabla \cdot \boldsymbol{F} \triangleq -\mathrm{j}\omega\varepsilon_0 \Phi_m$,$\Phi_m$为磁标量位,得

$$\nabla^2 \boldsymbol{F} + k_0^2 \boldsymbol{F} = -\boldsymbol{J}_m \tag{5-28}$$

$$\boldsymbol{H}_2^s = \frac{1}{\mathrm{j}k_0\eta_0}[\nabla(\nabla \cdot \boldsymbol{F}) + k_0^2 \boldsymbol{F}] \tag{5-29}$$

得到矢量磁位和电位的散射场

$$\boldsymbol{E}^s = \frac{\eta_0}{\mathrm{j}k_0}(\nabla(\nabla \cdot \boldsymbol{A}) + k_0^2 \boldsymbol{A}) - \nabla \times \boldsymbol{F} \tag{5-30}$$

同样,对于磁场

$$\boldsymbol{H}^s = \nabla \times \boldsymbol{A} + \frac{1}{\mathrm{j}k_0\eta_0}(\nabla(\nabla \cdot \boldsymbol{F}) + k_0^2 \boldsymbol{F}) \tag{5-31}$$

将式(5-5)和式(5-6)以及横向和纵向分量的详细表达式代入式(5-30)得

$$\boldsymbol{E}^s = -\mathrm{j}\omega\mu_0(\boldsymbol{A}_t + \boldsymbol{A}_z\hat{z}) + \frac{(\nabla_t + \mathrm{j}k_z\hat{z})[(\nabla_t + \mathrm{j}k_z\hat{z}) \cdot (\boldsymbol{A}_t + \boldsymbol{A}_z\hat{z})]}{\mathrm{j}\omega\varepsilon_0} -$$

$$(\nabla_t + \mathrm{j}k_z\hat{z}) \times (\boldsymbol{F}_t + F_z\hat{z})) \tag{5-32}$$

从式(5-32)中,得到 $z$ 分量的详述表达式为

$$\begin{aligned} E_z^s &= -\mathrm{j}\omega\mu_0 A_z + \frac{1}{\mathrm{j}\omega\varepsilon_0}[\mathrm{j}k_z(\nabla_t \cdot \boldsymbol{A}_t) - k_z^2 A_z)] - (\nabla_t + \boldsymbol{F}_t) \cdot \hat{z} \\ &= \frac{k_0^2 - k_z^2}{\mathrm{j}\omega\varepsilon_0} A_z + \frac{k_z}{\omega\varepsilon_0}\nabla_t \cdot \boldsymbol{A}_t - \hat{z} \cdot (\nabla_t \times \boldsymbol{F}_t) \end{aligned} \tag{5-33}$$

同样,对于磁场散射

$$\boldsymbol{H}^s = -\mathrm{j}\omega\varepsilon_0(\boldsymbol{F}_t + F_z\hat{z}) + \frac{(\nabla_t + \mathrm{j}k_z\hat{z})[(\nabla_t + \mathrm{j}k_z\hat{z}) \cdot (\boldsymbol{F}_t + F_z\hat{z})]}{\mathrm{j}\omega\mu_0} +$$

$$(\nabla_t + \mathrm{j}k_z\hat{z}) \times (\boldsymbol{A}_t + A_z\hat{z}) \tag{5-34}$$

其相关的 $z$ 分量

$$\begin{aligned} H_z^s &= -\mathrm{j}\omega\varepsilon_0 F_z + \frac{1}{\mathrm{j}\omega\mu_0}[\mathrm{j}k_z(\nabla_t \cdot \boldsymbol{F}_t) - k_z^2 F_z)] + (\nabla_t + \boldsymbol{A}_t) \cdot \hat{z} \\ &= \frac{k_0^2 - k_z^2}{\mathrm{j}\omega\mu_0} F_z + \frac{k_z}{\omega\mu_0}\nabla_t \cdot \boldsymbol{F}_t - \hat{z} \cdot (\nabla_t \times \boldsymbol{A}_t) \end{aligned} \tag{5-35}$$

根据 $z$ 方向线电流源 $\boldsymbol{J} = \delta(x)\delta(y)\mathrm{e}^{\mathrm{j}k_z z}\hat{z}$,可以在柱坐标系下求解 $A_z$ 的微分方程$(r,\phi,z)$

$$\frac{1}{r}\frac{\partial}{\partial r}\left(r\frac{\partial A_z}{\partial r}\right) + \frac{1}{r^2}\frac{\partial^2 A_z}{\partial \phi^2} + \frac{\partial^2 A_z}{\partial z^2} + k_0^2 A_z = -\delta(r)\mathrm{e}^{\mathrm{j}k_z z} \tag{5-36}$$

基于线源的几何对称性考虑,假定 $A_z(r,\phi,z) = a_z(r)\mathrm{e}^{\mathrm{j}k_z z}$。因此

$$\frac{1}{r}\frac{\partial}{\partial r}\left(r\frac{\partial a_z}{\partial r}\right) + (k_0^2 - k_z^2)a_z = -\delta(r) \tag{5-37}$$

参考文献[12]的解为

$$a_z(r) = \frac{1}{4\mathrm{j}}H_0^{(2)}\left(\sqrt{k_0^2 - k_z^2}\,r\right) \tag{5-38}$$

$J_x$ 和 $J_y$ 的解类似于 $a_x(r)$ 和 $a_y(r)$ 的结果。$H_0^{(2)}(x)$ 是第二类零阶汉克尔函数。重复线磁流源的微分方程解,通过电矢量分量 $f_x(r)$,$f_y(r)$,$f_z(r)$ 得到相同的结果。此外,线源在$(x,y)$平面上位移到 $r'$ 位置时将解变为 $G(r,r') = \frac{1}{4\mathrm{j}}H_0^2\left(\sqrt{k_0^2 - k_z^2}\,|\boldsymbol{r} - \boldsymbol{r}'|\right)$,其中 $|\boldsymbol{r} - \boldsymbol{r}'| = \sqrt{(x-x')^2 + (y-y')^2}$。将推导扩展到二维电流和磁流分布,并通过叠加进行计算,得到以下关于 $z$ 向电场和磁场的结果

$$E_z^s(x,y)=\frac{k_0^2-k_z^2}{\mathrm{j}\omega\varepsilon_0}(J_z*G)+\frac{k_z}{\omega\varepsilon_0}\nabla_t\cdot(\boldsymbol{J}_t*G)-\hat{z}\cdot(\nabla_t\times(\boldsymbol{J}_{mt}*G))\tag{5-39}$$

$$H_z^s(x,y)=\frac{k_0^2-k_z^2}{\mathrm{j}\omega\mu_0}(J_{mz}*G)+\frac{k_z}{\omega\mu_0}\nabla_t\cdot(\boldsymbol{J}_{mt}*G)+\hat{z}\cdot(\nabla_t\times(\boldsymbol{J}_t*G))\tag{5-40}$$

其中，* 表示卷积。电场积分方程(EFIE)和磁场积分方程(MFIE)是通过总场 $E_z(x,y)$ 等于由电极化电流和磁极化电流 $\boldsymbol{J},\boldsymbol{J}_m$ 激发的入射场 $\boldsymbol{E}_z^{\mathrm{inc}}(x,y)$ 和散射场 $E_z^s(x,y)$ 的总和而得出的。

$$E_z^{\mathrm{inc}}(x,y)=E_z(x,y)-\frac{k_0^2-k_z^2}{\mathrm{j}\omega\varepsilon_0}(J_z*G)-\frac{k_z}{\omega\varepsilon_0}\nabla_t\cdot(\boldsymbol{J}_t*G)+\hat{z}\cdot(\nabla_t\times(\boldsymbol{J}_{mt}*G))\tag{5-41}$$

$$H_z^{\mathrm{inc}}(x,y)=H_z(x,y)-\frac{k_0^2-k_z^2}{\mathrm{j}\omega\mu_0}(J_{mz}*G)-\frac{k_z}{\omega\mu_0}\nabla_t\cdot(\boldsymbol{J}_{mt}*G)-\hat{z}\cdot(\nabla_t\times(\boldsymbol{J}_t*G))\tag{5-42}$$

式中：$E_z^{\mathrm{inc}}(x,y)=E_0\sin\theta_0\mathrm{e}^{-\mathrm{j}k_0\sin\theta_0(x\cos\phi_0+y\sin\phi_0)}$；$H_z^{\mathrm{inc}}(x,y)=H_0\sin\theta_0\mathrm{e}^{-\mathrm{j}k_0\sin\theta_0(x\cos\phi_0+y\sin\phi_0)}$；$E_0$ 和 $H_0$ 分别为入射电场和磁场的振幅。这两个积分方程可以用矩量法(MoM)[3]通过使用点匹配或线性基函数 $B_n(x,y)$ 求解。因此，电场和磁场的 $z$ 分量可以表示为

$$E_z(x,y)\cong\sum_{n=1}^{N}e_nB_n(x,y)\tag{5-43}$$

$$H_z(x,y)\cong\sum_{n=1}^{N}h_nB_n(x,y)\tag{5-44}$$

其中，$N$ 是基函数的个数，$B_n(x,y)$ 表示圆柱体横截面三角形单元模型中以第 $n$ 个角或节点为中心的棱锥基函数，如图 5-2 所示。

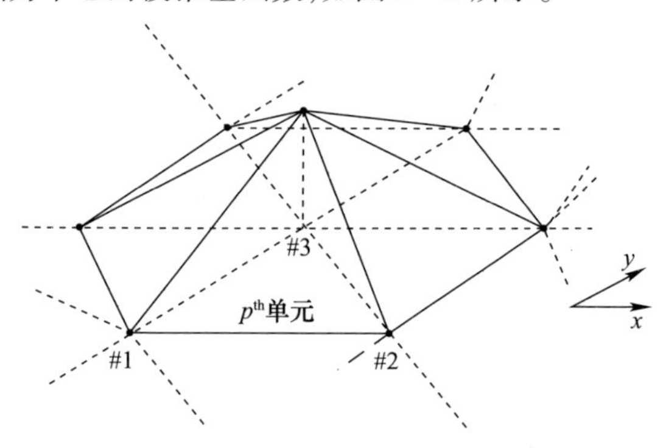


图 5-2　线性金字塔基函数

基函数将集合在给定顶点周围的三角形单元连接起来，并隐藏模型中的其他节点。在第 $p$ 个单元中，有三个节点 $i=1,2,3$，场可以描述为

$$H_z(x,y)=a_1+a_2x+a_3y \tag{5-45}$$

系数 $a_1$、$a_2$ 和 $a_3$ 可以根据单元顶点 $c_1$、$c_2$ 和 $c_3$ 处相应坐标 $(x_1,y_1)$、$(x_2,y_2)$、$(x_3,y_3)$ 的场值来计算

$$\begin{bmatrix} c_1 \\ c_2 \\ c_3 \end{bmatrix}=\begin{bmatrix} 1 & x_1 & y_1 \\ 1 & x_2 & y_2 \\ 1 & x_3 & y_3 \end{bmatrix}\begin{bmatrix} a_1 \\ a_2 \\ a_3 \end{bmatrix} \tag{5-46}$$

式(5-46)的解可以通过$(a_1,a_2,a_3)$求出

$$\begin{cases} a_1=\dfrac{x_2y_3-x_3y_2}{2S} \\ a_2=\dfrac{c_1(y_2-y_3)+c_2(y_3-y_1)+c_3(y_1-y_2)}{2S} \\ a_3=\dfrac{c_1(x_3-x_2)+c_2(x_1-x_3)+c_3(x_2-x_1)}{2S} \end{cases} \tag{5-47}$$

其中，$S=[y_1(x_3-x_2)+y_2(x_1-x_3)+y_3(x_2-x_1)]/2$ 表示三角形单元的面积。因此，图 5-2所示的基函数可以从式(5-45)和式(5-47)中推导出$c_1=1$、$c_2=0$、$c_3=0$。

$$B_n(x,y)=\underbrace{\frac{x_2y_3-x_3y_2}{2S}}_{a_1}+\underbrace{\frac{y_2-y_3}{2S}}_{a_2}x+\underbrace{\frac{x_3-x_2}{2S}}_{a_3}y \tag{5-48}$$

将式(5-43)、式(5-44)代入式(5-41)和式(5-42)，并求出圆柱横截面上离散点$(x_m,y_m)$$(m=1,2,\cdots,N)$的矩阵方程

$$\begin{bmatrix} EE & EH \\ HE & HH \end{bmatrix}\begin{bmatrix} e_1 \\ \vdots \\ e_N \\ h_1 \\ \vdots \\ h_N \end{bmatrix}=\begin{bmatrix} E_z^{\text{inc}}(x_1,y_1) \\ \vdots \\ E_z^{\text{inc}}(x_N,y_N) \\ H_z^{\text{inc}}(x_1,y_1) \\ \vdots \\ H_z^{\text{inc}}(x_N,y_N) \end{bmatrix} \tag{5-49}$$

其中

$$EE_{mn}=\delta_{mn}-(k_0^2-k_z^2)\left[(\varepsilon_r-1)B_n*G\right]\Big|_{x=x_m,y=y_m}+$$
$$k_z^2\left[\nabla_t\cdot\left(\left(\frac{\varepsilon_r-1}{k_0^2\varepsilon_r\mu_r-k_z^2}\nabla'_t B_n\right)*G\right)\right]\Bigg|_{x=x_m,y=y_m}+$$
$$k_0^2\left[\hat{z}\cdot\nabla_t\times\left(\left(\frac{\varepsilon_r(\mu_r-1)}{k_0^2\varepsilon_r\mu_r-k_z^2}\hat{z}\times\nabla'_t B_n\right)*G\right)\right]\Bigg|_{x=x_m,y=y_m}\tag{5-50}$$

$$EH_{mn}=\frac{k_0^2k_z}{\omega\varepsilon_0}\left[\nabla_t\cdot\left(\left(\frac{(\varepsilon_r-1)\mu_r}{k_0^2\varepsilon_r\mu_r-k_z^2}\hat{z}\times\nabla'_t B_n\right)*G\right)\right]\Bigg|_{x=x_m,y=y_m}-$$
$$k_z\omega\mu_0\left[\hat{z}\cdot\nabla_t\times\left(\left(\frac{(\mu_r-1)}{k_0^2\varepsilon_r\mu_r-k_z^2}\nabla'_t B_n\right)*G\right)\right]\Bigg|_{x=x_m,y=y_m}\tag{5-51}$$

$$HE_{mn}=-\frac{k_0^2k_z}{\omega\mu_0}\left[\nabla_t\cdot\left(\left(\frac{(\mu_r-1)\varepsilon_r}{k_0^2\varepsilon_r\mu_r-k_z^2}\hat{z}\times\nabla'_t B_n\right)*G\right)\right]\Bigg|_{x=x_m,y=y_m}+$$
$$k_z\omega\varepsilon_0\left[\hat{z}\cdot\nabla_t\times\left(\left(\frac{(\varepsilon_r-1)}{k_0^2\varepsilon_r\mu_r-k_z^2}\nabla'_t B_n\right)*G\right)\right]\Bigg|_{x=x_m,y=y_m}\tag{5-52}$$

$$HH_{mn}=\delta_{mn}-(k_0^2-k_z^2)\left[(\mu_r-1)B_n*G\right]\Big|_{x=x_m,y=y_m}+$$
$$k_z^2\left[\nabla_t\cdot\left(\left(\frac{\mu_r-1}{k_0^2\varepsilon_r\mu_r-k_z^2}\nabla'_t B_n\right)*G\right)\right]\Bigg|_{x=x_m,y=y_m}+$$
$$k_0^2\left[\hat{z}\cdot\nabla_t\times\left(\left(\frac{\mu_r(\varepsilon_r-1)}{k_0^2\varepsilon_r\mu_r-k_z^2}\hat{z}\times\nabla'_t B_n\right)*G\right)\right]\Bigg|_{x=x_m,y=y_m}\tag{5-53}$$

在这种情况下，场的 $z$ 分量是线性函数，故在三角形单元中，横向场和横向电流密度是恒定的，可以表示为

$$\begin{cases}A_{mn}^{(p)}=\dfrac{1}{4\mathrm{j}}\displaystyle\iint_{s_p}H_0^{(2)}\left(\sqrt{k_0^2-k_z^2}\,|\boldsymbol{r}_m-\boldsymbol{r}'|\right)\mathrm{d}x'\mathrm{d}y'\\[2ex]B_{mn}^{(p)}=\dfrac{1}{4\mathrm{j}}\displaystyle\iint_{s_p}x'H_0^{(2)}\left(\sqrt{k_0^2-k_z^2}\,|\boldsymbol{r}_m-\boldsymbol{r}'|\right)\mathrm{d}x'\mathrm{d}y'\\[2ex]C_{mn}^{(p)}=\dfrac{1}{4\mathrm{j}}\displaystyle\iint_{s_p}y'H_0^{(2)}\left(\sqrt{k_0^2-k_z^2}\,|\boldsymbol{r}_m-\boldsymbol{r}'|\right)\mathrm{d}x'\mathrm{d}y'\\[2ex]D_{mn}^{(p)}=\dfrac{1}{4\mathrm{j}}\displaystyle\iint_{s_p}\frac{\sqrt{k_0^2-k_z^2}(x_m-x')}{|\boldsymbol{r}_m-\boldsymbol{r}'|}H_1^{(2)}\left(\sqrt{k_0^2-k_z^2}\,|\boldsymbol{r}_m-\boldsymbol{r}'|\right)\mathrm{d}x'\mathrm{d}y'\\[2ex]E_{mn}^{(p)}=\dfrac{1}{4\mathrm{j}}\displaystyle\iint_{s_p}\frac{\sqrt{k_0^2-k_z^2}(y_m-y')}{|\boldsymbol{r}_m-\boldsymbol{r}'|}H_1^{(2)}\left(\sqrt{k_0^2-k_z^2}\,|\boldsymbol{r}_m-\boldsymbol{r}'|\right)\mathrm{d}x'\mathrm{d}y'\end{cases}\tag{5-54}$$

其中，$s_p$ 表示顶点位于$(x_n,y_n)$的第 $p$ 个三角形的面积。$H_0^{(2)}$ 和 $H_1^{(2)}$ 分别是零阶

和一阶的第二类汉克尔函数。式(5－54)中的卷积是二维积分。通常,所有卷积积分都必须通过数值求积来计算。将式(5－48)代入式(5－50)～式(5－53),对矢量进行运算,并代入式(5－54),得

$$EE_{mn}=P_n\delta_{mn}-\left(k_0^2-k_z^2\right)\sum_{p=1}^{P_n}\left(\varepsilon_{\mathrm{r}}^{(p)}-1\right)\left(a_1^{(p)}A_{mn}^{(p)}+a_2^{(p)}B_{mn}^{(p)}+a_3^{(p)}C_{mn}^{(p)}\right)-\sum_{p=1}^{P_n}\frac{k_z^2\left(\varepsilon_{\mathrm{r}}^{(p)}-1\right)+k_0^2\varepsilon_{\mathrm{r}}^{(p)}\left(\mu_{\mathrm{r}}^{(p)}-1\right)}{k_0^2\varepsilon_{\mathrm{r}}^{(p)}\mu_{\mathrm{r}}^{(p)}-k_z^2}\left(a_2^{(p)}D_{mn}^{(p)}+a_3^{(p)}E_{mn}^{(p)}\right)\quad(5-55)$$

$$EH_{mn}=\frac{k_0^2k_z}{\omega\varepsilon_0}\sum_{p=1}^{P_n}\frac{\left(\varepsilon_{\mathrm{r}}^{(p)}\mu_{\mathrm{r}}^{(p)}-1\right)}{\left(k_0^2\varepsilon_{\mathrm{r}}^{(p)}\mu_{\mathrm{r}}^{(p)}-k_z^2\right)}\left(a_3^{(p)}D_{mn}^{(p)}-a_2^{(p)}E_{mn}^{(p)}\right)\quad(5-56)$$

$$HE_{mn}=-\frac{k_0^2k_z}{\omega\mu_0}\sum_{p=1}^{P_n}\frac{\left(\varepsilon_{\mathrm{r}}^{(p)}\mu_{\mathrm{r}}^{(p)}-1\right)}{\left(k_0^2\varepsilon_{\mathrm{r}}^{(p)}\mu_{\mathrm{r}}^{(p)}-k_z^2\right)}\left(a_3^{(p)}D_{mn}^{(p)}-a_2^{(p)}E_{mn}^{(p)}\right)\quad(5-57)$$

$$HH_{mn}=P_n\delta_{mn}-\left(k_0^2-k_z^2\right)\sum_{p=1}^{P_n}\left(\mu_{\mathrm{r}}^{(p)}-1\right)\left(a_1^{(p)}A_{mn}^{(p)}+a_2^{(p)}B_{mn}^{(p)}+a_3^{(p)}C_{mn}^{(p)}\right)-\sum_{p=1}^{P_n}\frac{k_z^2\left(\mu_{\mathrm{r}}^{(p)}-1\right)+k_0^2\mu_{\mathrm{r}}^{(p)}\left(\varepsilon_{\mathrm{r}}^{(p)}-1\right)}{k_0^2\varepsilon_{\mathrm{r}}^{(p)}\mu_{\mathrm{r}}^{(p)}-k_z^2}\left(a_2^{(p)}D_{mn}^{(p)}+a_3^{(p)}E_{mn}^{(p)}\right)\quad(5-58)$$

其中,$P_n$ 是顶点位于$(x_n,y_n)$的三角形总数。式(5－55)～式(5－58)中的每一项都代表了一个源的贡献,它们分布在几个相邻的三角形单元上。式(5－49)中的电场和磁场矢量可以通过矩阵求逆来计算。

表征梁散射的一个重要参数是IFR。IFR等于最大前向远场散射场与二维孔径前向最大辐射远场之比,其宽度等于入射平面波前上梁的光学投影宽度。孔径场分布等于入射场[12]。IFR与极化有关,因此$\mathrm{IFR}_e$与TM极化入射波有关,而$\mathrm{IFR}_h$与TE极化入射波有关。通常,最大前向散射发生在入射波的传播方向,如图5－3所示,最大前向散射方向为$(\theta=\pi-\theta_0,\phi=\phi_0)$。

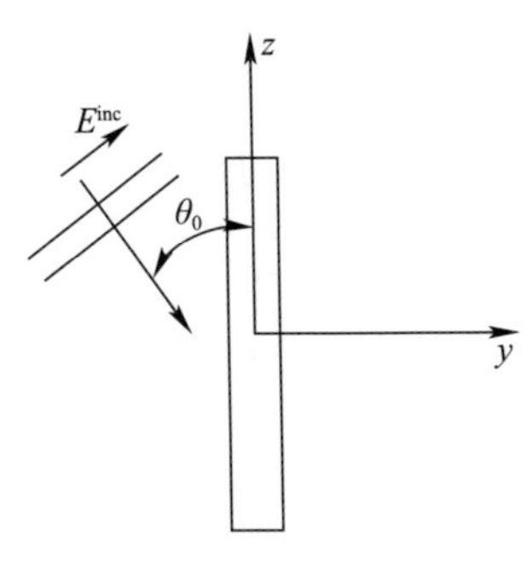


图5－3　斜入射梁几何图

式(5-39)可以改写为

$$
\begin{aligned}
E_z^s = & \frac{k_t^2}{\mathrm{j}\omega\varepsilon_0}\frac{1}{4\mathrm{j}}\int_S J_z H_0^{(2)}\left(k_t\,|\boldsymbol{r}-\boldsymbol{r}'|\right)\mathrm{d}x'\mathrm{d}y' + \\
& \frac{k_z}{\omega\varepsilon_0}\frac{1}{4\mathrm{j}}\int_S \boldsymbol{J}_t\cdot\nabla_t H_0^{(2)}\left(k_t\,|\boldsymbol{r}-\boldsymbol{r}'|\right)\mathrm{d}x'\mathrm{d}y' + \\
& \hat{\boldsymbol{z}}\cdot\frac{1}{4\mathrm{j}}\int_S \boldsymbol{J}_{mt}\times\nabla_t H_0^{(2)}\left(k_t\,|\boldsymbol{r}-\boldsymbol{r}'|\right)\mathrm{d}x'\mathrm{d}y'
\end{aligned}
\tag{5-59}
$$

其中,$k_t=\sqrt{k_0^2-k_z^2}=k_0\sin\theta_0$ 和 $k_z=k_0\cos\theta_0$。$S$ 表示梁的横截面积,如上所述,使用 MoM 数值计算了电流和磁流的分布。接下来,计算远场近似的散射场,并使用汉克尔函数的表达式计算多参数量[13]:

$$
\begin{cases}
H_0^{(2)}\left(k_t\,|\boldsymbol{r}-\boldsymbol{r}'|\right)\Big|_{|\boldsymbol{r}\to\infty|}\approx\sqrt{\dfrac{2\mathrm{j}}{\pi k_t r}}\mathrm{e}^{-\mathrm{j}k_{t'}r}\mathrm{e}^{\mathrm{j}\boldsymbol{k}_{t'}\cdot\boldsymbol{r}'} \\
\nabla_t H_0^{(2)}\left(k_t\,|\boldsymbol{r}-\boldsymbol{r}'|\right)\Big|_{|\boldsymbol{r}\to\infty|}\approx -\mathrm{j}k_t\sqrt{\dfrac{2\mathrm{j}}{\pi k_t r}}\mathrm{e}^{-\mathrm{j}k_{t'}r}\mathrm{e}^{\mathrm{j}\boldsymbol{k}t'\cdot\boldsymbol{r}'}\hat{\boldsymbol{r}}
\end{cases}
\tag{5-60}
$$

把($\theta=\pi-\theta_0,\phi=\phi_0$)的相位代入式(5-60),计算

$$
\boldsymbol{k}_{t'}\cdot\boldsymbol{r}'\big|_{\theta=\pi-\theta_0,\phi=\phi_0}=k_0r'\sin\theta_0(\cos\phi_0\cos\phi'+\sin\phi_0\sin\phi')=k_0r'\sin\theta_0\cos(\phi_0-\phi')
\tag{5-61}
$$

用式(5-60)、式(5-61)和笛卡儿坐标系中 $\hat{\boldsymbol{r}}=\sin\theta\cos\phi\hat{\boldsymbol{x}}+\sin\theta sin\phi\hat{\boldsymbol{y}}+\cos\theta\hat{\boldsymbol{z}}$ 的近似表示式(5-59)的远场($\boldsymbol{r}\to\infty$):

$$
\begin{aligned}
E_z^s(r,\pi-\theta_0,\phi_0) = & \frac{1}{4\mathrm{j}}\sqrt{\frac{2\mathrm{j}}{\pi k_t r}}\mathrm{e}^{-\mathrm{j}k_{t'}r}\times \\
& \left[\begin{aligned}
& \frac{k_t^2}{\mathrm{j}\omega\varepsilon_0}\int_S J_z\mathrm{e}^{\mathrm{j}k_0r'\sin\theta_0\cos(\phi_0-\phi')}\mathrm{d}x'\mathrm{d}y' + \\
& \frac{k_zk_t}{\mathrm{j}\omega\varepsilon_0}\sin\theta_0\int_S(J_{tx}\cos\phi_0+J_{ty}\sin\phi_0)\mathrm{e}^{\mathrm{j}k_0r'\sin\theta_0\cos(\phi_0-\phi')}\mathrm{d}x'\mathrm{d}y' + \\
& \mathrm{j}k_t\sin\theta_0\int_S(J_{mtx}\sin\phi_0-J_{mty}\cos\phi_0)\mathrm{e}^{\mathrm{j}k_0r'\sin\theta_0\cos(\phi_0-\phi')}\mathrm{d}x'\mathrm{d}y'
\end{aligned}\right]
\end{aligned}
\tag{5-62}
$$

类似的推导可以通过 $z$ 方向上的无限孔径计算 $\theta=\pi-\theta_0,\phi=\phi_0$ 方向上的最大辐射电场,孔径宽度为 $w$,位于嵌入无限导电平面的原点处,并由与梁相同的 TM 极化斜入射

$$
E_z^a(r,\pi-\theta_0,\phi_0)=\frac{1}{4\mathrm{j}}\sqrt{\frac{2\mathrm{j}}{\pi k_t r}}\mathrm{e}^{-\mathrm{j}k_t r}\frac{k_t^2}{\mathrm{j}\omega\varepsilon_0}\frac{2E_0w}{\eta_0}
\tag{5-63}
$$

其中，$\eta_0 = \sqrt{\dfrac{\mu_0}{\varepsilon_0}}$，式(5－62)和式(5－63)的比值可以求出 $\mathrm{IFR}_e$ 的表达式

$$\mathrm{IFR}_e = \frac{\eta_0}{2E_0 w}\int_s \Big( J_z + \cos\theta_0 (J_{tx}\cos\phi_0 + J_{ty}\sin\phi_0) - \frac{1}{\eta_0}(J_{mtx}\sin\phi_0 - J_{mty}\cos\phi_0) \Big) \times \mathrm{e}^{\mathrm{j}k_0 r'\sin\theta_0\cos(\phi_0-\phi')}\mathrm{d}x'\mathrm{d}y' \tag{5-64}$$

通过类似的推导，式(5－40)在远场($r\to\infty$)可以表示为最大前向散射磁场的近似值

$$H_z^s(r,\pi-\theta_0,\phi_0) = \frac{1}{4\mathrm{j}}\sqrt{\frac{2\mathrm{j}}{\pi k_t r}}\mathrm{e}^{-\mathrm{j}k_{t'} r} \times \left[\begin{array}{l} \dfrac{k_t^2}{\mathrm{j}\omega\mu_0}\displaystyle\int_S J_{mz}\mathrm{e}^{\mathrm{j}k_0 r'\sin\theta_0\cos(\phi_0-\phi')}\mathrm{d}x'\mathrm{d}y' + \\ \dfrac{k_z k_t}{\mathrm{j}\omega\mu_0}\sin\theta_0\displaystyle\int_S (J_{mtx}\cos\phi_0 + J_{mty}\sin\phi_0)\mathrm{e}^{\mathrm{j}k_0 r'\sin\theta_0\cos(\phi_0-\phi')}\mathrm{d}x'\mathrm{d}y' - \\ \mathrm{j}k_t\sin\theta_0\displaystyle\int_S (J_{tx}\sin\phi_0 - J_{ty}\cos\phi_0)\mathrm{e}^{\mathrm{j}k_0 r'\sin\theta_0\cos(\phi_0-\phi')}\mathrm{d}x'\mathrm{d}y' \end{array}\right] \tag{5-65}$$

以类似的方式，考虑在 $\theta = \pi - \theta_0$ 方向上 TE 极化磁场的最大辐射，$\phi = \phi_0$ 为宽度为 $w$ 的无限孔径

$$H_z^a(r,\pi-\theta_0,\phi_0) = \frac{1}{4\mathrm{j}}\sqrt{\frac{2\mathrm{j}}{\pi k_t r}}\mathrm{e}^{-\mathrm{j}k_{t'} r}\frac{k_t^2}{\mathrm{j}\omega\mu_0}2H_0\eta_0 w \tag{5-66}$$

式(5－65)和式(5－66)的比值可以求出 $\mathrm{IFR}_h$ 的表达式

$$\mathrm{IFR}_h = \frac{1}{2H_0 w} \times \int_s \Big( \frac{1}{\eta_0}J_{mz} + \frac{\cos\theta_0}{\eta_0}(J_{mtx}\cos\phi_0 + J_{mty}\sin\phi_0) + (J_{tx}\sin\phi_0 - J_{ty}\cos\phi_0) \Big) \times \mathrm{e}^{\mathrm{j}k_0 r'\sin\theta_0\cos(\phi_0-\phi')}\mathrm{d}x'\mathrm{d}y' \tag{5-67}$$

雷达散射截面(RCS)是描述散射体散射的另一种方法。对于 TM 极化，RCS 的定义为

$$\sigma_e(\phi,\theta,\phi_0,\theta_0) = \lim_{r\to\infty} 2\pi r \left| \frac{E_z^s(r,\phi,\theta)}{E_z^{\mathrm{inc}}(\phi_0,\theta_0)} \right|^2 \tag{5-68}$$

对于 TE 极化

$$\sigma_h(\phi,\theta,\phi_0,\theta_0)=\lim_{r\to\infty}2\pi r\left|\frac{H_z^s(r,\phi,\theta)}{H_z^{\text{inc}}(\phi_0,\theta_0)}\right|^2 \tag{5-69}$$

利用 ANSYS 中的 HFSS 商业软件进行了模拟仿真，计算 5GHz 下 1.38 英寸 ×6.2 英寸矩形窄梁平面波照射 $TE_z$ 极化（实线）和 $TM_z$ 极化（虚线）的双站 RCS 结果如图 5-4 所示，$TE_z$ 极化具有更高的散射。

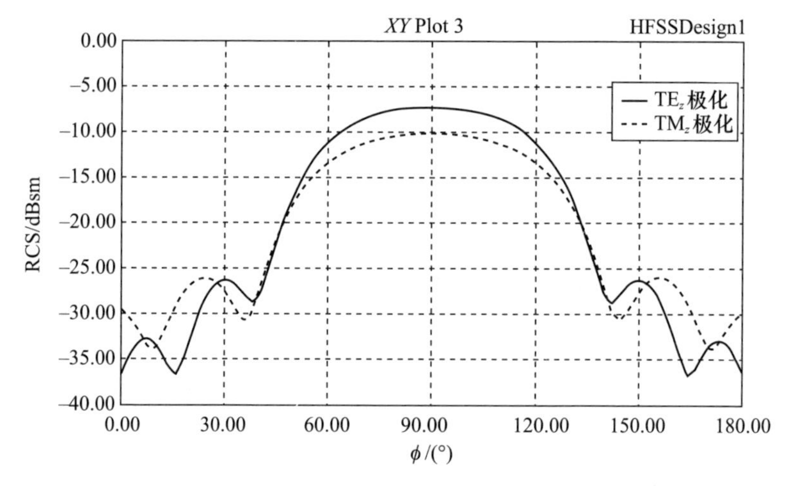


图 5-4　介电常数为 4.6，损耗为 0.014，尺寸为 1.38 英寸 ×6.2 英寸矩形梁的双站 RCS（5GHz 平面波在窄侧垂直入射）

两个正交极化和入射平面波在梁窄侧的 IFR（振幅和相位）频率函数如图 5-5所示。梁是具有机械性能和电学性质的介质，见图 5-4。与 $IFR_e$ 相比，$IFR_h$ 幅度更大，振荡更强。

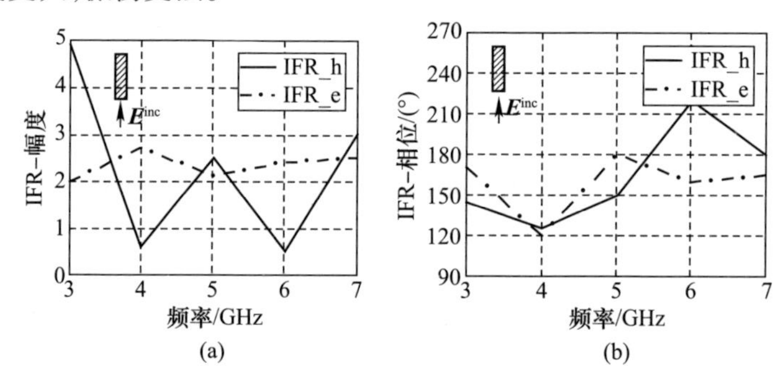


图 5-5　介电常数为 4.6，损耗为 0.014，尺寸为 1.38 英寸 ×6.2 英寸矩形梁的 IFR 函数（平面波在窄侧入射）

# 5.2 均匀介质梁的散射——表面积分方法

为了正确地模拟非均匀散射体，需要进行体积离散化，故具有很大的计算量。对于均质、分层几何体和导电圆柱体，可以使用表面积分方程公式进行处理，从而减少 MoM 数值算法中所需的未知数数量[14]。因此，这种方法比 5.1 节讨论的体积积分方程更有效。在推导过程中，使用了等效原则[15]。图 5 - 6 给出了梁的几何形状以及外部和内部的等效源。

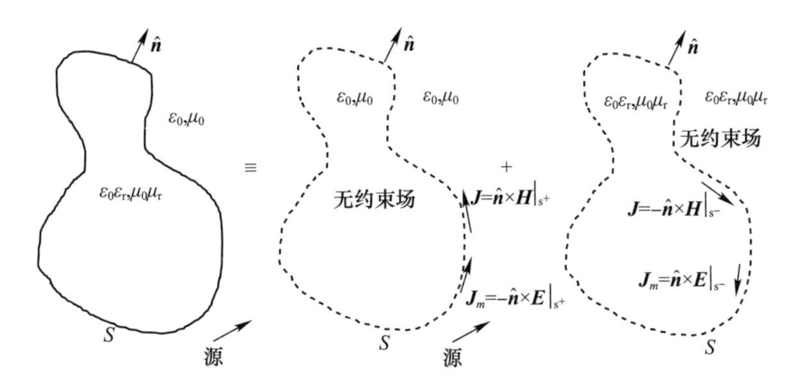


图 5 - 6　均匀几何体及其外部和内部等效问题

对于 EFIE，$S^+$ 和 $S^-$ 处的切向电场为

$$
\begin{aligned}
&\hat{\boldsymbol{n}} \times \boldsymbol{E}^{\mathrm{inc}} = -\boldsymbol{J}_m - \hat{\boldsymbol{n}} \times \left\{ \frac{\eta_0}{\mathrm{j}k_0}[\nabla(\nabla \cdot \boldsymbol{A}^{(0)}) + k_0^2 \boldsymbol{A}^{(0)}] - \nabla \times \boldsymbol{F}^{(0)} \right\}_{S^+} \\
&0 = \boldsymbol{J}_m - \hat{\boldsymbol{n}} \times \left\{ \frac{\eta_d}{\mathrm{j}k_d}[\nabla(\nabla \cdot \boldsymbol{A}^{(d)}) + k_d^2 \boldsymbol{A}^{(d)}] - \nabla \times \boldsymbol{F}^{(d)} \right\}_{S^-}
\end{aligned}
\tag{5-70}
$$

其中，$k_d = k_0\sqrt{\mu_r \varepsilon_r}$，$\eta_d = \eta_0\sqrt{\dfrac{\mu_r}{\varepsilon_r}}$ 和 $(\boldsymbol{A}^{(0)}, \boldsymbol{F}^{(0)})$，$(\boldsymbol{A}^{(d)}, \boldsymbol{F}^{(d)})$ 分别是自由空间和均匀波束中的磁矢位和电矢位。类似地，对于 MFIE，$S^+$ 和 $S^-$ 处的切向磁场为

$$
\begin{cases}
\hat{\boldsymbol{n}} \times \boldsymbol{H}^{\mathrm{inc}} = \boldsymbol{J} - \hat{\boldsymbol{n}} \times \left\{ \dfrac{1}{\mathrm{j}k_0\eta_0}[\nabla(\nabla \cdot \boldsymbol{F}^{(0)}) + k_0^2 \boldsymbol{F}^{(0)}] + \nabla \times \boldsymbol{A}^{(0)} \right\}_{S^+} \\
0 = -\boldsymbol{J} - \hat{\boldsymbol{n}} \times \left\{ \dfrac{1}{\mathrm{j}k_d\eta_d}[\nabla(\nabla \cdot \boldsymbol{F}^{(d)}) + k_d^2 \boldsymbol{F}^{(d)}] + \nabla \times \boldsymbol{A}^{(d)} \right\}_{S^-}
\end{cases}
\tag{5-71}
$$

斜入射场的 $z$ 取决于 $\mathrm{e}^{\mathrm{j}k_z z}$，相应地，假设系统中总场的 $z$ 也取决于 $\mathrm{e}^{\mathrm{j}k_z z}$，其中 $k_z = k_0\cos\theta_0$。电场和磁场可以用式（5 - 5）和式（5 - 6）来描述，入射场为

$E_z^{\text{inc}}(x,y)=E_0\sin\theta_0 \mathrm{e}^{-\mathrm{j}k_0\sin\theta_0(x\cos\phi_0+y\sin\phi_0)}$、$H_z^{\text{inc}}(x,y)=H_0\sin\theta_0 \mathrm{e}^{-\mathrm{j}k_0\sin\theta_0(x\cos\phi_0+y\sin\phi_0)}$，$E_0$ 和 $H_0$ 分别为入射电场和磁场强度。定义操作符 $\nabla=\nabla_t+\mathrm{j}k_z\hat{\boldsymbol{z}}$ 和 $\nabla_t=\frac{\partial}{\partial_x}\hat{\boldsymbol{x}}+\frac{\partial}{\partial_y}\hat{\boldsymbol{y}}$，代入式(5-70)和式(5-71)中，得

$$\begin{cases}E_z^{\text{inc}}=J_{mt}+\left\{-\frac{\eta_0 k_z}{k_0}\nabla_t\cdot A_t^{(0)}+\mathrm{j}\frac{\eta_0(k_0^2-k_z^2)A_z^{(0)}}{k_0}+\hat{\boldsymbol{z}}\cdot\nabla_t\times\boldsymbol{F}^{(0)}\right\}_{S+}\\0=-J_{mt}+\left\{-\frac{\eta_d k_z}{k_d}\nabla_t\cdot A_t^{(d)}+\mathrm{j}\frac{\eta_d(k_d^2-k_z^2)A_z^{(d)}}{k_d}+\hat{\boldsymbol{z}}\cdot\nabla_t\times\boldsymbol{F}_t^{(d)}\right\}_{S-}\end{cases}\tag{5-72}$$

和

$$\begin{cases}H_z^{\text{inc}}=-J_t+\left\{-\frac{k_z}{k_0\eta_0}\nabla_t\cdot\boldsymbol{F}_t^{(0)}+\mathrm{j}\frac{(k_0^2-k_z^2)F_z^{(0)}}{k_0\eta_0}-\hat{\boldsymbol{z}}\cdot\nabla_t\times\boldsymbol{A}_t^{(0)}\right\}_{S+}\\0=J_t+\left\{-\frac{k_z}{k_d\eta_d}\nabla_t\cdot\boldsymbol{F}_t^{(d)}+\mathrm{j}\frac{(k_d^2-k_z^2)F_z^{(d)}}{k_d\eta_d}-\hat{\boldsymbol{z}}\cdot\nabla_t\times\boldsymbol{A}_t^{(d)}\right\}_{S}\end{cases}\tag{5-73}$$

其中

$$\begin{cases}A_z^{(i)}=\frac{1}{4\mathrm{j}}\int_S J_z(t')H_0^{(2)}\left(\sqrt{k_i^2-k_z^2}\,|\boldsymbol{r}-\boldsymbol{r}'|\right)\mathrm{d}t'\\\boldsymbol{A}_t^{(i)}=\frac{1}{4\mathrm{j}}\int_S\hat{\boldsymbol{t}}(t')J_t(t')H_0^{(2)}\left(\sqrt{k_i^2-k_z^2}\,|\boldsymbol{r}-\boldsymbol{r}'|\right)\mathrm{d}t'\\F_z^{(i)}=\frac{1}{4\mathrm{j}}\int_S J_{mz}(t')H_0^{(2)}\left(\sqrt{k_i^2-k_z^2}\,|\boldsymbol{r}-\boldsymbol{r}'|\right)\mathrm{d}t'\\\boldsymbol{F}_t^{(i)}=\frac{1}{4\mathrm{j}}\int_S\hat{\boldsymbol{t}}(t')J_{mt}(t')H_0^{(2)}\left(\sqrt{k_i^2-k_z^2}\,|\boldsymbol{r}-\boldsymbol{r}'|\right)\mathrm{d}t'\end{cases}\tag{5-74}$$

其中，$i=0,d$ 和 $|\boldsymbol{r}-\boldsymbol{r}'|=\sqrt{(x(t)-x(t'))^2+(y(t)-y(t'))^2}$。$\hat{t}$ 是与圆柱体轮廓相切的单位矢量，如图 5-7 所示。

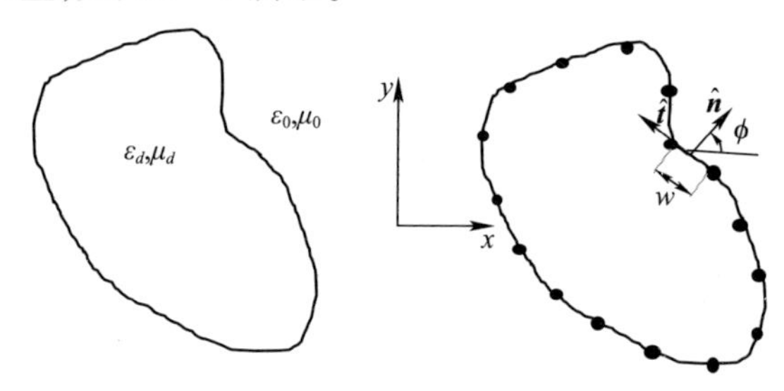


图 5-7　均匀介质圆柱表面的扁平条模型

$$
\begin{cases}
\hat{\boldsymbol{n}}(t) = \cos\phi(t)\hat{\boldsymbol{x}} + \sin\phi(t)\hat{\boldsymbol{y}} \\
\hat{\boldsymbol{t}}(t) = -\sin\phi(t)\hat{\boldsymbol{x}} + \cos\phi(t)\hat{\boldsymbol{y}}
\end{cases}
\tag{5-75}
$$

式(5-72)和式(5-73)应在 $S$ 外和 $S$ 内的无穷小距离进行计算。式(5-72)和式(5-73)可用圆柱体轮廓上 $N$ 个脉冲基函数的矩量法(MoM)求解,用未知量 $J_z, J_t, J_{mz}, J_{mt}$ 和狄拉克函数表示模型每个单元格中心强制执行的测试函数。结果是 4×4 块结构矩阵

$$
\begin{bmatrix}
A & B & 0 & C \\
D & E & 0 & F \\
0 & G & H & I \\
0 & J & K & L
\end{bmatrix}
\begin{bmatrix}
j_{z1} \\ \vdots \\ j_{zN} \\ j_{t1} \\ \vdots \\ j_{tN} \\ j_{mz1} \\ \vdots \\ j_{mzN} \\ j_{mt1} \\ \vdots \\ j_{mtN}
\end{bmatrix}
=
\begin{bmatrix}
E_z^{\text{inc}}(x_1, y_1) \\ \vdots \\ E_z^{\text{inc}}(x_N, y_N) \\ 0 \\ \vdots \\ 0 \\ H_z^{\text{inc}}(x_1, y_1) \\ \vdots \\ H_z^{\text{inc}}(x_N, y_N) \\ 0 \\ \vdots \\ 0
\end{bmatrix}
\tag{5-76}
$$

其中

$$
\begin{cases}
A_{mn} = \dfrac{k_t^2}{4\omega\varepsilon_0}\displaystyle\int_{\text{cell}n} H_0^{(2)}(k_t R_{mn})\,\mathrm{d}t' \\
B_{mn} = \dfrac{k_z k_t}{4\mathrm{j}\omega\varepsilon_0}\displaystyle\int_{\text{cell}n}\left(-\sin\phi_m \frac{x_m - x_n - x(t')}{R_{mn}} + \cos\phi_m \frac{y_m - y_n - y(t')}{R_{mn}}\right) \times H_1^{(2)}(k_t R_{mn})\,\mathrm{d}t' \\
C_{mn} = 1 + \dfrac{k_t}{4\mathrm{j}}\displaystyle\int_{\text{cell}n}\left(\cos\phi_m \frac{x_m - x_n - x(t')}{R_{mn}} + \sin\phi_m \frac{y_m - y_n - y(t')}{R_{mn}}\right) \times H_1^{(2)}(k_t R_{mn})\,\mathrm{d}t' \\
D_{mn} = \dfrac{k_{dt}^2}{4\omega\epsilon_d}\displaystyle\int_{\text{cell}n} H_0^{(2)}(k_{dt} R_{mn})\,\mathrm{d}t'
\end{cases}
$$

$$
\begin{cases}
E_{mn} = -\dfrac{k_z k_{dt}}{4\mathrm{j}\omega\varepsilon_d}\displaystyle\int_{\text{celln}}\left(-\sin\phi_m\dfrac{x_m - x_n - x(t')}{R_{mn}} + \cos\phi_m\dfrac{y_m - y_n - y(t')}{R_{mn}}\right)\times H_1^{(2)}(k_{dt}R_{mn})\mathrm{d}t' \\
F_{mn} = -1 + \dfrac{k_{dt}}{4\mathrm{j}}\displaystyle\int_{\text{celln}}\left(\cos\phi_m\dfrac{x_m - x_n - x(t')}{R_{mn}} + \sin\phi_m\dfrac{y_m - y_n - y(t')}{R_{mn}}\right)\times H_1^{(2)}(k_{dt}R_{mn})\mathrm{d}t' \\
G_{mn} = -1 - \dfrac{k_t}{4\mathrm{j}}\displaystyle\int_{\text{celln}}\left(\cos\phi_m\dfrac{x_m - x_n - x(t')}{R_{mn}} + \sin\phi_m\dfrac{y_m - y_n - y(t')}{R_{mn}}\right)\times H_1^{(2)}(k_tR_{mn})\mathrm{d}t' \\
H_{mn} = \dfrac{k_t^2}{4\omega\mu_0}\displaystyle\int_{\text{celln}}H_0^{(2)}(k_tR_{mn})\mathrm{d}t' \\
I_{mn} = \dfrac{k_z k_t}{4\mathrm{j}\omega\mu_0}\displaystyle\int_{\text{celln}}\left(-\sin\phi_m\dfrac{x_m - x_n - x(t')}{R_{mn}} + \cos\phi_m\dfrac{y_m - y_n - y(t')}{R_{mn}}\right)\times H_1^{(2)}(k_tR_{mn})\mathrm{d}t' \\
J_{mn} = 1 - \dfrac{k_{dt}}{4\mathrm{j}}\displaystyle\int_{\text{celln}}\left(\cos\phi_m\dfrac{x_m - x_n - x(t')}{R_{mn}} + \sin\phi_m\dfrac{y_m - y_n - y(t')}{R_{mn}}\right)\times H_1^{(2)}(k_{dt}R_{mn})\mathrm{d}t' \\
K_{mn} = \dfrac{k_{dt}^2}{4\omega\mu_d}\displaystyle\int_{\text{celln}}H_0^{(2)}(k_{dt}R_{mn})\mathrm{d}t' \\
L_{mn} = \dfrac{k_z k_{dt}}{4\mathrm{j}\omega\mu_d}\displaystyle\int_{\text{celln}}\left(-\sin\phi_m\dfrac{x_m - x_n - x(t')}{R_{mn}} + \cos\phi_m\dfrac{y_m - y_n - y(t')}{R_{mn}}\right)\times H_1^{(2)}(k_{dt}R_{mn})\mathrm{d}t'
\end{cases}
\tag{5-77}
$$

其中

$k_t = \sqrt{k_0^2 - k_z^2}$；$k_{dt} = \sqrt{k_0^2\varepsilon_d\mu_d - k_z^2}$；$R_{mn} = |\boldsymbol{r}_m - \boldsymbol{r}_n - \boldsymbol{r}'| = \sqrt{(x_m - x_n - x(t'))^2 + (y_m - y_n - y(t'))^2}$；$\phi_m$为模型中第 $n$ 条向外法矢量的极化角度，见图 5－7。

下一步评估圆柱的 IFR，这需要使用大量参数的汉克尔函数表达式来计算前向散射远场[13]。最大前向散射发生在入射波的传播方向上（$\theta = \pi - \theta_0$，$\phi = \phi_0$）。基于式（5－72）的 TM 情况下，$z$ 向散射电场为

$$
\begin{aligned}
E_z^s(x,y) = {} & \frac{k_z}{4\mathrm{j}\omega\varepsilon_0}\int_S \boldsymbol{J}_t(t')\cdot\nabla_t H_0^{(2)}(k_t|\boldsymbol{r} - \boldsymbol{r}'|)\mathrm{d}t' - \\
& \frac{k_t^2}{4\omega\varepsilon_0}\int_S J_z(t')H_0^{(2)}(k_t|\boldsymbol{r} - \boldsymbol{r}'|)\mathrm{d}t' + \cdots + \\
& \frac{1}{4\mathrm{j}}\hat{z}\cdot\int_S \boldsymbol{J}_{mt}(t')\times\nabla_t H_0^{(2)}(k_t|\boldsymbol{r} - \boldsymbol{r}'|)\mathrm{d}t'
\end{aligned}
\tag{5-78}
$$

使用汉克尔函数表达式(5－60)对等式中的大量参数计算远场近似的散射场,式(5－78)中给出了($\theta=\pi-\theta,\phi=\phi_0$)的相位

$$E_z^s\Big|_{\substack{r\to\infty\\ \theta=\pi-\theta_0\\ \phi=\phi_0}}\cong\frac{1}{4\mathrm{j}}\sqrt{\frac{2\mathrm{j}}{\pi k_t r}}\mathrm{e}^{-\mathrm{j}k_t' r}\times$$

$$\left[\begin{array}{l}\dfrac{k_t^2}{\mathrm{j}\omega\varepsilon_0}\displaystyle\int_S J_z(t')\,\mathrm{e}^{\mathrm{j}k_0 r'\sin\theta_0\cos(\phi_0-\phi')}\mathrm{d}t'+\cdots+\\ \dfrac{k_z k_t}{\mathrm{j}\omega\varepsilon_0}\sin\theta_0\displaystyle\int_S J_t(t')\cos(\phi_0-\phi')\,\mathrm{e}^{\mathrm{j}k_0 r'\sin\theta_0\cos(\phi_0-\phi')t_0}\mathrm{d}t'+\cdots+\\ \mathrm{j}k_t\sin\theta_0\displaystyle\int_S J_{mt}(t')\sin(\phi_0-\phi')\,\mathrm{e}^{\mathrm{j}k_0 r'\sin\theta_0\cos(\phi_0-\phi')}\mathrm{d}t'\end{array}\right]\quad(5-79)$$

推导 $\theta=\pi-\theta_0$ 方向上最大辐射电场,$\phi=\pi/2$ 为一个宽度为 $w$ 的无限长孔径,见式(5－63),取式(5－79)和式(5－63)的比值,得出均匀介质圆柱的 $\mathrm{IFR}_e$

$$\mathrm{IFR}_e\cong\frac{\eta_0}{2E_0 w}\left[\int_S\left(J_z(t')+J_t\cos\theta_0\cos(\phi_0-\phi')-\frac{1}{\eta_0}J_{mt}(t')\sin(\phi_0-\phi')\right)\times\mathrm{e}^{\mathrm{j}k_0 r'\sin\theta_0\cos(\phi_0-\phi')}\mathrm{d}t'\right]\quad(5-80)$$

在 TE 情况下,前向散射磁场

$$H_z^s\Big|_{\substack{r\to\infty\\ \theta=\pi-\theta_0\\ \phi=\pi/2}}\cong\frac{1}{4\mathrm{j}}\sqrt{\frac{2\mathrm{j}}{\pi k_t r}}\mathrm{e}^{-\mathrm{j}k_t' r}\times$$

$$\left[\begin{array}{l}\dfrac{k_t^2}{\mathrm{j}\omega\mu_0}\displaystyle\int_S J_{mz}(t')\,\mathrm{e}^{\mathrm{j}k_0 r'\sin\theta_0\cos(\phi_0-\phi')}\mathrm{d}t'+\\ \dfrac{k_z k_t}{\mathrm{j}\omega\mu_0}\sin\theta_0\displaystyle\int_S J_{mt}(t')\cos(\phi_0-\phi')\,\mathrm{e}^{\mathrm{j}k_0 r'\sin\theta_0\cos(\phi_0-\phi')}\mathrm{d}t'-\cdots-\\ \mathrm{j}k_t\sin\theta_0\displaystyle\int_S J_t(t')\sin(\phi_0-\phi')\,\mathrm{e}^{\mathrm{j}k_0 r'\sin\theta_0\cos(\phi_0-\phi')}\mathrm{d}t'\end{array}\right]\quad(5-81)$$

$\mathrm{IFR}_h$ 可表示为

$$\mathrm{IFR}_h\cong\frac{1}{2H_0 w}\left[\int_S\left(\frac{1}{\eta_0}J_{mz}(t')+\frac{1}{\eta_0}J_{mt}\cos\theta_0\cos(\phi_0-\phi')+J_t(t')\sin(\phi_0-\phi')\right)\times\mathrm{e}^{\mathrm{j}k_0 r'\sin\theta_0\cos(\phi_0-\phi')}\mathrm{d}t'\right]\quad(5-82)$$

图5－8给出了半径 $a=24\mathrm{mm}$ 的圆形介质圆柱在垂直入射下 TM 极化随频率的后向散射 RCS 曲线。该圆柱是一个有损耗的电介质,其介电常数 $\varepsilon_r=4$,电导率 $\sigma=0$(实线)、0.017S/m(点线)、0.05S/m(点画线)。

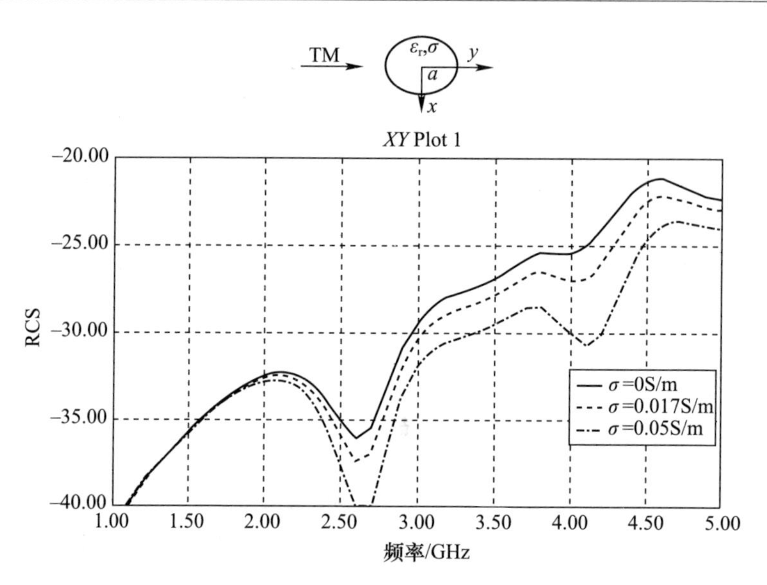


图 5－8　半径 $a=24\text{mm}$ 的圆形介质圆柱在垂直入射下 TM 极化随频率的后向散射 RCS 曲线。所有模型均使用 HFSS

可见,圆柱体电导率的增加减少了后向散射。

图 5－9 给出了无损耗椭圆圆柱体的 RCS($\varepsilon_r=2$),其椭圆截面长轴半径 $a=38\text{mm}$,短半径轴 $b=19\text{mm}$,由垂直入射的 TM 极化波入射,入射角度相对于 $x$ 轴夹角 $\phi_{inc}60°$。

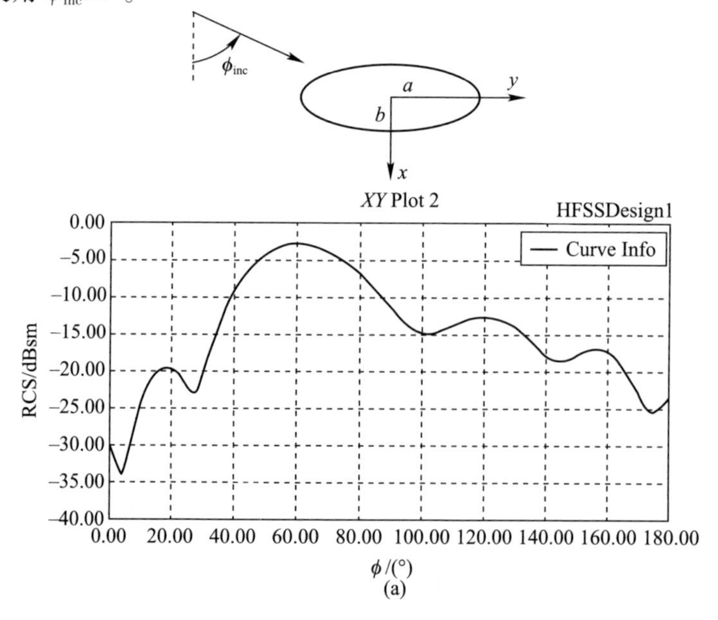

(a)

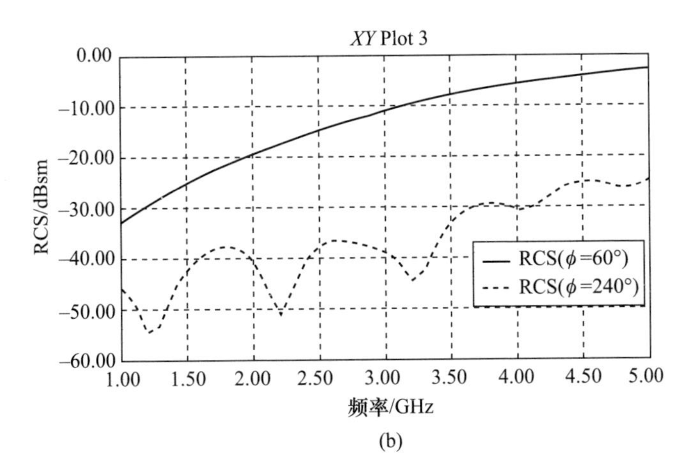

(b)

图5-9　无损耗椭圆圆柱体的RCS随频率变化的函数

(a)5GHz下的散射图案；(b)前向($\phi=60°$,实线)和后向($\phi=240°$,点线)RCS随频率变化的函数。所有模型均使用HFSS。

在1～5GHz范围内,可以观察到前向散射和后向散射随频率的变化。在5GHz的散射图中,可以观察到峰值为$\phi=60°$,以及在镜面反射方向上$\phi=120°$的副瓣。图5-10给出了SIE数值解(具有$N=20$个等高线分段的MoM)与具有不同参数($\varepsilon_r=1,\mu_r=10,k_0a=0.7$)($\varepsilon_r=9,\mu_r=5,k_0a=0.7$),以及($\varepsilon_r=9,\mu_r=1,k_0a=2$)的三种圆柱TE极化下的双站RCS精确解的比较。

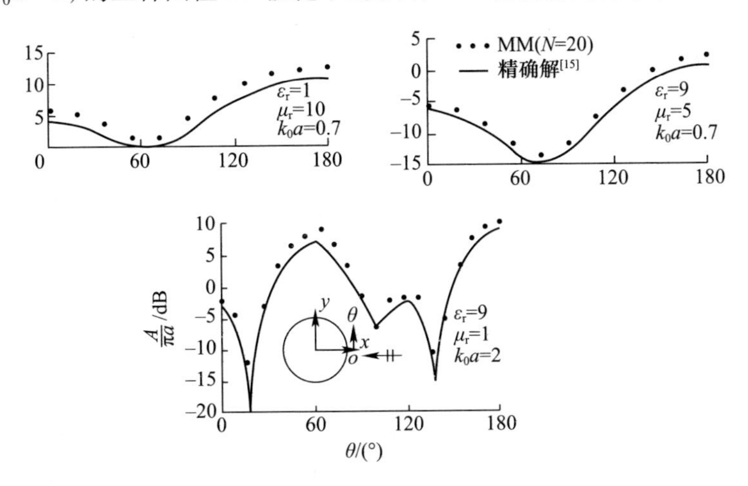


图5-10　垂直入射TE极化波入射下三个可穿透圆柱的SIE和精确解之间的双站RCS对比[14]

数值解与精确解的一致性良好,但略低于TM极化的一致性,见图5-8。

## 5.3 导电介质梁的散射——表面积分方法

导电梁可以使用表面积分方程来推导,表面积分方程适用于梁表面上的完美导电体(PEC),边界条件满足 $\hat{\boldsymbol{n}}\times\boldsymbol{E}=0$[16]。因此,对于图 5-3 所示 TM 极化的斜入射,只考虑由 $z$ 向感应电流产生的 $z$ 向散射电场和基于式(5-72)的 EFIE。在这种情况下,不会产生横向电流和磁场。

$$E_z^{\text{inc}}=\frac{(k_0^2-k_z^2)}{\text{j}\omega\varepsilon_0}A_z=\frac{(k_0^2-k_z^2)}{\text{j}\omega\varepsilon_0}\frac{1}{4\text{j}}\int_S J_z(t')H_0^{(2)}\left(\sqrt{k_0^2-k_z^2}\,|\boldsymbol{r}-\boldsymbol{r}'|\right)\text{d}t' \tag{5-83}$$

同样,基于式(5-71),可以推导计算 MFIE。利用边界条件 $\hat{\boldsymbol{n}}\times(\boldsymbol{H}^{\text{inc}}+\boldsymbol{H}^{s})=\boldsymbol{J}\rightarrow\boldsymbol{H}_t^{\text{inc}}+\boldsymbol{H}_t^{s}=J_z$,可得

$$\begin{aligned}H_t^{\text{inc}}&=J_z-\hat{\boldsymbol{t}}\cdot\nabla\times\int_S\hat{\boldsymbol{z}}_z(t')\frac{1}{4\text{j}}H_0^{(2)}\left(\sqrt{k_0^2-k_z^2}\,|\boldsymbol{r}-\boldsymbol{r}'|\right)\text{d}t'\\&=J_z+\hat{\boldsymbol{n}}\cdot\nabla\int_S J_z(t')\frac{1}{4\text{j}}H_0^{(2)}\left(\sqrt{k_0^2-k_z^2}\,|\boldsymbol{r}-\boldsymbol{r}'|\right)\text{d}t'\end{aligned} \tag{5-84}$$

由于内腔共振,积分方程(5-83)和式(5-84)的数值解出现奇点,这些内腔共振是积分方程齐次解的结果,这导致对应频率下的解不准确。问题根源在于,表面积分方程只涉及散射体表面上的数据,无法区分“内部”和“外部”以获取外部解。根据 EFIE 和 MFIE 的内部共振不同,可以将这些积分方程组合到组合场积分方程(CFIE)中,将内部共振的影响最小化[5]:

$$\begin{aligned}&\alpha E_z^{\text{inc}}+(1-\alpha)\eta_0H_t^{\text{inc}}=(1-\alpha)\eta_0J_z+\text{j}\alpha\eta_0\frac{(k_0^2-k_z^2)}{k_0}\times\\&\int_S J_z(t')\frac{1}{4\text{j}}H_0^{(2)}\left(\sqrt{k_0^2-k_z^2}\,|\boldsymbol{r}-\boldsymbol{r}'|\right)\text{d}t'+\\&(1-\alpha)\eta_0\hat{\boldsymbol{n}}\cdot\nabla\int_S J_z(t')\frac{1}{4\text{j}}H_0^{(2)}\left(\sqrt{k_0^2-k_z^2}\,|\boldsymbol{r}-\boldsymbol{r}'|\right)\text{d}t'\end{aligned} \tag{5-85}$$

在式(5-85)中,使用比例因子 $\alpha$ 和 $(1-\alpha)\eta_0$ 将式(5-83)和式(5-84)进行线性组合,使其有相同的单位,其中 $\alpha$ 介于 0 到 1,$\eta_0$ 是介质的特性阻抗。如果 $k_t=\sqrt{k_0^2-k_z^2}=k_0\sin\theta_0$ 是纯虚数且 $k_z>k$,CFIE 保持有效。$k_z>k$ 时没有内部共振频率,因此在整个频谱的不可见区域内,使用传统的 EFIE 和 MFIE 是更有效的。可以对式(5-85)使用点匹配矩量法进行数值求解。

TM 极化电磁波入射情况下 $E_z^{\text{inc}}=E_0\sin\theta_0\mathrm{e}^{-\mathrm{j}k_t(x\cos\phi_0+y\sin\phi_0)}\mathrm{e}^{\mathrm{j}k_zz}$ 和 $H_t^{\text{inc}}=-\dfrac{E_0}{\eta_0}\cos(\phi_0-\phi)\mathrm{e}^{-\mathrm{j}k_t(x\cos\phi_0+y\sin\phi_0)}\mathrm{e}^{\mathrm{j}k_zz}$。可以使用 $N$ 个脉冲基函数和 $N$ 个狄拉克测试函数生成矩阵方程

$$\begin{bmatrix} C_{11} & C_{12} & \cdots & C_{1N} \\ C_{21} & C_{22} & \cdots & C_{2N} \\ \vdots & \vdots & & \vdots \\ C_{N1} & \cdots & \cdots & C_{NN} \end{bmatrix}\begin{bmatrix} j_1 \\ j_2 \\ \vdots \\ j_N \end{bmatrix}=\begin{bmatrix} e_1 \\ e_2 \\ \vdots \\ e_N \end{bmatrix} \tag{5-86}$$

式中：$j_1,j_2,\cdots,j_N$ 为 $z$ 向电流；$e_1,e_2,\cdots,e_N$ 为梁轮廓上的 $z$ 向入射场。根据图5-7中的约束、式(5-75)中 $\hat{\boldsymbol{n}}$ 和 $\hat{\boldsymbol{t}}$ 的定义以及式(5-77)中对 $R_{mn}\to 0$ 的近似，可计算式(5-86)中的对角线和非对角线数据：

$$\begin{aligned} C_{mm} &= (1-\alpha)\eta_0+\alpha\eta_0\frac{k_t^2}{4k_0}\int_{\text{cell}m}H_0^{(2)}(k_tR_{mm})\mathrm{d}t'-\frac{(1-\alpha)\eta_0}{2} \\ &= \frac{(1-\alpha)\eta_0}{2}+\alpha\eta_0\frac{k_t^2}{4k_0}\int_{\text{cell}m}H_0^{(2)}(k_tR_{mm})\mathrm{d}t' \end{aligned} \tag{5-87}$$

和

$$\begin{aligned} C_{mn} = {} & \alpha\eta_0\frac{k_t^2}{4k_0}\int_{\text{cell}n}H_0^{(2)}(k_tR_{mn})\mathrm{d}t'+\frac{\mathrm{j}(1-\alpha)\eta_0k_t}{4}\times \\ & \int_{\text{cell}n}\left(\cos\phi_m\frac{x_m-x_n-x(t')}{R_{mn}}+\sin\phi_m\frac{y_m-y_n-y(t')}{R_{mn}}\right)\times \\ & H_1^{(2)}(k_tR_{mn})\mathrm{d}t' \end{aligned} \tag{5-88}$$

其中，$R_{mn}=|\boldsymbol{r}_m-\boldsymbol{r}_n-\boldsymbol{r}'|=\sqrt{(x_m-x_n-x(t'))^2+(y_m-y_n-y(t'))^2}$，列矢量中的数据为

$$e_m=E_0[\alpha\sin\theta_0-(1-\alpha)\cos(\phi_0-\phi_m)]\mathrm{e}^{-\mathrm{j}k_t(x_m\cos\phi_0+y_m\sin\phi_0)} \tag{5-89}$$

式(5-87)的矩阵求逆使梁轮廓上出现 $z$ 向电流，基于式(5-80)的电流能够计算 $\text{IFR}_e$，这种情况下只有 $z$ 向电流被激发。

$$\text{IFR}_e\cong\frac{\eta_0}{2E_0w}\left[\int_SJ_z(t')\mathrm{e}^{\mathrm{j}k_0r'\sin\theta_0\cos(\phi_0-\phi')}\mathrm{d}t'\right] \tag{5-90}$$

式中：$w$ 为导电梁在入射波平面上的光学投影宽度，$J_z$ 在图5-3中定义为最大前向散射方向（$\theta=\pi-\theta_0,\phi=\phi_0$）。

以上推导也适用于 TE 极化的情况，对于 TE 极化入射场 $H_z^{\text{inc}}=$

$H_0\sin\theta_0 e^{-jk_t(x\cos\phi_0+y\sin\phi_0)}e^{jk_z z}$，$E_t^{\text{inc}}=H_0\eta_0\cos(\phi_0-\phi)e^{-jk_t(x\cos\phi_0+y\sin\phi_0)}e^{jk_z z}$。在这种情况下，只存在激励电流 $J$ 的 $\hat{\boldsymbol{t}}$ 分量。梁表面的边界条件为 $\hat{\boldsymbol{n}}\times(\boldsymbol{E}^{\text{inc}}+\boldsymbol{E}^s)=0\rightarrow\hat{\boldsymbol{t}}\cdot(\boldsymbol{E}^{\text{inc}}+\boldsymbol{E}^s)=0\rightarrow E_t^{\text{inc}}=-\hat{\boldsymbol{t}}\cdot\boldsymbol{E}^s$，用式(5-27)代替 $\boldsymbol{E}^s$，用式(5-35)代替 $\boldsymbol{A}$ 得到 EFIE，则

$$\begin{aligned}E_t^{\text{inc}}&=\hat{\boldsymbol{t}}\cdot\left(j\omega\mu_0\boldsymbol{A}-\frac{\nabla(\nabla\cdot\boldsymbol{A})}{j\omega\varepsilon_0}\right)\\&=-\frac{\eta_0}{jk_0}\hat{\boldsymbol{t}}\cdot(\nabla_t\nabla_t\cdot+k_t^2)\int_S\hat{\boldsymbol{t}}(t')J_t(t')\frac{1}{4j}H_0^{(2)}(k_t|\boldsymbol{r}-\boldsymbol{r}'|)\mathrm{d}t'\end{aligned}\tag{5-91}$$

MFIE 基于边界条件 $\hat{\boldsymbol{n}}\times(\boldsymbol{H}^{\text{inc}}+\boldsymbol{H}^s)=\boldsymbol{J}\rightarrow H_z^{\text{inc}}+H_z^s=-J_t$，利用式(5-35)可以简化为

$$\begin{aligned}H_z^{\text{inc}}&=-J_t-\hat{\boldsymbol{z}}\cdot\nabla\times\int_S\hat{\boldsymbol{t}}(t')J_t(t')\frac{1}{4j}H_0^{(2)}(k_t|\boldsymbol{r}-\boldsymbol{r}'|)\mathrm{d}t'\\&=-J_t-\frac{1}{4j}\int_S J_t(t')\hat{\boldsymbol{n}}(t')\cdot\nabla H_0^{(2)}(k_t|\boldsymbol{r}-\boldsymbol{r}'|)\mathrm{d}t'\end{aligned}\tag{5-92}$$

为了避免 EFIE 和 MFIE 中激发内部共振，将两个积分方程线性组合到 TE 极化情况下的 CFIE 中

$$\begin{aligned}&\alpha E_t^{\text{inc}}-(1-\alpha)\eta_0H_z^{\text{inc}}=(1-\alpha)\eta_0J_t+(1-\alpha)\eta_0\times\\&\int_S J_t(t')\hat{\boldsymbol{n}}(t')\cdot\nabla\frac{1}{4j}H_0^{(2)}(k_t|\boldsymbol{r}-\boldsymbol{r}'|)\mathrm{d}t'+j\alpha\frac{\eta_0}{k_0}\hat{\boldsymbol{t}}\cdot(\nabla_t\nabla_t\cdot+k_t^2)\times\\&\int_S\hat{\boldsymbol{t}}(t')J_t(t')\frac{1}{4j}H_0^{(2)}(k_t|\boldsymbol{r}-\boldsymbol{r}'|)\mathrm{d}t'\end{aligned}\tag{5-93}$$

在式(5-93)中，使用比例因子 $\alpha$ 和 $(1-\alpha)\eta_0$ 使其具有相同的单元，其中 $\alpha$ 是介于 0 到 1 的实数，$\eta_0$ 是主介质的特性阻抗。式(5-93)可使用具有 $N$ 个脉冲基函数和 $N$ 个狄拉克测试函数的矩量法进行数值求解，获得矩阵方程

$$\begin{bmatrix}C_{11}&C_{12}&\cdots&C_{1N}\\C_{21}&C_{22}&\cdots&C_{2N}\\\vdots&\vdots&&\vdots\\C_{N1}&\cdots&\cdots&C_{NN}\end{bmatrix}\begin{bmatrix}j_{t1}\\j_{n2}\\\vdots\\j_{LN}\end{bmatrix}=\begin{bmatrix}e_1\\e_2\\\vdots\\e_N\end{bmatrix}\tag{5-94}$$

式中：$j_{t1},j_{t2},\cdots,j_{tN}$ 为梁轮廓上的切向电流；$e_1,e_2,\cdots,e_N$ 为梁轮廓上的切向入射场。使用图 5-7 的约束条件、式(5-75)中 $\hat{\boldsymbol{n}}$ 和 $\hat{\boldsymbol{t}}$ 的定义以及等式(5-77)中对

$R_{mn}\to 0$的近似,可以计算式(5-94)中的对角线和非对角线数据:

$$
\begin{aligned}
C_{mm} &= \frac{(1-\alpha)}{2} + \mathrm{j}\alpha\frac{1}{k_0}\hat{\boldsymbol{t}}\cdot(\nabla_t\nabla_t\cdot + k_t^2)\int_{\mathrm{cell}m}\hat{\boldsymbol{t}}(t')\frac{1}{4\mathrm{j}}H_0^{(2)}(k_tR_{mm})\mathrm{d}t' \\
&= \frac{(1-\alpha)}{2} + \alpha\frac{1}{4k_0}\int_{\mathrm{cell}m}\left[\frac{\partial^2 H_0^{(2)}(k_tR_{mm})}{\partial t^2} + k_t^2H_0^{(2)}(k_tR_{mm})\right]\mathrm{d}t' \\
&= \frac{(1-\alpha)}{2} + \mathrm{j}\alpha\frac{1}{4k_0}\int_{\mathrm{cell}m}\times \\
&\left\{\begin{aligned}&\frac{[x(t')]^2}{R_{mm}^3}k_tH_1^{(2)}(k_tR_{mm}) + \cdots + \\ &\frac{[y(t')]^2}{R_{mn}^2}[k_t^2H_0^{(2)}(k_tR_{mm}) - k_tH_1^{(2)}(k_tR_{mm})] + k_t^2H_0^{(2)}(k_tR_{mm})\end{aligned}\right\}\mathrm{d}t'
\end{aligned}
\tag{5-95}
$$

$$
\begin{aligned}
C_{mn} &= \frac{\mathrm{j}(1-\alpha)k_t}{4}\int_{\mathrm{cell}n}\left(\cos\phi_m\frac{x_m - x_n - x(t')}{R_{mn}} + \sin\phi_m\frac{y_m - y_n - y(t')}{R_{mn}}\right)\times \\
&H_1^{(2)}(k_tR_{mn})\mathrm{d}t' + \\
&\mathrm{j}\alpha\frac{1}{k_0}t\cdot(\nabla_t\nabla_t\cdot + k_t^2)\int_{\mathrm{cell}n}\hat{\boldsymbol{t}}(t')\frac{1}{4\mathrm{j}}H_0^{(2)}(k_tR_{mn})\mathrm{d}t' \\
&= \frac{\mathrm{j}(1-\alpha)k_t}{4}\int_{\mathrm{cell}n}\left(\cos\phi_m\frac{x_m - x_n - x(t')}{R_{mn}} + \sin\phi_m\frac{y_m - y_n - y(t')}{R_{mn}}\right)\times \\
&H_1^{(2)}(k_tR_{mn})\mathrm{d}t' + \cdots + \mathrm{j}\alpha\frac{1}{4k_0}\times \\
&\int_{\mathrm{cell}n}\left\{\begin{aligned}&\frac{[(x_m - x_n - x(t'))\cos\phi_m + (y_m - y_n - y(t'))\sin\phi_m]^2}{R_{mn}^3} \\ &k_tH_1^{(2)}(k_tR_{mn}) + \cdots + \\ &\frac{[(x_m - x_n - x(t'))\sin\phi_m - (y_m - y_n - y(t'))\cos\phi_m]^2}{R_{mn}^2} \\ &[k_t^2H_0^{(2)}(k_tR_{mn}) - k_tH_1^{(2)}(k_tR_{mn})] + \cdots + k_t^2H_0^{(2)}(k_tR_{mn})\end{aligned}\right\}\mathrm{d}t'
\end{aligned}
\tag{5-96}
$$

其中,$R_{mn} = |\boldsymbol{r}_m - \boldsymbol{r}_n - \boldsymbol{r}'| = \sqrt{(x_m - x_n - x(t'))^2 + (y_m - y_n - y(t'))^2}$,列矢量中的数据为

$$
e_m = H_0[\alpha\cos(\phi_0 - \phi_m) - (1-\alpha)\sin\theta_0]\mathrm{e}^{-\mathrm{j}k_t(x_m\cos\phi_0 + y_m\sin\phi_0)} \tag{5-97}
$$

式(5 -94)的矩阵求逆导致梁轮廓上的切向电流在梁轮廓上。根据电流特性,可以根据式(5 -82)计算最大前向散射方向即与轴线重合($\theta=\pi-\theta_0$, $\phi=\phi_0$)方向的 $\mathrm{IFR}_h$。在这种情况下,只有横向电流被激发。

$$\mathrm{IFR}_h \cong \frac{1}{2H_0 w}\int_S J_t(t')\sin(\phi_0-\phi')\mathrm{e}^{\mathrm{j}kr'\sin\theta_0\cos(\phi_0-\phi')}\mathrm{d}t' \tag{5-98}$$

式中:$w$ 为导电梁在入射波平面上的光学投影宽度,$J_t$ 在图 5 -3 中定义。

图 5 -11 给出了 EFIE、CFIE 的数值解与半径为 $0.82\lambda_0$ 的圆形 PEC 圆柱体上 TM 电流密度的精确解的比较[5]。

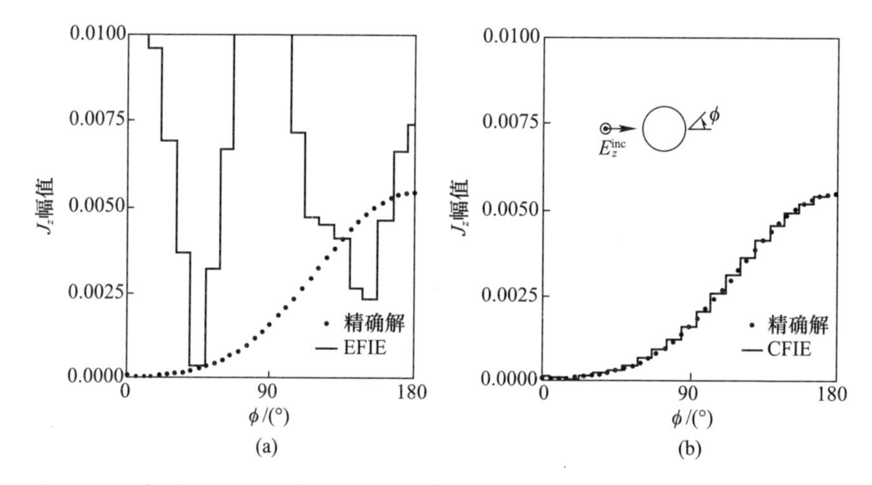


图 5 -11 半径为 $0.82\lambda_0$ 的圆形 PEC 圆柱体上 TM 电流密度的 EFIE、CFIE 和精确解的比较。使用 40 个大小相同的单元获得数值结果

(a)EFIE 和精确的电流分布结果;(b)CFIE 和精确电流分布结果[5]。

与精确解相比,由于内部奇点影响,EFIE 计算的电流分布存在失真。这与使用 CFIE 得到的数值解形成对比,CFIE 的数值解与精确解存在很好的一致性。图 5 -12 显示了半径为 $a=0.82\lambda_0$ 的圆形 PEC 圆柱在 TM 极化下双站 RCS 曲线的 EFIE、CFIE 和精确解的比较[5]。可见数值解(EFIE 和 CFIE)和精确解都有很好的一致性。这一结果表明,内部奇点影响散射体及其近场上的电流分布,但对散射远场几乎没有影响。可以解释为内部奇点影响梁的反应散射场,而对决定散射远场的真实散射场几乎没有影响。

可使用圆柱波函数推导圆形 PEC 圆柱归一化散射远场的精确解($r\to\infty$)[15]。

$$\left|\frac{E_z^s}{E_z^i}\right| = \sqrt{\frac{2}{\pi k_0 r}}\left|\sum_{n=-\infty}^{\infty}\frac{J_n(k_0 a)}{H_n^{(2)}(k_0 a)}\mathrm{e}^{\mathrm{j}n\phi}\right| \tag{5-99}$$

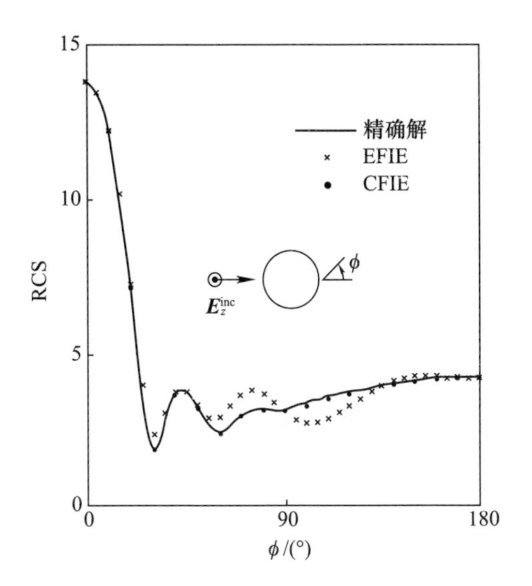


图 5－12　半径为 $0.82\lambda_0$ 的圆形 PEC 圆柱在 TM 极化下双站雷达 RCS 的 EFIE、CFIE 和精确解的比较[5]

其相应的 $\mathrm{IFR}_e$ 为

$$\mathrm{IFR}_e = -\frac{1}{k_0 a\cos\theta_0}\sum_{n=-\infty}^{\infty} J_n(k_0 a\cos\theta_0)/H_n^{(2)}(k_0 a\cos\theta_0) \qquad (5-100)$$

式中：$J_n$ 和 $H_n^{(2)}$ 为贝塞尔函数和汉克尔函数；$\theta_0$ 为入射波前和圆柱轴之间的倾斜角。

使用圆柱波函数对 TE 极化情况进行推导

$$\left|\frac{H_z^s}{H_z^i}\right| = \sqrt{\frac{2}{\pi k_0 r}}\left|\sum_{n=-\infty}^{\infty}\frac{J_n'(k_0 a)}{H_n^{(2)'}(k_0 a)}\mathrm{e}^{\mathrm{j}n\phi}\right| \qquad (5-101)$$

$$\mathrm{IFR}_h = -\frac{1}{k_0 a\cos\theta_0}\sum_{n=-\infty}^{\infty} J_n'(k_0 a\cos\theta_0)/H_n^{(2)'}(k_0 a\cos\theta_0) \qquad (5-102)$$

一般地，$\mathrm{IFR}_e$ 的幅值大于 $\mathrm{IFR}_h$，并且与 HP 的负相角相比，其具有正相角。随着半径增加，两个 IFR 的值都接近 $-1.0+\mathrm{j}0.0$。$\mathrm{IFR}_h$ 从下方接近该极限，$\mathrm{IFR}_e$ 从上方接近该极限。

图 5－13 是另一个例子，描述了 TM 极化下饼状 PEC 圆柱体上的内部共振对感应电流分布的影响。类似于圆形 PEC 圆柱体，通过使用 CFIE 公式计算电流分布，可以完全解决这个问题。在图 5－13 中，将数值解与使用物理光学近似计算的感应电流进行比较，该近似仅在表面上有差别。

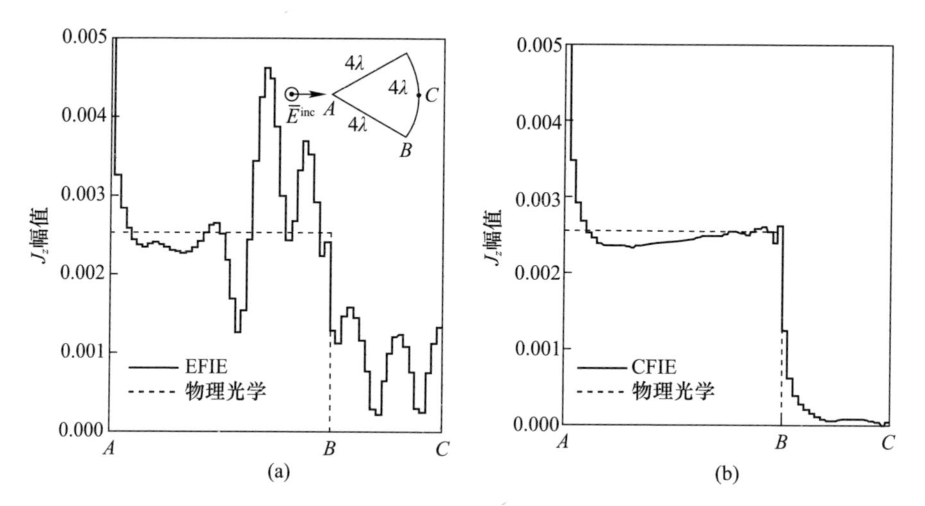


图 5－13　饼状 PEC 圆柱上 TM 电流密度的 EFIE、CFIE 和物理光学计算的比较

(a)EFIE 和物理光学分布结果；(b)CFIE 和物理光学分布结果[5]。

## 5.4 可调介质梁的散射——表面积分方法

均匀梁构成的空间框架天线罩设计的主要目标是减少前向散射。如图 5－14所示,可通过在 $z$ 方向插入周期性垂直和水平导电条来实现该目标。因此,条带可以排列成单元,研究单个参考单元内的电磁场。导电条中的电流抵消了均匀介电束中感应的极化电流的影响,并且在有限的频带下降低梁的前向散射。

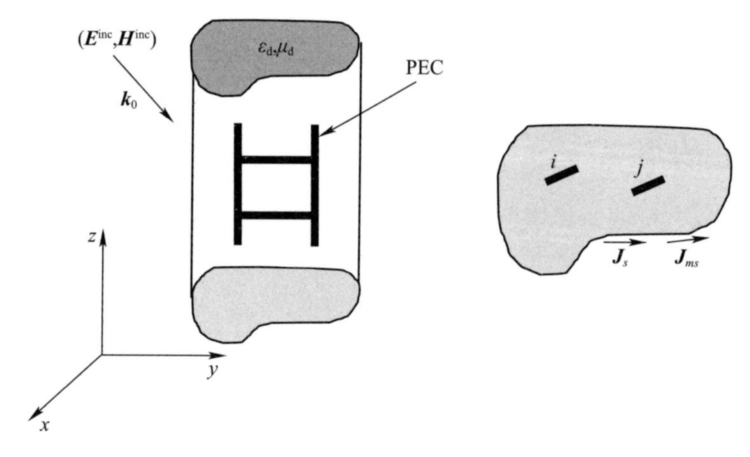


图 5－14　加载周期性垂直和水平线的调谐梁几何结构

这些调谐梁的散射分析可以通过将沿所述梁的方向的切向电场等于零来表示问题的 EFIE。条带位置的总电场的评估分两步完成：在第一步中，如 5.2 节所述，使用无加载均匀梁的耦合曲面积分方程，等效表面电流 $\boldsymbol{J}_s$ 和表面磁流 $\boldsymbol{J}_{ms}$，见图 5-6。对 TM 极化，使用式(5-72)；对 TE 极化，使用式(5-73)，通过 MoM 进行评估。在第二步中，构造了基于参数的 EFIE 未知的感应电流，使导电条总电场为零。条形位置处的总电场等于空载均匀梁的表面等效源辐射的电场及垂直和水平导电条散射的电场。导电条的散射场由垂直于 $z$ 向周期阵列的垂直和水平电流元 $\boldsymbol{J}$ 表示，见图 5-14。

一般地，假定水平线是以中心坐标$(x_r,y_r,z_r)$为 $y$ 向，垂直线以中心坐标$(x_q,y_q,z_q)$为 $z$ 向。单元中垂直条带的长度为 $L_v$，水平条带的长度为 $L_h$，条带宽度为 $w$。水平条带附近的电流奇点假设与垂直条上的横向电流分布相同，为 $\dfrac{1}{\sqrt{1-\left(\dfrac{2(y-y_q)}{w}\right)^2}}$和$\dfrac{1}{\sqrt{1-\left(\dfrac{2(z-z_r)}{w}\right)^2}}$。因此，梁的导电条上的 $z$ 周期电流可以用傅里叶级数表示为

$$
\begin{aligned}
\boldsymbol{J} &= \sum_{n=-\infty}^{+\infty} J_n(x,y,z) \\
&= \sum_{n=-\infty}^{+\infty} \left[\hat{\boldsymbol{y}}\sum_{r=1}^{R} f_n(x_r,y-y_r,z-z_r)\mathrm{e}^{\mathrm{j}k_{zn}z} + \hat{\boldsymbol{z}}\sum_{q=1}^{Q} g_n(x_q,y-y_q,z-z_q)\mathrm{e}^{\mathrm{j}k_{zn}z}\right]
\end{aligned}
\tag{5-103}
$$

这里，$k_{zn}=k_d\cos\theta+\dfrac{2\pi}{\Delta_z}n$ 表示 Floquet 谐波[17]指数，$\Delta_z$ 为 $z$ 方向上的单元长度，$k_d=k_0\sqrt{\mu_r\varepsilon_r}$，水平条的中心位置为$(x_r,y_r,z_r)$，$r=1,2,\cdots,R$，$R$ 为单元中水平方向条带的总个数。垂直条的中心位置为$(x_q,y_q,z_q)$，$q=1,2,\cdots,Q$，$Q$ 为单元中垂直条的总个数。电流分布下的散射电场可以表示为

$$
\boldsymbol{E}(\boldsymbol{J})=\frac{\eta_d}{\mathrm{j}k_d}\left[\nabla(\nabla\cdot\boldsymbol{A}^{(d)})+k_d^2\boldsymbol{A}^{(d)}\right] \tag{5-104}
$$

其中，$\eta_d=\eta_0\sqrt{\dfrac{u_r}{\varepsilon_r}}$，$\boldsymbol{A}^{(d)}=\dfrac{1}{4\mathrm{j}\Delta_z}\sum\limits_{n=-\infty}^{\infty}\int_v \boldsymbol{J}_n(x',y',z')H_0^{(2)}(k_{tn}|\boldsymbol{r}-\boldsymbol{r}'|)\mathrm{e}^{\mathrm{j}k_{zn}(z-z')}\mathrm{d}v'$，$|\boldsymbol{r}-\boldsymbol{r}'|=\sqrt{(x-x')^2+(y-y')^2}$，$k_{tn}=\sqrt{k_d^2-k_{zn}^2}$。

通过使总电场的切向分量沿导电带为零来确定问题的 EFIE。沿条带的位置用 $r_c$ 表示。

$$\boldsymbol{n}\times\left\{\boldsymbol{E}(J)+\frac{\eta_d}{\mathrm{j}k_d}[\nabla(\nabla\cdot\boldsymbol{A}_s^{(d)})+k_d^2\boldsymbol{A}_s^{(d)}]-\nabla\times\boldsymbol{F}_s^{(d)}\right\}\Bigg|_{r_c}=0 \quad (5-105)$$

其中

$$\begin{cases}A_{sz}^{(d)}=\dfrac{1}{4\mathrm{j}\Delta}\displaystyle\sum_{zn=-\infty}^{\infty}\int_S J_{sz,n}(t_s)H_0^{(2)}(k_{tn}|\boldsymbol{r}-\boldsymbol{r}_s|)\mathrm{e}^{\mathrm{j}k_{zn}(z-z')}\mathrm{d}t_s\mathrm{d}z' \\ \boldsymbol{A}_{st}^{(d)}=\dfrac{1}{4\mathrm{j}\Delta}\displaystyle\sum_{zn=-\infty}^{\infty}\int_S \hat{\boldsymbol{t}}(t_s)J_{st,n}(t')H_0^{(2)}(k_{tn}|\boldsymbol{r}-\boldsymbol{r}_s|)\mathrm{e}^{\mathrm{j}k_{zn}(z-z')}\mathrm{d}t_s\mathrm{d}z' \\ F_{sz}^{(d)}=\dfrac{1}{4\mathrm{j}\Delta}\displaystyle\sum_{zn=-\infty}^{\infty}\int_S J_{msz,n}(t_s)H_0^{(2)}(k_{tn}|\boldsymbol{r}-\boldsymbol{r}_s|)\mathrm{e}^{\mathrm{j}k_{zn}(z-z')}\mathrm{d}t_s\mathrm{d}z' \\ \boldsymbol{F}_{st}^{(d)}=\dfrac{1}{4\mathrm{j}\Delta}\displaystyle\sum_{zn=-\infty}^{\infty}\int_S \hat{\boldsymbol{t}}(t_s)J_{mst,n}(t')H_0^{(2)}(k_{tn}|\boldsymbol{r}-\boldsymbol{r}_s|)\mathrm{e}^{\mathrm{j}k_{zn}(z-z')}\mathrm{d}t_s\mathrm{d}z'\end{cases} \quad (5-106)$$

式中:$\boldsymbol{r}_s$ 为梁轮廓上的点。在 5.2 节中,电流 $\boldsymbol{J}_{s,n}$和磁电流 $\boldsymbol{J}_{ms,n}$是预算的电流 $\boldsymbol{J}_s$ 和磁流 $\boldsymbol{J}_{ms}$的傅里叶级数。用脉冲作为基函数和脉冲函数作为测试函数的 MoM 求解式(5-105)可以确定条带上的电流 $\boldsymbol{J}$。在 MoM 中对每个谐波 $n$ 进行矩阵反演。只有零阶谐波($n=0$)传播,但几乎不需要谐波来计算梁中的总场。下一个重要的步骤是评估调谐梁的散射远场。作为一个过渡步骤,需要在给定束流轮廓面电流 $\boldsymbol{J}_s$,$\boldsymbol{J}_{ms}$和评估的导电带电流 $\boldsymbol{J}$ 使用

$$\boldsymbol{E}_{\mathrm{tot}}=\boldsymbol{E}(J)+\frac{\eta_d}{\mathrm{j}k_d}[\nabla(\nabla\cdot\boldsymbol{A}_s^{(d)})+k_d^2\boldsymbol{A}_s^{(d)}]-\nabla\times\boldsymbol{F}_s^{(d)} \quad (5-107)$$

通过式(5-107),计算束流介质中的总电场和磁场,可以用式(5-17)和式(5-19)来表示梁中的感应极化电流,计算梁体积中的感应等效体积电流和磁场电流。然后,利用梁中感应的电、磁极化电流和磁条上的电流,计算正向远场。对于这一步,只需要 $n=0$ 的传播谐波。在特殊情况下,一般当入射场沿 $\phi=\pi/2$ 方向传播时,最大正向散射电场也沿 $\phi=\pi/2$ 方向传播时,利用式(5-107)计算远场近似,利用式(5-64)和式(5-67)计算 IFR 值。

图 5-15 显示了矩形介质柱($\varepsilon=3$)的几何结构,在单元[17]中周期性地加载两条水平方向和两条垂直方向的 PEC 条,参数为 $s^v=0.6$,$s^h=0.8$,$p=0.75$。条宽为 $w^v=w^h=0.01L$。

图 5-16 所示为加载和不加载金属片圆柱体的 TE 和 TM 极化 RCS 随频率的仿真值。可以观察到,对于 TE/TM 极化垂直入射,在窄频带中负载介质圆柱体的 RCS 大约降低了 30dB,TE 极化中心频率为 2.7GHz,TM 极化中心频率为 3.1GHz。

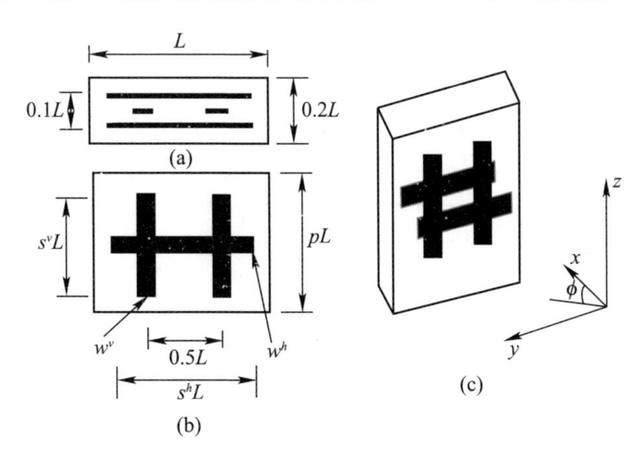


图 5－15　矩形介质圆柱体周期性加载两个水平方向和两个垂直方向的金属片

(a)横截面；(b)前视图；(c)侧视图。

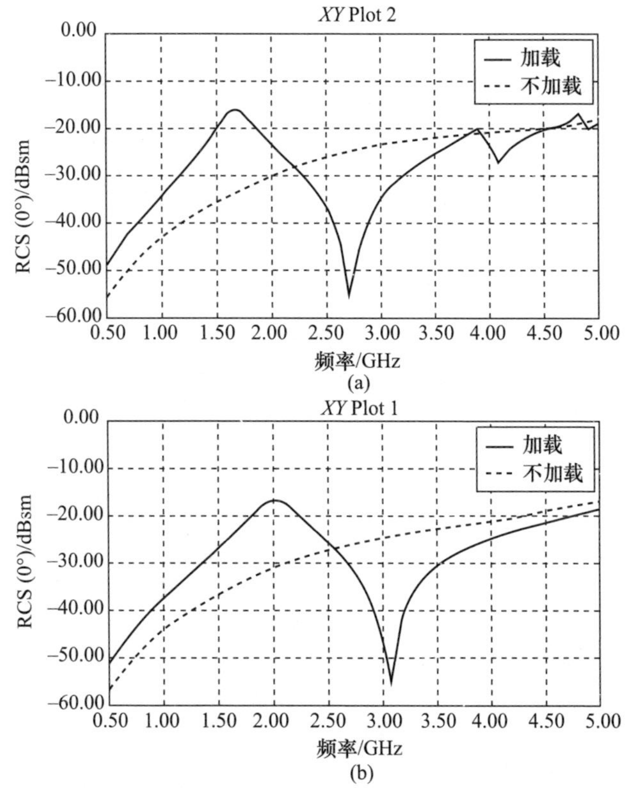


图 5－16　加载和不加载金属片圆柱体的 TE 和 TM 极化 RCS 随频率的仿真值，其中 $s^v=0.6, s^h=0.8, p=0.75$

(a)TE 极化；(b)TM 极化。

在另一个例子中，考虑了一个矩形介质梁的电气参数 $\varepsilon_r = 4.6$，$\tan\delta = 0.014$，尺寸 2 英寸 ×0.4 英寸。梁通过 8 个垂直导电的栅格调谐，位于其中心线上的条带间距为 0.277 英寸，间隔和带宽为 0.062 英寸。图 5 - 17 给出了在 TM 极化和正入射下的调谐圆柱和非调谐圆柱的 IFR 随频率的变化关系，并将计算数据与实测数据进行了比较。

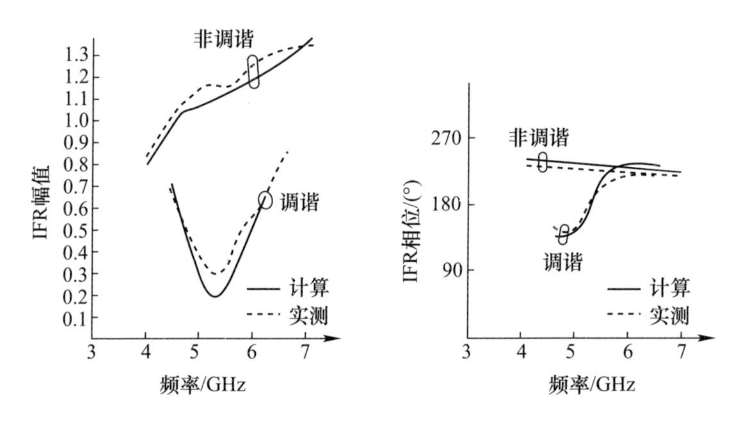


图 5 - 17　垂直极化正入射下的调谐圆柱和非调谐圆柱的 IFR 随频率的变化关系

在 5.6GHz 调谐频率下，与未调谐梁相比，IFR 的幅值明显下降。此外，IFR 相位通过接近调谐频率的 180°值，谐振设备的一个共同特征。图 5 - 18 给出了 5.6GHz 时介质梁截面内非调谐和调谐梁的场分布（幅值和相位）。

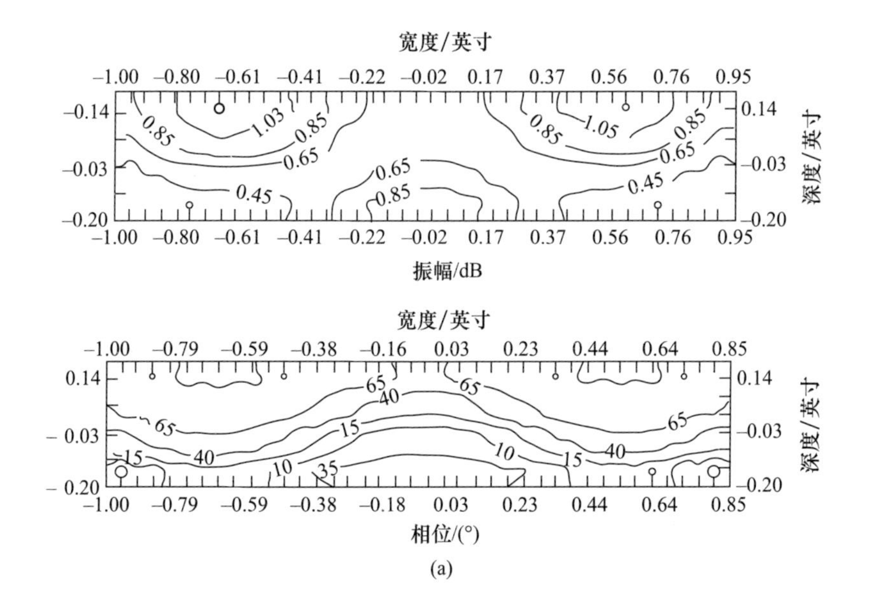


(a)

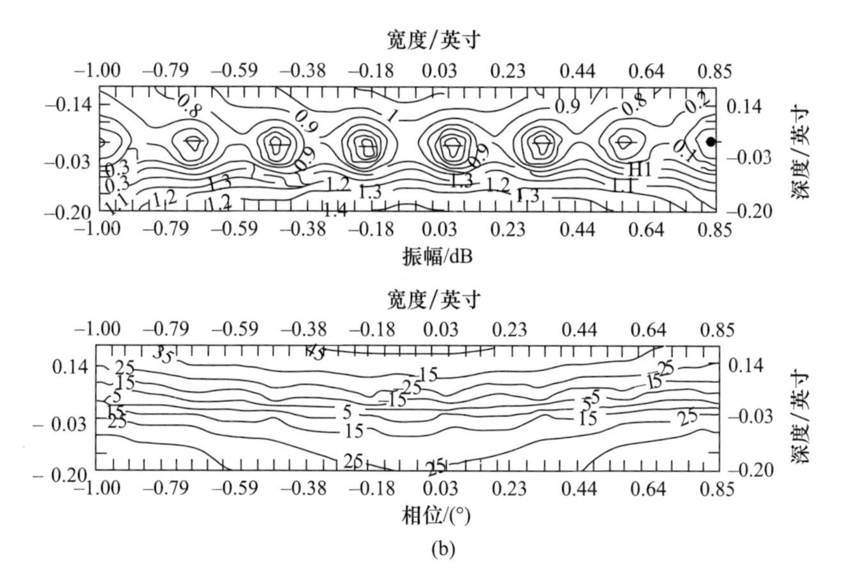


图 5－18　介质梁截面内非调谐和调谐梁在正入射下 5.6GHz 调谐频率下的场分布
(a)非调介质谐梁；(b)调谐介质梁。

正如预期的那样，总电场在条带的位置趋于零。此外，与未调谐梁相比，电场的相位相对均匀。相位分布的均匀性是证明良好梁透明度的体现，类似于入射场的均匀相位。图 5－19 展示了在 5.6GHz 调谐频率下，未调谐和调谐介质梁的仿真散射图的比较。

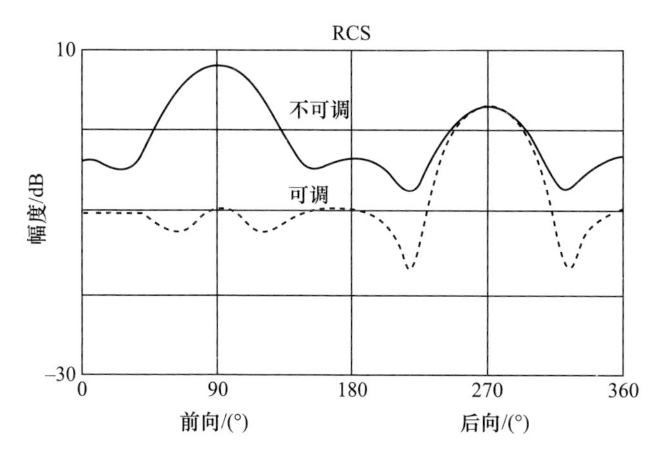


图 5－19　在 5.6GHz 调谐频率下，未调谐和调谐介质梁的散射图

与未调谐的梁相比，可以观察到正向散射水平显著降低。

双偏振调谐问题的另一种方法(前向散射减少)用参考文献[18]描述。这

个概念是基于在 $TE_z$ 和 $TM_z$ 极化的介质梁中,用硬表面取代软表面。电介质或导电梁上的硬表面可以减少波束衰减。一般来说,坚硬的表面能支持电场波的最大值,就像导电表面上的正常电场一样。而软表面使得导电表面上切向电场的振幅为零。这种效应不允许传播并增加散射。在边界条件为 $\partial E_n/\partial n=0$ 的情况下,如果沿着导电表面传播,且激发的电场垂直于表面,它可以沿着表面传播,具有很强的强度。另外,如果电场的传播方向是横向的,而表面是切向的,那么波被有效地阻止了沿着导电表面的传播,这就增加了散射。因此,导体对于沿其传播的波具有强极化相关的边界条件。因此,将梁表面转换为硬表面以减少散射。这种对 $TE_z$ 极化介质梁的需求可以通过改变梁的轮廓为长方形,并以小于 $\lambda/2$ 的单元间条带间距加载其外表面来将行程周期结构转变为全导电表面来实现。然而,如果由于机械约束,不能灵活地改变梁的横截面,如仍然需要减少矩形横截面介质梁的前向散射,应该采取不同的方法。在这种情况下,考虑两种散射还原机制,如图 5-20 所示。

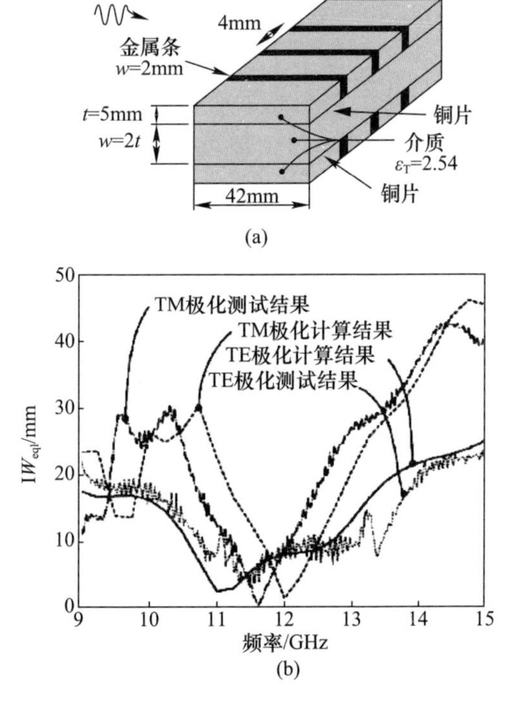


图 5-20 测量和计算了圆柱作为平行平板波导和圆柱外壁涂条状介质材料情况下的阻塞宽度 $w_{eq}$,得到了 TE 和 TM 极化两种情况下的硬边界条件

(a)几何结构;(b)TE 和 TM 极化下的 $w_{eq}$ 绝对值。

在第一种机制中，两块金属板插入电介质中，形成一个内部平行板波导和相位与空气中传播等效的波导，即

$$\sqrt{\varepsilon_r}k_0 l = k_0 l + 2\pi n,\quad n = 1,2,\cdots \tag{5-108}$$

式中：$\varepsilon_r$ 为梁的介电常数；$k_0$ 为自由空间的传播常数；$l$ 为梁长度；$n$ 为整数。第二种调谐机制在条带间距小于 $\lambda/2$ 的外表面加载条带，将外表面转化为导电表面或 $TE_z$ 极化的硬表面边界。$TM_z$ 极化的硬表面边界条件是在梁的金属板上覆盖一层厚度为 $t$ 的薄介质层，见图 5-20(a)。在介质涂层内部，传播常数 $k_d = \sqrt{\varepsilon_r}k_0$，其值大于涂层外的传播常数 $k_0$。$k_x$ 沿介电表面的分量等于 $k_0$，因此，可以得到传播矢量的法向分量，在介质涂层内的 $k_y = \sqrt{k_d^2 - k_0^2} = k_0\sqrt{\varepsilon_r - 1}$ 的这个分量将金属表面的边界条件转换为人工磁导体在表面的边界条件，电介质的介电常数

$$k_y t = \frac{\pi}{2} \rightarrow t = \frac{\lambda}{4\sqrt{\varepsilon_r - 1}} \tag{5-109}$$

图 5-20(b) 展示了频率函数 $w_{eq} = w \cdot \mathrm{IFR}$ 的绝对值曲线。对于图 5-20(a)中所示的尺寸和参数的调谐梁，$w_{eq}$ 正比于前向散射最小值为在 11.5GHz。

比较上述两个技术，其都可以在有限的频段内实现双极化前向散射缩减，但从制造的角度看垂直和水平导电条的调优更灵活，因为不需要使用由预定的梁几何形状决定的特殊介质材料，可根据式(5-108)和式(5-109)而定。

## 5.5　来自无限大圆柱体的散射——微分方程方法

如前文所述，由 MoM 求解的体积分方程部分是通用的，但涉及完全填充的矩阵并且处理中等散射体需要的计算量相对较大。另外，曲面积分方程矩阵填充为体积分方程矩阵，但尺寸更小。然而，它们仅适用于同种介质、多层和导电问题。计算的另一种方法是，使用有限元(FEM)[4-5] 求解复合不均匀的散射微分方程。将有限元计算结构与体积分方程的解进行比较表明，有限元计算由于涉及的矩阵比较稀疏，计算密集度较低，但它们的尺寸略大。微分方程方法通常包括散射体以外的额外空间区域以确保散射场向外传播的解，这个额外的区域必须用辐射边界条件，这将在后面讨论。图 5-21 显示了受限于复合材料体积内的圆柱体几何结构，复合材料的介电常数 $\varepsilon_r(x,y)$、磁导率 $\mu_r(x,y)$ 和 PEC 的导电表面由 $\partial\Gamma_c$ 表示，限制计算域的曲面是 $\partial\Gamma$。

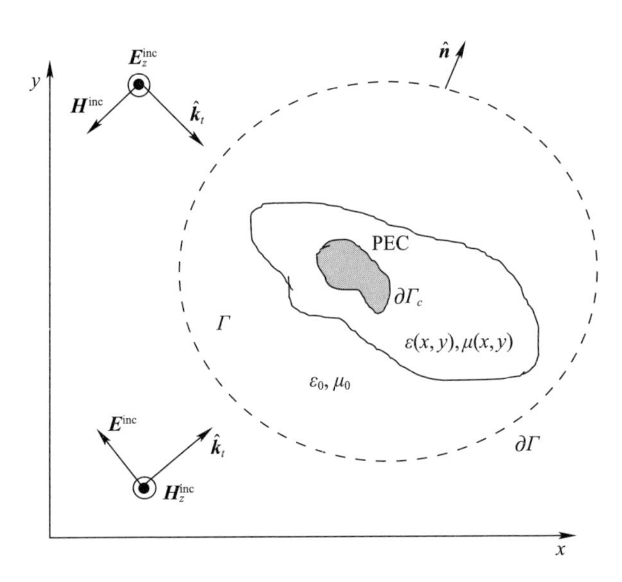


图 5-21　圆柱体几何体截面显示嵌入 PEC 表面区域表示为 $\partial\Gamma_c$

在下文中，将考虑斜向散射的一般情况，如参考文献[5]中所述的积分方程所述。斜入射场的 $z$ 向分量是 $e^{jk_z z}$，相应的假设系统中总场的 $z$ 分量也是 $e^{jk_z z}$。以类似于体积分方程的方式，系统中的电场和磁场可以用方程式(5-5)和式(5-6)描述。此外，假设圆柱体的横截面是由介电常数和磁导率恒定的三角形单元模拟，但每个单元的横截面不同，而梁的总散射是所有这些均匀三角形单元散射的叠加。此外，与体积分方程推导类似，使用总场 $E_z$ 和 $H_z$ 作为待确定的主要未知量，分别通过式(5-16)和式(5-18)获得均匀三角形单元内的横向磁场和电场分量。

散射体附近产生的电磁场可通过 TM 情况下的亥姆霍兹方程确定

$$\nabla\cdot\left(\frac{1}{\mu_{\mathrm{r}}}\nabla E_z\right)+k_0^2\varepsilon_{\mathrm{r}}E_z=0 \tag{5-110}$$

同样，对于 TE

$$\nabla\cdot\left(\frac{1}{\varepsilon_{\mathrm{r}}}\nabla H_z\right)+k_0^2\mu_{\mathrm{r}}H_z=0 \tag{5-111}$$

式(5-110)和式(5-111)说明了二阶微分算子中未知项的亥姆霍兹方程的“强”形式，这对数值解非常敏感。为了使这些方程在数值上更加稳定，可以将其转换为“弱”形式。散射场附近的场必须满足麦克斯韦方程

$$\begin{cases}\nabla\times\boldsymbol{H}=\mathrm{j}\omega\varepsilon_0\varepsilon_{\mathrm{r}}\boldsymbol{E}\\ \nabla\times\boldsymbol{E}=-\mathrm{j}\omega\mu_0\mu_{\mathrm{r}}\boldsymbol{H}\end{cases} \tag{5-112}$$

将式(5－112)的两边乘以测试函数 $\boldsymbol{T}(x,y,z)=\hat{\boldsymbol{z}}T(x,y)$，并在 $\Gamma$ 上积分，得

$$\begin{cases}\iint_{\Gamma}(\boldsymbol{T}\cdot\nabla\times\boldsymbol{H}-\mathrm{j}\omega\varepsilon_0\varepsilon_r\boldsymbol{T}\cdot\boldsymbol{E})\mathrm{d}s=0\\ \iint_{\Gamma}(\boldsymbol{T}\cdot\nabla\times\boldsymbol{E}+\mathrm{j}\omega\mu_0\mu_r\boldsymbol{T}\cdot\boldsymbol{H})\mathrm{d}s=0\end{cases}\tag{5-113}$$

考虑二维散度定理

$$\iint_{\Gamma}\nabla\cdot(\boldsymbol{T}\times\boldsymbol{H})\mathrm{d}s=\int_{\partial\Gamma+\partial\Gamma_c}(\boldsymbol{T}\times\boldsymbol{H})\cdot\hat{\boldsymbol{n}}\mathrm{d}l\tag{5-114}$$

$\hat{n}$ 作为曲面 $\partial\Gamma$ 和 $\partial\Gamma_c$ 的法线和矢量

$$\begin{cases}\nabla\cdot(\boldsymbol{T}\times\boldsymbol{H})=\nabla\times\boldsymbol{T}\cdot\boldsymbol{H}-\boldsymbol{T}\cdot\nabla\times\boldsymbol{H}\\(\boldsymbol{T}\times\boldsymbol{H})\cdot\hat{\boldsymbol{n}}=-\boldsymbol{T}\cdot(\hat{\boldsymbol{n}}\times\boldsymbol{H})\end{cases}\tag{5-115}$$

将式(5－114)和式(5－115)代入式(5－113)，得

$$\begin{cases}\iint_{\Gamma}(\nabla\times\boldsymbol{T}\cdot\boldsymbol{H}_t-\mathrm{j}\omega\varepsilon_0\varepsilon_r\mathrm{TE}_z)\mathrm{d}s=-\int_{\partial\Gamma+\partial\Gamma_c}\boldsymbol{T}\cdot(\hat{\boldsymbol{n}}\times\boldsymbol{H})\mathrm{d}l\\ \iint_{\Gamma}(\nabla\times\boldsymbol{T}\cdot\boldsymbol{E}_t+\mathrm{j}\omega\mu_0\mu_r\mathrm{TH}_z)\mathrm{d}s=-\int_{\partial\Gamma+\partial\Gamma_c}\boldsymbol{T}\cdot(\hat{\boldsymbol{n}}\times\boldsymbol{E})\mathrm{d}l\end{cases}\tag{5-116}$$

利用 $\nabla=\nabla_t+\mathrm{j}k_z\hat{\boldsymbol{z}}$ 算符可以改写为 $\nabla_t=\frac{\partial}{\partial x}\hat{\boldsymbol{x}}+\frac{\partial}{\partial y}\hat{\boldsymbol{y}}$ 的形式。将式(5－16)和式(5－18)中的横向场代入式(5－116)，并利用矢量恒等式生成

$$\begin{aligned}&\iint_{\Gamma}\left(\frac{\varepsilon_r}{\varepsilon_r\mu_r-(k_z^2/k_0^2)}\nabla_tT\cdot\nabla_tE_z-k_0^2\varepsilon_r\mathrm{TE}_z-\frac{k_z}{\omega\varepsilon_0}\right.\\&\quad\left.\frac{1}{\varepsilon_r\mu_r-(k_z^2/k_0^2)}\hat{\boldsymbol{z}}\cdot\nabla_tT\times\nabla_tH_z\right)\mathrm{d}s\\&=-\int_{\partial\Gamma}(\boldsymbol{T}\cdot\hat{\boldsymbol{n}}\times(\nabla\times\boldsymbol{E}))\mathrm{d}l\end{aligned}\tag{5-117}$$

和

$$\begin{aligned}&\iint_{\Gamma}\left(\frac{\mu_r}{\varepsilon_r\mu_r-(k_z^2/k_0^2)}\nabla_tT\cdot\nabla_tH_z-k_0^2\mu_r\mathrm{TH}_z+\right.\\&\quad\left.\frac{k_z}{\omega\mu_0}\frac{1}{\varepsilon_r\mu_r-(k_z^2/k_0^2)}\hat{\boldsymbol{z}}\cdot\nabla_tT\times\nabla_tE_z\right)\mathrm{d}s\\&=-\int_{\partial\Gamma}(\boldsymbol{T}\cdot\hat{\boldsymbol{n}}\times(\nabla\times\boldsymbol{H}))\mathrm{d}l\end{aligned}\tag{5-118}$$

等式(5－117)和式(5－118)构成了描述整个区域Γ的场的耦合“弱”微分方程,并且以FEM为基础。对于正入射 $k_z=0$,得到两个非耦合方程:一个用于TM的情况式(5－117),另一个用于TE情况式(5－118)。由于切向电场必须在导电表面上消失,$E_z$是$\partial\Gamma_c$上一个已知的函数并且满足狄利克雷边界条件。因此,用于离散化式(5－118)的所有测试函数将在$\partial\Gamma_c$上消失,而边界积分对矩阵方程没有任何贡献。类似地,在方程(5－116)的边界积分$\partial\Gamma_c$中,通过忽略$\partial\Gamma_c$上的积分来强制执行纽曼边界条件。为了表示完整的散射问题,有必要用关于$\partial\Gamma_c$上的场的附加信息来扩充这些方程,如辐射边界条件(radiation boundary conditions,RBC),这将在下文中解释。

为简单起见,假设边界$\partial\Gamma_c$是圆的,半径为$a$,$\hat{\boldsymbol{n}}=\hat{\boldsymbol{r}}$并且位于自由空间中。这些假设简化了式(5－117)和式(5－118)的右侧(RHS),因此

$$-\int_{\partial\Gamma}(\boldsymbol{T}\cdot\hat{\boldsymbol{n}}\times(\nabla\times\boldsymbol{E}))\mathrm{d}l=\int_0^{2\pi}T(a,\phi)\left(\frac{k_0^2}{k_t^2}\frac{\partial E_z}{\partial r}-\frac{k_z\omega\mu_0}{k_t^2}\frac{\partial H_z}{\partial\phi}\right)a\mathrm{d}\phi \tag{5-119}$$

同理

$$-\int_{\partial\Gamma}(\boldsymbol{T}\cdot\hat{\boldsymbol{n}}\times(\nabla\times\boldsymbol{H}))\mathrm{d}l=\int_0^{2\pi}T(a,\phi)\left(\frac{k_0^2}{k_t^2}\frac{\partial H_z}{\partial r}+\frac{k_z\omega\varepsilon_0}{k_t^2}\frac{\partial E_z}{\partial\phi}\right)a\mathrm{d}\phi \tag{5-120}$$

其中,$k_t=\sqrt{k_0^2-k_z^2}$,为了符合$\partial\Gamma_c$的辐射边界条件,总电场和磁场表示为散射场$E_z^s$,$H_z^s$和入射场$\boldsymbol{E}_z^{\mathrm{inc}}$,$H_z^{\mathrm{inc}}$。半径$r=a$的圆形边界上的散射电场可以用圆柱谐波[15]表示

$$E_z^s(r,\phi)=\sum_{n=-\infty}^{\infty}e_nH_n^{(2)}(k_tr)\mathrm{e}^{\mathrm{j}n\phi},\quad r\geqslant a \tag{5-121}$$

$$e_n=\frac{1}{2\pi H_n^{(2)}(k_ta)}\int_0^{2\pi}E_z^s(a,\phi')\mathrm{e}^{-\mathrm{j}n\phi'}\mathrm{d}\phi' \tag{5-122}$$

$H_n^{(2)}(x)$是$n$阶的第二类汉克尔函数,通过

$$\left.\frac{\partial E_z^s}{\partial r}\right|_{r=a}=\int_0^{2\pi}E_z^s(a,\phi')\left[\frac{k_t}{2\pi}\sum_{n=-\infty}^{\infty}\frac{H_n^{(2)\prime}(k_ta)}{H_n^{(2)}(k_ta)}\mathrm{e}^{\mathrm{j}n(\phi-\phi')}\right]\mathrm{d}\phi' \tag{5-123}$$

同理,平面波入射场可以用柱面谐波表示[15]

$$E_z^{\mathrm{inc}}(r,\phi)=\sum_{n=-\infty}^{\infty}\mathrm{e}_n^{\mathrm{inc}}J_n(k_tr)\mathrm{e}^{\mathrm{j}n\phi} \tag{5-124}$$

$J_n(x)$是$n$阶贝塞尔函数

$$e_n^{\text{inc}} = \frac{1}{2\pi J_n(k_t a)} \int_0^{2\pi} E_z^{\text{inc}}(a,\phi') \mathrm{e}^{-\mathrm{j}n\phi'} \mathrm{d}\phi' \tag{5-125}$$

通过类似于式(5－123)中所述散射场的方程,可以得到入射场

$$\left.\frac{\partial E_z^{\text{inc}}}{\partial r}\right|_{r=a} = \int_0^{2\pi} E_z^{\text{inc}}(a,\phi') \left[\frac{k_t}{2\pi}\sum_{n=-\infty}^{\infty}\frac{J_n'(k_t a)}{J_n(k_t a)}\mathrm{e}^{\mathrm{j}n(\phi-\phi')}\right]\mathrm{d}\phi' \tag{5-126}$$

使用 Wronskian 关系[15]

$$J_n'(k_t a) H_n^{(2)}(k_t a) - J_n(k_t a_n) H^{(2)'}(k_t a) = \frac{\mathrm{j}2}{\pi k_t a} \tag{5-127}$$

将式(5－125)与式(5－126)相加,得

$$\begin{aligned}\left.\frac{\partial E_z}{\partial r}\right|_{r=a} &= \frac{1}{2\pi}\int_0^{2\pi} E_z(a,\phi')\left[k_t\sum_{n=-\infty}^{\infty}\frac{H_n^{(2)'}(k_t a)}{H_n^{(2)}(k_t a)}\mathrm{e}^{\mathrm{j}n(\phi-\phi')}\right]\mathrm{d}\phi' + \\ &\frac{1}{2\pi}\int_0^{2\pi} E_z^{\text{inc}}(a,\phi')\left[\frac{\mathrm{j}2}{\pi a}\sum_{n=-\infty}^{\infty}\frac{1}{J_n(k_t a)H_n^{(2)}(k_t a)}\mathrm{e}^{\mathrm{j}n(\phi-\phi')}\right]\mathrm{d}\phi'\end{aligned} \tag{5-128}$$

$H_z$的类似推导结果为

$$\begin{aligned}\left.\frac{\partial H_z}{\partial r}\right|_{r=a} &= \frac{1}{2\pi}\int_0^{2\pi} H_z(a,\phi')\left[k_t\sum_{n=-\infty}^{\infty}\frac{H_n^{(2)r}(k_t a)}{H_n^{(2)}(k_t a)}\mathrm{e}^{\mathrm{j}n(\phi-\phi')}\right]\mathrm{d}\phi' + \\ &\frac{1}{2\pi}\int_0^{2\pi} H_z^{\text{inc}}(a,\phi')\left[\frac{\mathrm{j}2}{\pi a}\sum_{n=-\infty}^{\infty}\frac{1}{J_n(k_t a)H_n^{(2)}(k_t a)}\mathrm{e}^{\mathrm{j}n(\phi-\phi')}\right]\mathrm{d}\phi'\end{aligned} \tag{5-129}$$

接下来,根据式(5－121)和式(5－122)推导$\left.\frac{\partial E_z}{\partial \phi}\right|_{r=a}$

$$\left.\frac{\partial E_z}{\partial \phi}\right|_{r=a} = \int_0^{2\pi} E_z(a,\phi')\left[\frac{\mathrm{j}}{2\pi}\sum_{n=-\infty}^{\infty} n\mathrm{e}^{\mathrm{j}n(\phi-\phi')}\right]\mathrm{d}\phi' \tag{5-130}$$

同理得

$$\left.\frac{\partial H_z}{\partial \phi}\right|_{r=a} = \int_0^{2\pi} H_z(a,\phi')\left[\frac{j}{2\pi}\sum_{n=-\infty}^{\infty} n\mathrm{e}^{\mathrm{j}n(\phi-\phi')}\right]\mathrm{d}\phi' \tag{5-131}$$

替换式(5－128)～式(5－131)为式(5－119),得出半径为 $a$ 的圆形边界 RBC 场

$$\begin{aligned}\int_{\partial\Gamma} \boldsymbol{T}\cdot\hat{\boldsymbol{n}}\times(\nabla\times E)\,\mathrm{d}l &= \frac{a}{2\pi}\int_0^{2\pi}\int_0^{2\pi} T(a,\phi)E_z(a,\phi')G_1(\phi-\phi')\,\mathrm{d}\phi'\mathrm{d}\phi + \\ &\frac{a\eta_0}{2\pi}\int_0^{2\pi}\int_0^{2\pi} T(a,\phi)H_z(a,\phi')G_2(\phi-\phi')\,\mathrm{d}\phi'\mathrm{d}\phi + \\ &\frac{a}{2\pi}\int_0^{2\pi}\int_0^{2\pi} T(a,\phi)E_z^{\text{inc}}(a,\phi')G_3(\phi-\phi')\,\mathrm{d}\phi'\mathrm{d}\phi\end{aligned} \tag{5-132}$$

其中，$\eta_0=\sqrt{\dfrac{\mu_0}{\varepsilon_0}}$，且

$$\begin{cases} G_1(\phi) = -\dfrac{k_0^2}{k_t}\sum\limits_{n=-\infty}^{\infty}\dfrac{H_n^{(2)\prime}(k_t a)}{H_n^{(2)}(k_t a)}\mathrm{e}^{\mathrm{j}n\phi} \\ G_2(\phi) = \dfrac{\mathrm{j}k_0 k_z}{k_t^2 a}\sum\limits_{n=-\infty}^{\infty} n\mathrm{e}^{\mathrm{j}n\phi} \\ G_3(\phi) = -\dfrac{\mathrm{j}2k_0^2}{\pi k_t^2 a}\sum\limits_{n=-\infty}^{\infty}\dfrac{1}{J_n(k_t a)H_n^{(2)}(k_t a)}\mathrm{e}^{\mathrm{j}n\phi} \end{cases} \tag{5-133}$$

相似地，式(5－120)可以改写为

$$\int_{\partial\Gamma}\boldsymbol{T}\cdot\hat{\boldsymbol{n}}\times(\nabla\times\hat{\boldsymbol{H}})\mathrm{d}l = \frac{a}{2\pi}\int_0^{2\pi}\int_0^{2\pi}T(a,\phi)H_z(a,\phi')G_1(\phi-\phi')\mathrm{d}\phi'\mathrm{d}\phi - \frac{a}{2\pi\eta_0}\int_0^{2\pi}\int_0^{2\pi}T(a,\phi)E_z(a,\phi')G_2(\phi-\phi')\mathrm{d}\phi'\mathrm{d}\phi + \frac{a}{2\pi}\int_0^{2\pi}\int_0^{2\pi}T(a,\phi)H_z^{\mathrm{inc}}(a,\phi')G_3(\phi-\phi')\mathrm{d}\phi'\mathrm{d}\phi \tag{5-134}$$

虽然式(5－133)第一式和第二式中的求和是发散的，但式(5－132)和式(5－134)中所要求的计算在$\partial\Gamma$上表现良好，因此所涉及的积分以及函数$E_z(\phi)$和$H_z(\phi)$的圆柱谐波含量确保了积分收敛且相对容易计算。为保证收敛性，应在求和前逐项进行积分。应将式(5－132)和式(5－134)替换为式(5－117)和式(5－118)，以完成公式。可在FEM程序后，使用$E_z(\phi)$和$H_z(\phi)$的分段线性表示$B_{\mathrm{n}}(x,y)$和分段线性测试函数$B_m(x,y)$，对所得方程进行离散，见图5－2并在式(5－48)中进行描述、每一个基函数在一个节点处具有单位振幅，在网格中的所有其他节点处消失。三个基函数中每个三角形单元重叠，以提供连续分段线性表示。沿着圆形边界$\partial\Gamma$基函数和测试函数，$B_m(\phi)$可表示为

$$B_m(\phi) = \begin{cases} \dfrac{\phi-\phi_{m-1}}{\phi_m-\phi_{m-1}}, & \phi_{m-1}<\phi<\phi_m \\ \dfrac{\phi_{m+1}-\phi}{\phi_{m+1}-\phi_m}, & \phi_m<\phi<\phi_{m+1} \\ 0, & \text{其他} \end{cases} \tag{5-135}$$

其中，为方便起见，第$m$个基函数相关的三个节点的坐标表示为$\phi_{m-1}$，$\phi_m$，$\phi_{m+1}$。在半径$r=a$的圆边界上，入射的均匀平面波振幅为$e_0$，角度为$(\phi_0,\theta_0)$，

根据圆柱谐波可以表示为

$$E_z^{\text{inc}}\big|_{r=a} = e_0 \mathrm{e}^{-\mathrm{j}k_t(a\cos\phi\cos\phi_0 + a\sin\phi\sin\phi_0)}\mathrm{e}^{\mathrm{j}k_z z} = e_0 \mathrm{e}^{-\mathrm{j}k_t a\cos(\phi-\phi_0)}\mathrm{e}^{\mathrm{j}k_z z}$$

$$= e_0 \sum_{q=-\infty}^{\infty} \mathrm{j}^{-q} J_q(k_t a)\mathrm{e}^{\mathrm{j}q(\phi-\phi_0)}\mathrm{e}^{\mathrm{j}k_z z} \tag{5-136}$$

同理

$$H_z^{\text{inc}}\big|_{r=a} = h_0 \sum_{q=-\infty}^{\infty} \mathrm{j}^{-q} J_q(k_t a)\mathrm{e}^{\mathrm{j}q(\phi-\phi_0)}\mathrm{e}^{\mathrm{j}k_z z} \tag{5-137}$$

将式(5－43)、式(5－44)、式(5－132)、式(5－134)、式(5－136)和式(5－137)替换为式(5－117)和式(5－118)，得到 $N\times N$ 矩阵方程，其中 $N$ 是解域中的节点数

$$\begin{bmatrix} A & B \\ C & D \end{bmatrix}\begin{bmatrix} e \\ h \end{bmatrix} = \begin{bmatrix} e^{\text{inc}} \\ h^{\text{inc}} \end{bmatrix} \tag{5-138}$$

其中

$$A_{mn} = \iint_\Gamma \left( \frac{\varepsilon_\mathrm{r}}{\varepsilon_\mathrm{r}\mu_\mathrm{r} - (k_z^2/k_0^2)} \nabla_t B_m \cdot \nabla_t B_n - k_0^2 \varepsilon_\mathrm{r} B_m B_n \right)\mathrm{d}s +$$
$$\frac{k_0^2 a}{2\pi k_t} \sum_{q=-\infty}^{\infty} \frac{H_q^{(2)'}(k_t a)}{H_q^{(2)}(k_t a)} I_m(q) I_n(-q) \tag{5-139}$$

$$B_{mn} = \iint_\Gamma \left( \frac{-k_z}{\omega\varepsilon_0} \frac{1}{\varepsilon_\mathrm{r}\mu_\mathrm{r} - (k_z^2/k_0^2)} \hat{z} \cdot \nabla_t B_m \times \nabla_t B_n \right)\mathrm{d}s +$$
$$\frac{\mathrm{j}k_0 k_z \eta_0}{2\pi k_t^2} \sum_{q=-\infty}^{\infty} q I_m(q) I_n(-q) \tag{5-140}$$

$$C_{mn} = \iint_\Gamma \left( \frac{k_z}{\omega\mu_0} \frac{1}{\varepsilon_\mathrm{r}\mu_\mathrm{r} - (k_z^2/k_0^2)} \hat{z} \cdot \nabla_t B_m \times \nabla_t B_n \right)\mathrm{d}s -$$
$$\frac{\mathrm{j}k_0 k_z}{2\pi k_t^2 \eta_0} \sum_{q=-\infty}^{\infty} q I_m(q) I_n(-q) \tag{5-141}$$

$$D_{mn} = \iint_\Gamma \left( \frac{\mu_\mathrm{r}}{\varepsilon_\mathrm{r}\mu_\mathrm{r} - (k_z^2/k_0^2)} \nabla_t B_m \cdot \nabla_t B_n - k_0^2 \mu_\mathrm{r} B_m B_n \right)\mathrm{d}s -$$
$$\frac{k_0^2 a}{2\pi k_t} \sum_{q=-\infty}^{\infty} \frac{H^{(2)'}(k_t a)}{H_q^{(2)}(k_t a)} I_m(q) I_n(-q) \tag{5-142}$$

其中

$$I_m(q) = \int_{\partial\Gamma} B_m(\phi)\mathrm{e}^{\mathrm{j}q\phi}\mathrm{d}\phi \tag{5-143}$$

仅当节点 $m$ 位于圆形边界 $\partial\Gamma$ 上，才可以应用。此外，激励矢量由下式给出：

$$e_m^{\text{inc}} = \frac{\text{j}2k_0^2 e_0}{\pi k_t^2}\sum_{q=-\infty}^{\infty}\frac{\text{j}^{-q}\text{e}^{-\text{j}q\phi_0}}{H_q^{(2)}(k_t a)}I_m(q) \tag{5-144}$$

$$h_m^{\text{inc}} = \frac{\text{j}2k_0^2 h_0}{\pi k_t^2}\sum_{q=-\infty}^{\infty}\frac{\text{j}^{-q}\text{e}^{-\text{j}q\phi_0}}{H_q^{(2)}(k_t a)}I_m(q) \tag{5-145}$$

式(5-138)的矩阵反演能够评估电场($e_1,e_2,\cdots,e_N$)和磁场($h_1,h_2,\cdots,h_N$)分布。可使用式(5-17)和式(5-19)来计算等效感应电极化电流和磁极化电流。接下来，可使用式(5-64)和式(5-67)计算远场 $\text{IFR}_e$ 和 $\text{IFR}_h$。

图5-22显示了 $k_0a=0.25$，$\varepsilon_r=50-\text{j}20$ 的圆形电解质圆柱在30°斜入射下TE极化的 $E_z$ 场的比较。通过体积分方程(VIE)和偏微分方程(partial differential equation，PDE)或FEM[20]进行分析计算。分析结果和数值结果以及VIE和FEM解之间的一致性非常好。

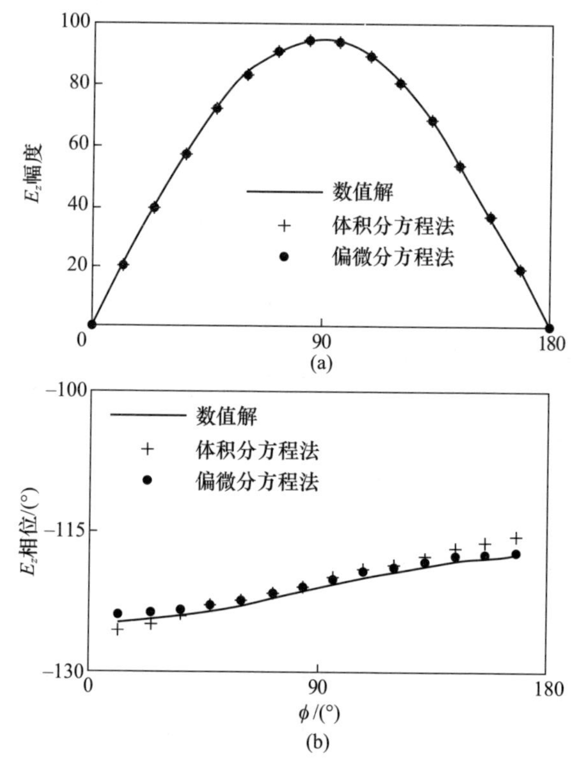


图5-22 显示了通过体积分方程(VIE)和偏微分方程(PDE)或FEM[20]进行分析计算 $k_0a=0.25$，$\varepsilon_r=50-\text{j}20$ 的圆形电解质柱在30°斜入射下TE极化的 $E_Z$ 场的比较

# 参考文献


1 Kay, AF. Electrical design of metal space frame radomes. *IEEE Trans. Antennas Propagat.*,13(2), 188–202, 1965.

2 Kennedy, PD. An analysis of the electrical characteristics of structurally supported radomes. The Ohio State University, Columbus, 1958.

3 Michielssen, E, Peterson, AF, and Mittra, R. Oblique scattering from inhomogeneous cylinders using a coupled integral formulation with triangular cells. *IEEE Trans. Antennas Propagat.*, 39(4), 485–490, 1991.

4 Wu, RB, and Chen, CH. Variational Reaction Formulation of Scattering Problem for Anisotropic Dielectric Cylinders. *IEEE Trans. Antennas Propagat.*, 34(5), 640–645, 1986.

5 Peterson, AF, Ray, SL, and Mittra, R. Computational methods for electromagnetics. New York: IEEE Press, 1998.

6 Richmond, JH. TE-wave scattering by a dielectric cylinder of arbitrary cross-section shape. *IEEE Trans. Antennas Propagat.*, 14(4), 460–464, 1966.

7 Richmond, JH. Scattering by a dielectric cylinder of arbitrary cross section shape. *IEEE Trans. Antennas Propagat.*, 13(3), 334–341, 1965.

8 Peterson, AF, and Klock, PW. An improved MFIE formulation for TE-wave scattering from Lossy, inhomogeneous dielectric cylinders. *IEEE Trans. Antennas Propagat.*, 36(1), 45–49, 1988.

9 Ricoy, MA, Kilberg, SM, and Volakis, JL. Simple integral equations for two-dimensional scattering with further reduction in unknowns. *IEE Proceedings*, 136(4), 298–304, 1989.

10 Rojas, RG. Scattering by an inhomogeneous dielectric/ferrite cylinder of arbitrary cross-section shape-oblique incidence case," *IEEE Trans. Antennas Propagat.*, 36(2), 238–246, 1988.

11 Gupta, IJ, Lai, AKY, and Burnside, WD. Scattering by dielectric straps with potential application as target support structure. *IEEE Trans. Antennas Propagat.*, 37(9), 1164–1171, 1989.

12 Rusch, WVT, Appel-Hansen, J, Klein, CA, and Mittra, R. Forward scattering from square cylinders in the resonance region with application to aperture blockage. *IEEE Trans. Antennas Propagat.*, 24(2), 182–189, 1976.

13 Abramowitz, M, and Stegun, IA. Handbook of mathematical functions. New York: Dover, 1964.

14 Wu, TK, and Tsai, LL. Scattering by arbitrarily cross-sectioned

layered lossy dielectric cylinders. *IEEE Trans. Antennas Propagat*, 25(4), 518–524, 1977.

15 Harrington, RF. Time-harmonic electromagnetic fields. New York: McGraw-Hill, 1961.

16 Harrington, RF. Field computation by moment methods. New York: IEEE Press, 1968.

17 Michielssen, E, and Mittra, R. Electromagnetic scattering from arbitrary strip loaded cylinders. In IEEE Ant. Propagat. Symposium, Chicago, Illinois, 1992.

18 Shavit, R, Smolski, AP, Michielssen, E, and Mittra, R. Scattering analysis of high performance large sandwich radomes. *IEEE Trans. Antennas Propagat.*, 40(2), 126–133, 1992.

19 Kildal, PS, Kishk, AA, and Tengs, A. Reduction of forward scattering from cylindrical objects using hard surfaces. *IEEE Trans. Antennas Propagat.*, 44(11), 1509–1520, 1996.

20 Peterson, AF. Application of volume discretization methods to oblique scattering from high-contrast penetrable cylinders. *IEEE Trans. Mic. Theory Tech.*, 42(4), 686–689, 1994.

## 习　　题

P5.1　振幅为 1V/m 的 $TM_z$ 波以 60°入射到横截面为 1 英寸 ×4 英寸的矩形 PEC 梁，如下图所示。工作频率为 10GHz。

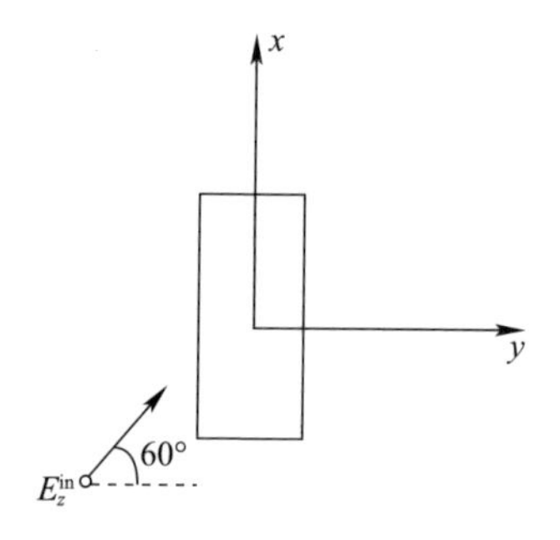


（1）写出梁上电流分布未知的问题特征 EFIE。

（2）使用 MoM（点匹配）表示数值解。计算并绘制 $\Delta=\lambda/10,\lambda/30$ 的电流分布。

（3）计算并绘制 $\Delta=\lambda/10,\lambda/30$ 的 RCS$\sigma_{TM}(\phi)$。

（4）对 $TE_z$ 入射平面波通过 MFIE 重复计算（1）~（3）。

（5）使用 Galerkin 矩量法和线性基函数对 TMz 入射平面波重复（1）~（3），如下图所示：

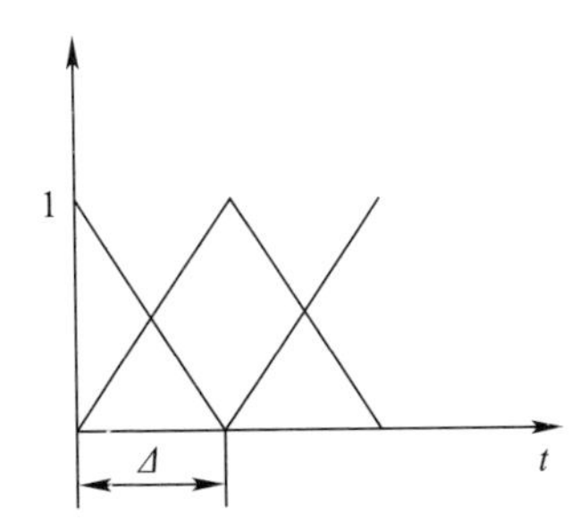


将解与使用矩量法点匹配得到的解进行比较,讨论结果和差异。

P5.2　在 $z$ 方向无限长的矩形 PEC 梁的所有侧面都覆盖着一层厚度为 1cm,介电常数为 4 的介质板。PEC 的截面积为 1 英寸 ×4 英寸,由沿 $y$ 轴以 10GHz 传播的 $TM_z$ 极化平面波入射,振幅为 1V/m,如下图所示:

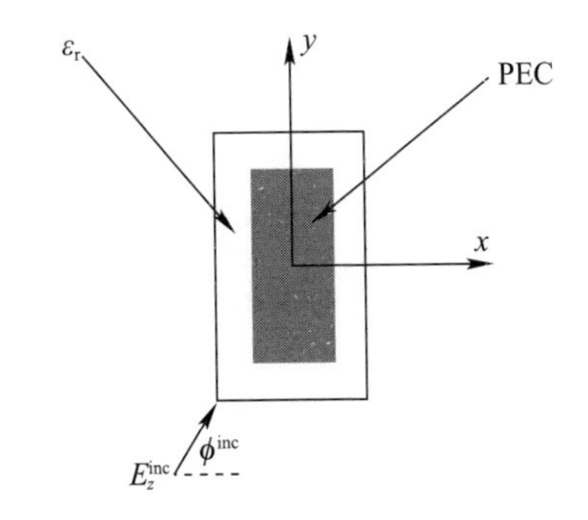


(1) 写出 EFIE 积分方程描述问题。

(2) 使用点匹配 MoM 表示数值解,并绘制 $\Delta_x \times \Delta_y = (\lambda/10)^2, (\lambda/30)^2$ 时导体上的电流分布。

(3) 计算并绘制 $\Delta_x \times \Delta_y = (\lambda/10)^2, (\lambda/30)^2$ 的 RCS$\sigma_{TM}(\phi)$。

(4) 找到最小 RCS$\sigma_{TM}(\pi/2)$对应的最佳介电层厚度。

P5.3　一个横截面为 3 英寸 ×8 英寸的矩形 PEC 导体,如 P5.1 图所示,由振幅为 1V/m 的 $TM_z$ 极化平面波以 90°入射,工作频率为 10GHz。

(1) 利用导体上的 $z$ 向未知电流分布,建立 CFIE 积分方程。假设耦合系数为 0.2。

(2) 使用 MoM(点匹配)表示数值解,计算并绘制 $\Delta = \lambda/30$ 的电流分布。

(3) 计算并绘制梁的散射图。

(4) 计算并绘制 IFR$_e$ 方程,$w/\lambda$ 分布范围为[0.3 ~4.0],$w$ 为梁的窄边。

P5.4　对于 $TE_z$ 极化重复问题 P5.3。

(1) 证明表征方程 CFIE 的积分方程为

$$\alpha E_t^{\mathrm{inc}} - (1-\alpha)\eta_0 H_z^{\mathrm{inc}} = (1-\alpha)\eta_0 J_t + (1-\alpha)\eta_0 \int_S J_t(t')\hat{\boldsymbol{n}}(t') \cdot \nabla \frac{1}{4\mathrm{j}} H_0^{(2)}$$

$$(k_t|\boldsymbol{r}-\boldsymbol{r}'|)\mathrm{d}t' + \mathrm{j}\alpha \frac{\eta_0}{k_0}\hat{\boldsymbol{t}} \cdot (\nabla_t \nabla_t \cdot + k_t^2)\int_S \hat{\boldsymbol{t}}(t') J_t(t') \frac{1}{4\mathrm{j}} H_0^{(2)}(k_t|\boldsymbol{r}-\boldsymbol{r}'|)\mathrm{d}t'$$

（2）采用点匹配矩量法对 MFIE 和 CFIE（$\alpha=0.2$）进行数值求解，并采用共轭梯度迭代法进行矩阵反演。

（3）计算并绘制对于 $\Delta=\lambda/20$ 导体上的感应电流分布。

（4）计算并绘制 MFIE 和 CFIE 两个方程的 RCS$\sigma_{\mathrm{TE}}(\phi)$，讨论不同。

P5.5 考虑横截面为 2 英寸 ×0.4 英寸的矩形介质，介电常数为 4.6，如下图所示：由振幅为 1V/m、频率为 5.6GHz，TM 极化平面波沿 90°方向入射。

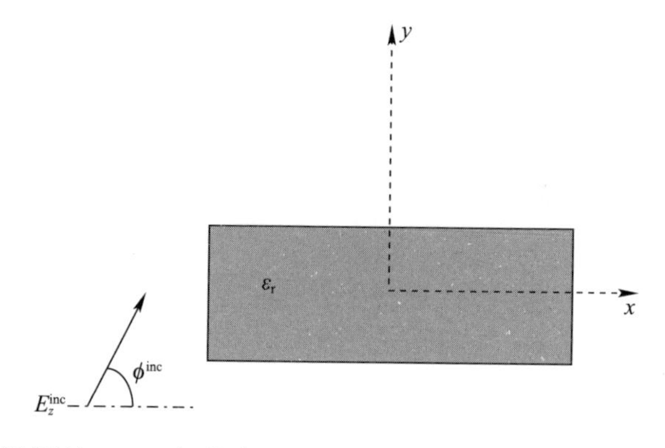


（1）写出问题的 EFIE 积分方程。

（2）使用点匹配 MoM（体积公式）表示 EFIE 方程的数值解，计算并绘制横截面 $\Delta_x \times \Delta_y = (\lambda/20)^2$ 上的 RCS$\sigma_{\mathrm{TM}}(\phi)$。

在轴上，插入宽度为 0.062 英寸、间距为 0.277 英寸的 8 条 PEC 条带，如下图所示：

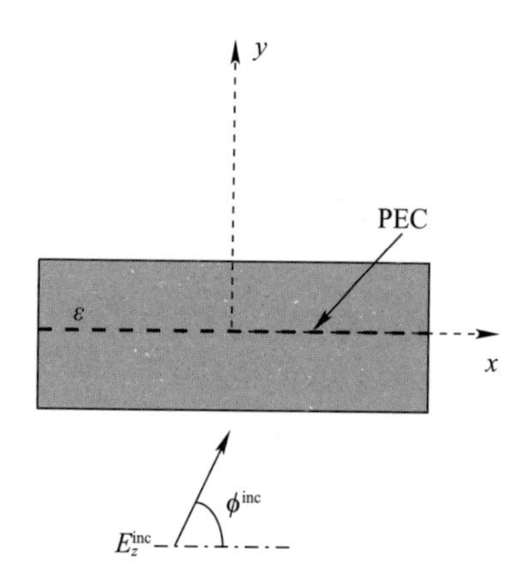

（3）建立描述该问题的新 EFIE 方程。

（4）使用点匹配 MoM（体积公式）表示数值解，计算并绘制横截面 $\Delta_x \times \Delta_y = (\lambda/20)^2$ 的 RCS$\sigma_{TM}(\phi)$。在金属条上假设一个基函数，将结果与（2）结果进行比较和讨论。

# 第6章 地面雷达天线罩

大型雷达天线通常用雷达天线罩覆盖,以保护天线免受极端天气条件的影响,且实现天线在不牺牲性能的情况下连续精确操作。天线罩尺寸较大,用多个金属桁架或电介质梁连接在一起的面板组装而成。在第 2 章和第 3 章中,我们讨论了包括介质平板和 FSS 平板在内的设计过程,并介绍了优化设计分析方法。第 5 章分析了单个介质梁或金属梁在不同入射角和极化情况下的辐射特性影响。本章将介绍基于几何外形梁集成设计的最小散射优化问题,并讨论空间桁架天线罩结构对天线辐射图的影响,如图 6 - 1 所示。

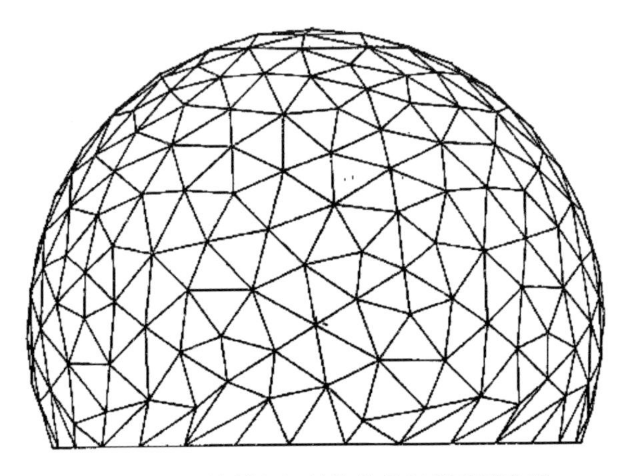

图 6 - 1 天线罩空间结构的几何模型示意图

图 6 - 1 所示的天线罩设计源于被称作"网格穹顶"的建筑概念,即由球形结构构建而成的简单几何形状。"网格穹顶"的发明者是 W. Bauersfeld,他曾在德国 Zeiss 公司工作,并于 1922 年建造天文台时提出该结构概念。20 年后,来自美国马萨诸塞州的建筑师 B. Fuller 重新设计并推广了这一设计。网格穹顶的概念是从一个原始三角形出发,在其基础上衍生出多个三角形,直至铺满整个穹顶的球面。细分三角形越多,穹顶就越平滑、越趋于接近球形形状。另外,细分

数目越高，构造所需梁数目越多，增加了天线罩内部天线的遮挡。因此，在设计中使用多少球面细分是需要权衡的。在球面上，根据三角形划分数量的不同，可以设计计算梁长度、中心位置和空间方向等。

天线罩采用球形设计一方面是由于结构和制造方面的考虑，另一方面是考虑到采用球形可提供内部天线扫描所需的对称性。从电设计的角度，梁和窗口面板都可视为一个整体，其辐射特性来自发射天线的入射能量。在微波应用中，窗口面板的影响很小(特别是在 X 波段以下)；因此，天线罩可以通过梁的辐射特性评估和远场效应叠加来确定。与常规的穹顶设计相比，天线罩设计为准随机几何结构，以减少梁散射的累积效应。

梁几何形状的随机分布程度随梁长度的减小而增大。然而，梁尺寸的减少也会带来一定的问题，如梁遮挡、面板制造过程成本效益降低。因此，在天线罩设计过程中考虑随机性时，存在一个取舍问题。从传输损耗和副瓣电平抬高性能来看，天线罩的工作频段取决于窗口面板和天线覆盖范围两个方面。窗口面板通常采用金属和介质空间桁架的低损耗塑料薄膜，或者是用于夹层空间桁架天线罩的 A 型夹层结构。窗口面板具有较宽的频带，通常不会限制天线罩的整体性能。梁的物理尺寸是由它们必须承受的所有环境和物理荷载的应力决定的，包括极高的风荷载。但梁会带来较大的辐射特性影响，从而限制天线罩的工作频带，降低整个系统的性能。Kay 最先进行了空间桁架天线罩的散射效应分析[1]。

通常采用两种方式降低梁的散射效应：

(1) 尽可能最小化单个梁的散射水平。

(2) 天线罩几何外形优化。

本章综述了空间桁架天线罩中减少单一梁或组合梁散射的各种方法，以及它们对天线罩内天线辐射特性的影响。

## 6.1 单一梁的散射分析

金属梁和介质梁的散射随频率而变化，其主要由在梁中的感应极化电流引起。这种效应可以通过感应场比(IFR)[2-3]来表征，第 5 章中已经对梁的散射模式进行了阐述。IFR 参数定义为无限长梁散射强度与具有一定尺寸梁散射强度的比值。理想的不可见梁其 IFR 等于 0，是空间桁架天线罩最优良性能的设计目标。全遮挡金属梁的 IFR 等于 1，相位为 180°。图 6－2 显示了参考文献[2,4]中完美圆柱电导体(PEC)的 IFR。而图 6－3 还显示了 $\varepsilon_r=5$ 的圆柱介质体在平行(TM)和垂直(TE)极化的 IFR 一致性。

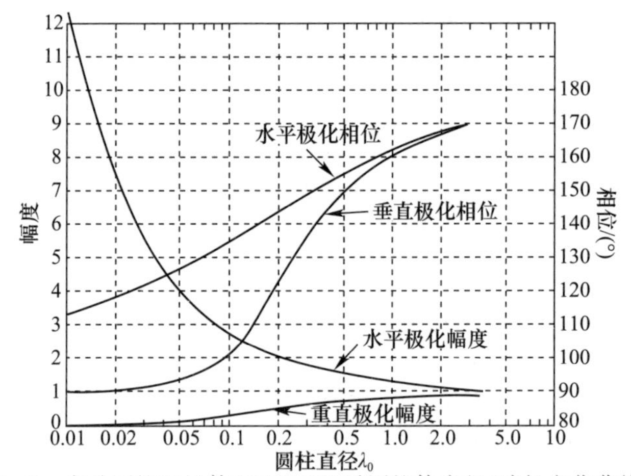


图 6-2　完美圆柱电导体(PEC)IFR 随圆柱体半径/波长变化曲线[4]

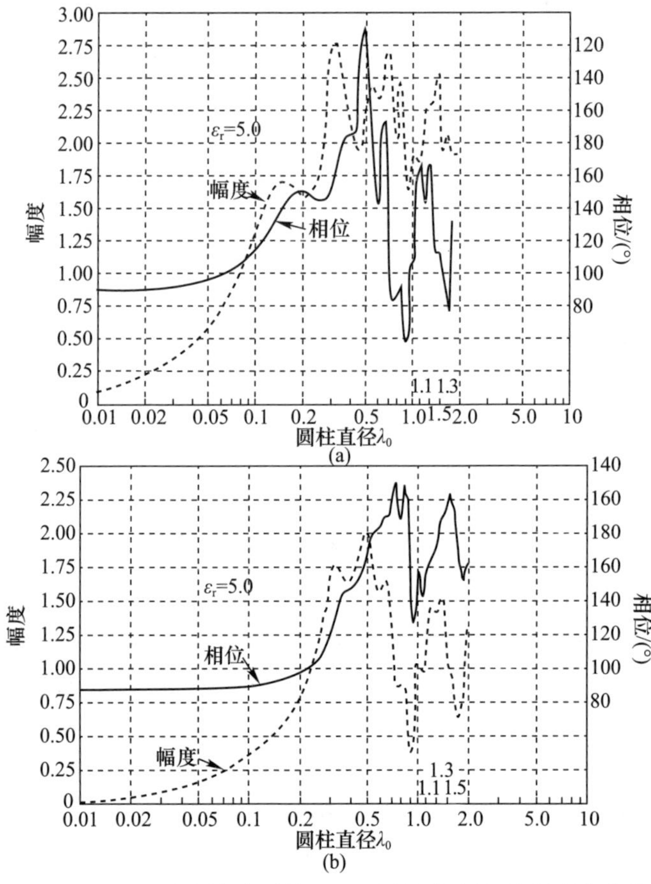


图 6-3　$\varepsilon_r=5$ 的圆柱介质体 IFR 随圆柱体半径/波长变化曲线

可以看到，金属圆柱体的IFR对于两种极化都是单调变化的。随着频率增大，平行极化的IFR幅度减小，垂直极化的IFR幅度增加。对于高频，相位为180°（遮挡）时，水平和垂直极化的IFR都趋向于1。另外，介质圆柱体的情况完全不同。可以看到，当圆柱体的半径相对于波长很小时，对于低频下的两种极化，IFR都非常低。因此，在低频（小于1GHz）时使用介质梁是有优势的。然而，随着频率增长，梁的感应极化电流强度增强，相应地，IFR也会变大。此外，IFR会发生振荡，天线罩在宽频的性能不好。参考文献[5-6]中的矩形金属梁和介质梁分别得出了类似的结论与趋势。因此，介质空间桁架（DSF）天线罩对低频（小于1GHz）很有优势，而金属空间桁架（MSF）天线罩可以在1GHz以上的宽频率范围上工作。然而，金属桁架天线罩的最小散射损失是由天线孔径中梁的总遮挡决定的。MSF天线罩散射的另一个问题是在某些高性能雷达应用中会增加天线的副瓣电平，使其超过-25dB。因此，对于1GHz以上的频率，确实需要将散射水平降低到遮挡散射影响以下。

调谐技术，如在夹层结构天线罩的介质结构中加载金属丝，用于降低介质材料拼接带来的散射恶化，从而提供比MSF或DSF天线罩更好的性能，如参考文献[7-8]和5.4节所述。金属丝中感应电流会抵消拼接缝中的感应极化电流，从而减小IFR。图6-4显示了带有垂直和水平导电带的调谐机理。

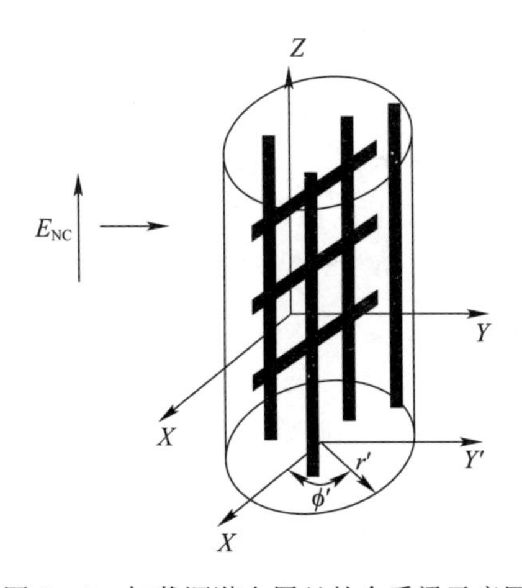


图6-4 加载调谐金属丝的介质梁示意图

Michielssen和Mittra[9-10]利用矩量法（MoM）解决了矩形截面加载金属丝的介质梁的散射计算问题，并在第5章中进行了描述。

# 6.2 组合梁的散射分析

本节采用 Kay 在参考文献[1]中提出的方法,推导了天线罩远场辐射方向图的表达式。Kay[1]方法在 MSF 和 DSF 中的应用可见参考文献[11-12],在调谐和未调谐 A 型夹层结构天线罩中的应用可见参考文献[13-15]。图 6-5 所示为梁散射机理的示意图。天线孔径为椭圆形,假设其轴为 $2a\times 2b$,其中心与天线罩中心$(0,y_0,z_0)$有偏移。散射分析的坐标系如图 6-5 所示。

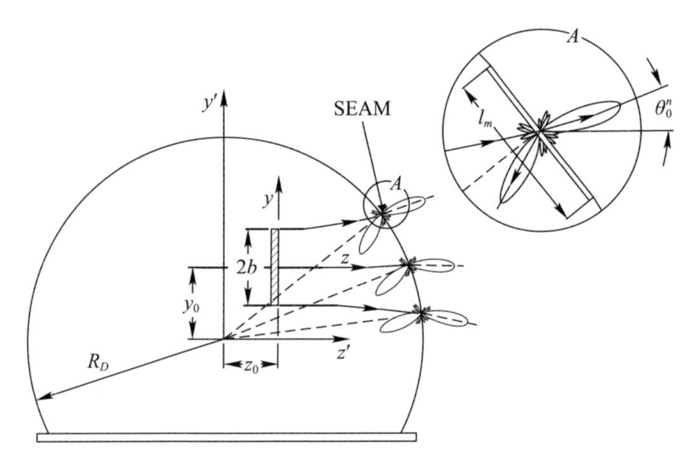


图 6-5 天线罩外形及散射机理示意图

设第 $m$ 根梁的中心坐标为$(x_m,y_m,z_m)$。在分析中,图 6-5 所示我们假设单一梁的最大前向散射方向为入射场方向。基于这一假设,被照射梁的总散射等于从这些梁投射到天线孔径上的散射之和。投影梁在天线孔径($x-y$ 面)上相对于 $y$ 轴的倾角为 $\delta_m$。见图 6-5,第 $m$ 束散射图的峰值由高斯波束中心对应组成射线的入射角$(\theta_0^m,\phi_0^m)$决定。在这个推导中,我们使用坐标系$(\theta,\phi)$,其中 $\theta$ 是在 $y-z$ 平面上测量的仰角,$\phi$ 是在 $x-y$ 平面上从 $x$ 轴测量的方位角。

为了确定梁散射引起的扰动影响,我们首先计算天线罩包围的天线未受扰动时的远场方向图,然后将这一结果叠加到组合梁的散射图中。

在散射分析中,为了计算扰动远场辐射方向图,我们做了以下有效的近似假设:

(1) 由于天线封闭,入射到天线罩上的场可以用发散高斯波束模型来表示。此外,只有封闭天线入射波束内的梁对散射有贡献。

(2) 梁的总散射场假定是所有单独梁散射场的叠加。相互耦合和多次散射效应可以忽略不计。

(3) 入射到某一特定天线罩梁构件上的场在该构件的范围内变化不大。

(4) 第 $m$ 个梁的辐射场等效于投影在天线孔径上的矩形直电流带,其长度为 $l_m$,宽度为 $w_m$,横向和轴向电流分布恒定。

为了确定波束散射引起的扰动,我们首先计算天线罩内未受扰动的远场方向图。在分析中,假定尺寸为 $2a \times 2b$ 的天线椭圆孔径分布 $f(x,y)$[14] 为

$$f(x,y) = C + (1 - C)\left[1 - \frac{x^2}{a^2} - \frac{y^2}{b^2}\right]^p \tag{6-1}$$

式中:$C$ 为底座半径;$p$ 为指数因子,决定了孔径分布的形状。基于给定孔径分布 $f(x,y)$,可以计算远场图 $f(\theta,\phi)$[16],其封闭形式为

$$f(\theta,\phi) = \pi a^2 \cos\alpha\left[C\frac{2J_1(u)}{u} + (1 - C)\frac{2^{p+1}\Gamma(p+1)J_{p+1}(u)}{u^{p+1}}\right] \tag{6-2}$$

式中:$\cos\alpha = b/a$,$J_p(u)$ 为 $p$ 阶贝塞尔函数;$\Gamma(p+1)$ 为 Gamma 函数;$u = ka\sin\theta(1 - \sin^2\phi\sin^2\alpha)^{1/2}$。为了计算入射到梁上的场,可以用具有两个参数(仰角和方位角分别为 $W_{\mathrm{el}}(z)$ 和 $W_{\mathrm{az}}(z)$)的高斯波束[17]来近似计算椭圆光阑的近场辐射。参数 $W(z)$ 由参考文献[17]给出

$$W(z) = W_0\left[1 + (\lambda_0 z/\pi W_0^2)^2\right]^{1/2} \tag{6-3}$$

式中:$W_0$ 为 $z=0$ 处高斯波束的宽度,可以是 $W_{0,\mathrm{el}}$(仰角),也可以是 $W_{0,\mathrm{az}}$(方位角)。$W_0$ 可以通过将孔径实际 3dB 波束宽度与高斯波束近似的 3dB 波束宽度相等来计算。高斯波束的曲率半径 $R(z)$ 由参考文献[17]给出

$$R(z) = z\left[1 + (\pi W_0^2/\lambda_0 z)^2\right] \tag{6-4}$$

曲率半径由两个参数决定,即方位角 $R_{\mathrm{az}}$ 和仰角 $R_{\mathrm{el}}$。给定 $W(z)$ 和 $R(z)$,可以计算高斯波束在距离天线孔径 $z$ 任意距离处的场强 $f(x,y,z)$:

$$f(x,y,z) = \left[\frac{W_{0,\mathrm{el}}W_{0,\mathrm{az}}}{W_{\mathrm{el}}W_{\mathrm{az}}}\right]^{1/2} \mathrm{e}^{-\frac{x^2}{W_{\mathrm{az}}^2}-\frac{y^2}{W_{\mathrm{el}}^2}}\mathrm{e}^{-\mathrm{j}kz}\mathrm{e}^{-\mathrm{j}\frac{\pi}{\lambda}\left(\frac{x^2}{R_{\mathrm{az}}}+\frac{y^2}{R_{\mathrm{el}}}\right)}\mathrm{e}^{-\mathrm{j}\arctan\left(\frac{\lambda_0 z}{\pi W_{0,\mathrm{el}}W_{0,\mathrm{az}}}\right)} \tag{6-5}$$

计算可得到,电场强度沿传播 $z$ 轴呈指数衰减。在 $x$ 方向为 $4W_{\mathrm{az}}$、$y$ 方向为 $4W_{\mathrm{el}}$ 的横向距离处,高斯波束强度下降超过 30dB。因此,超过 $4W_{\mathrm{az}}$($x$ 方向)和 $4W_{\mathrm{el}}$($y$ 方向)横向距离的梁散射效应可以忽略。

基于前文提到的近似,第 $m$ 束的远场散射图 $I_m(\theta,\phi)$ 可以写成

$$I_m(\theta,\phi) = w_m l_m \frac{\sin A_m}{A_m}\frac{\sin B_m}{B_m}\mathrm{e}^{\mathrm{j}k(x_m u_m + y_m v_m + z_m d_m)} \tag{6-6}$$

其中

$$
\begin{cases}
u_m = \cos(\theta - \theta_0^m)\sin(\phi - \phi_0^m) \\
v_m = \sin(\theta - \theta_0^m) \\
d_m = \cos(\theta - \theta_0^m)\cos(\phi - \phi_0^m)
\end{cases} \tag{6-7}
$$

$$
\begin{cases}
A_m = \dfrac{kw_m}{2}\sin\theta'\cos(\phi' + \delta_m) \\
B_m = \dfrac{kw_m}{2}\sin\theta'\sin(\phi' + \delta_m) \\
\sin\theta' = [\sin^2(\theta - \theta_0^m) + \cos^2(\theta - \theta_0^m)\sin^2(\phi - \phi_0^m)]^{1/2} \\
\sin\phi' = \dfrac{\sin(\theta - \theta_0^m)}{\sin\theta'}
\end{cases} \tag{6-8}
$$

梁散射 $g_m$ 由式(6-5)中天线辐射函数 $f(x_m, y_m, z_m)$ 加权得到，与 IFR 成比例，可由式(6-6)给出推导出散射方向图 $I_m(\theta,\phi)$。因此，$M$ 个梁的总散射场可以表示为

$$
F_s(\theta,\phi) = \sum_{m=1}^{M} g_m I_m(\theta,\phi/\theta_0^m,\phi_0^m) f_m(x_m, y_m, z_m) \tag{6-9}
$$

其中[12]

$$
g_m = g_{\parallel}\cos^2\delta_m + g_{\perp}\sin^2\delta_m \tag{6-10}
$$

$g_{\parallel}$，$g_{\perp}$ 分别为梁 IFR 的平行分量和垂直分量。结合由式(6-2)给出的天线 $F(\theta,\phi)$ 的未受扰方向图和由式(6-9)给出的波束 $F_s(\theta,\phi)$ 的散射方向图图样，可以计算受扰图样 $F'(\theta,\phi)$，将其表示为

$$
F'(\theta,\phi) = F(\theta,\phi) + F_s(\theta,\phi) \tag{6-11}
$$

作为梁散射效应的示例，我们考虑工作在 1.09GHz 的垂直极化天线孔径 27 英尺 ×2 英尺(1 英尺 =0.3048m)，它被封装在一个直径 56 英尺的 A 型夹层调谐天线罩结构中。假设孔径锥度为 15dB，即 $p=2$。当波束宽度为 4 英寸时，测量的平行偏振 IFR 为 −0.013 + j0.013，垂直偏振 IFR 为 −0.12 + j0.001。结果表明，在 29.6 英尺 ×13.2 英尺的光阑下，天线罩表面的高斯波束扩展得到了更多的光阑，这表明在 27 英尺 ×2 英尺的光阑下得到了更多的光阑。图 6-6[13] 显示了计算得到的散射图在考虑和不考虑辐射孔径散度效应时的对比。

可以看到，散射使波束散射的能量更均匀地分布在更宽的扇形上。天线罩的总传输损耗(含照明发散)从 0.06dB 提高到 0.02dB，散射量级变得加均匀。

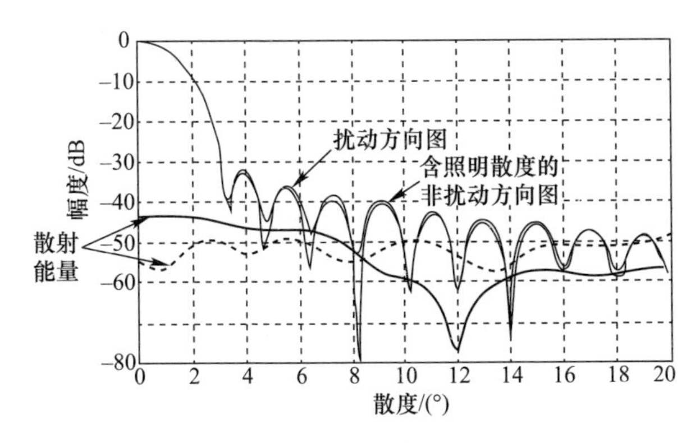


图6-6　散射图在考虑和不考虑辐射孔径散度效应对比

梁散射的能量影响许多辐射参数[18]，具体有如下几个：

## 6.2.1　传输损耗

天线罩传输特性不仅取决于天线罩窗口面板的结构，还取决于天线的扫描角、天线孔径上的场分布、天线在天线罩内的位置以及天线罩/天线尺寸比。采用射线追踪方法[19]，可以通过将所有射线的损耗相加，得到不同权重函数和扫描角，来确定天线罩的传输性能。通过天线罩的总损耗为

$$L_t = L_w + L_j$$

式中：$L_w$为由天线罩壁造成的传输损耗(dB)；$L_j$为梁散射引起的传输损耗(dB)：

$$L_j = 10\log\left|1+\rho_s\cdot\mathrm{Re}\{\mathrm{IFR}\}\right|^2 \tag{6-12}$$

其中，$\rho_s$为天线孔径上投射梁的孔径遮挡。

## 6.2.2　副瓣电平抬高

在每一扫描角，根据两种贡献之间的幅度和相位关系，由参考文献[1]模型计算由天线罩散射引起的辐射影响。和模式峰值外的副瓣电平(Sidelobe Level，SL)相对于峰值散射能量(Scattered Energy，SE)的影响，由此产生的副瓣扰动ΔSL(dB)可以表示为

$$\Delta SL = 20\log(1+10^{(SE-SL)/20}) \tag{6-13}$$

## 6.2.3　零深电平抬高

无论是共极化还是交叉极化，其散射能量都填补了单脉冲系统的零点。散射能量的轴上贡献与沿该方向辐射的零模式中的弱能量相互作用，并根据两个

源之间的振幅和相位关系影响模式。在最坏的情况下,零深度抬高可以近似为式(6-13),其中 SL(dB)可以替换为零深度。

### 6.2.4 波束宽度变化

散射能量对主波束能量的干扰使天线波束宽度(Beam Width,BW)产生 $\Delta\theta$ 的变化。当波束的两边受到相同的影响时,无论是同相还是反相组合,都会产生最大的影响。在 3dB 点处天线波束宽度变化近似用参考文献[18]描述,并表示为

$$\Delta\theta = \frac{2BW \cdot 20\log\left(1 + 10^{\frac{SE+3}{20}}\right)}{12} \tag{6-14}$$

式(6-14)假设在 -3dB 点处天线和天线罩散射场的相位相加。

### 6.2.5 瞄准误差

瞄准误差(BSE)是由天线的两边不平衡造成的。不对称主要是由于面板结构的差异或在天线前侧存在较多的梁。梁的影响是它们在天线辐射端的分布函数。估算梁瞄准误差的近似公式[18]为

$$\mathrm{BSE(rad)} = \frac{0.27\lambda_0 \cdot l \cdot w \cdot |\mathrm{Im(IFR)}|}{R^3} \tag{6-15}$$

式中:$w$ 为梁的宽度;$l$ 为梁的平均长度;$R$ 为天线的半径;$\lambda_0$ 为波长。

式(6-15)假设在光圈的一侧有一个完整的梁,而在另一侧有另一个梁没有补偿。在天线口径尺寸较大的情况下不平衡较小。

### 6.2.6 瞄准误差变化率

瞄准误差变化率取决于天线前梁数的变化。根据参考文献[18],可近似为

$$\mathrm{Slope} = \mathrm{BSE}/\theta_r \tag{6-16}$$

式中:BSE 为瞄准误差;$\theta_r$ 为天线罩梁与天线中心的相对角度。

### 6.2.7 交叉极化率

天线罩影响交叉极化的方式和它影响副瓣的方式是一样的,也就是说,散射能量会矢量叠加到天线辐射场上。其主要区别是,散射到交叉极化场的能量必须小于共极化散射能量的一半,因此,对于副瓣电平计算,用于交叉极化能量影响的散射能级要低 3dB。

## 6.2.8　天线噪声温度

天线罩对噪声温度的贡献包括三个因素：

(1) 噪声温度对天线窗口吸收的贡献 $NT_1$。

(2) 由于天线窗口的反射导致的噪声温度的贡献 $NT_2$。

(3) 梁散射引起的噪声温度贡献 $NT_3$。

在附录C中给出了天线噪声温度 $T_A$ 的表达式

$$T_A = \frac{1}{4\pi}\int_{4\pi} D(\theta',\phi')T_s(\theta')\mathrm{d}\Omega' \qquad (6-17)$$

式中：$D(\theta,\phi)$ 为天线方向性（远场近似）作为空间坐标 $(\theta,\phi)$ 的函数；$T_s(\theta')$ 为天线位置的天空温度。典型的函数如参考文献[20]所示。

在图6-7中，我们可以看到天空温度与频率的函数，仰角 $\theta$ 为参数。一般来说，天空噪声随频率增加而增加，因为通过大气的衰减随频率增加而增加。另外，在一定频率下，仰角的增加会降低天空噪声，因为随着仰角的增加，在大气中的传播路径和衰减会减小。此外，在22.5GHz时，我们可以发现由于氧气的吸收峰，天空噪声增加。由于天线罩窗口吸收而产生的噪声贡献可以用 $\mathrm{NT}_1 = 300P_a$ 来近似，其中 $P_a$ 是天线罩窗口吸收的能量量值。在计算反射贡献时，假设一半的能量反射到寒冷的大气中，另一半反射到温暖的地球(300K)。因此，$\mathrm{NT}_2 = 150P_r$，其中 $P_r$ 为天线罩反射的能量量值。散射引起的噪声温度贡献取决于天线仰角。因此，对于典型的10°仰角，我们假设一半的能量向前进入寒冷的大气，另一半向后。此外，一半以上的反向能量被天线反射回寒冷的大气。在这种假设下，我们得到 $\mathrm{NT}_3 = 75P_s$，其中 $P_s$ 是天线罩梁散射的能量量值。

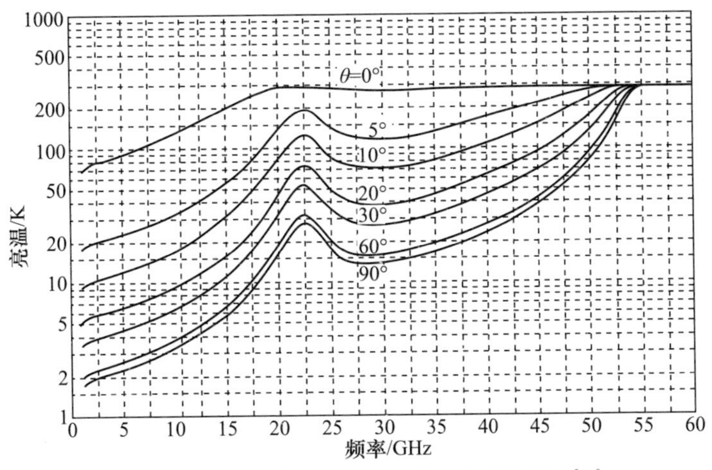


图6-7　7.5g/m$^3$水汽浓度下晴空的天空温度[20]

## 6.3 外形结构优化分析

总散射效应来自各梁在天线孔径的散射效应叠加。天线罩的外形结构优化需考虑梁总长度的最小化、窗口面板尺寸的增加、平行梁总数量的最小化以及整个天线/天线罩扫描角度的梁密度均匀性等因素。图6－8[13]显示了平行外形结构情况下，在圆形天线孔径上的天线罩梁投影与准随机外形结构下散射水平的差异及其分布对比。

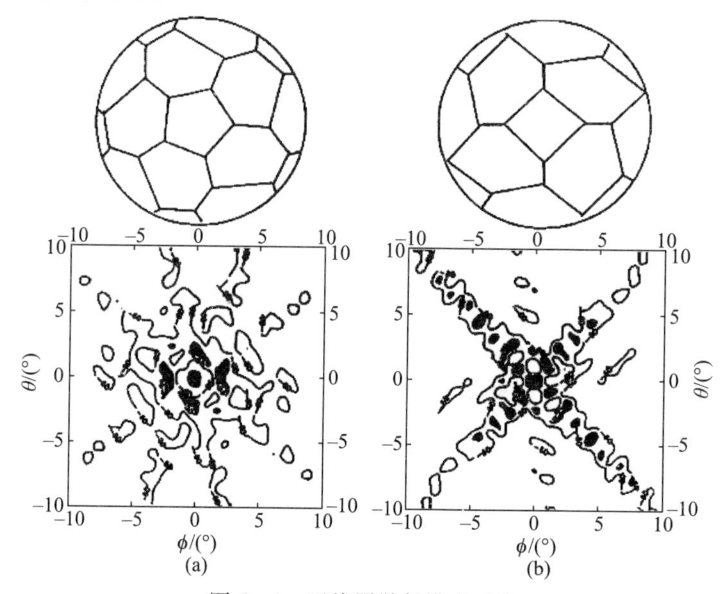


图6－8　天线罩散射模式对比

(a)准随机几何；(b)平行几何。

可以看到，准随机外形结构的散射场分布更均匀，与平行几何结构的散射场相比强度更低。因此，采用准随机窗口面板的天线罩对天线的辐射特性的影响更小。图6－9[13]显示了在有无调节梁的准随机天线罩几何结构中梁散射水平和分布的差异。

由图6－9的结果可知，夹层结构天线罩中调节梁非常重要。夹层结构天线罩中天线辐射特性的另一个重要因素是波束通过天线罩时孔径遮挡的畸变性。在一个设计良好的天线罩中，天线的孔径遮挡几乎与天线的扫描角无关。而在一个性能较差的天线罩中可能会出现较大的畸变。图6－10[13]给出了天线罩性能优劣状态下的孔径遮挡率。

梁的散射效应在大型地基天线罩的设计中起着重要作用。为了获得高性能

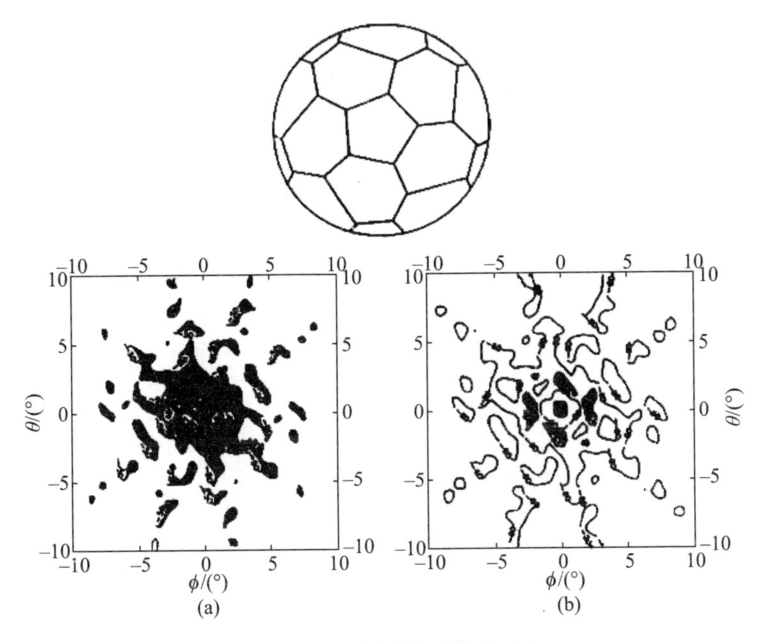


图6－9　天线罩散射模式对比

(a)未调谐光速；(b)调谐光速。

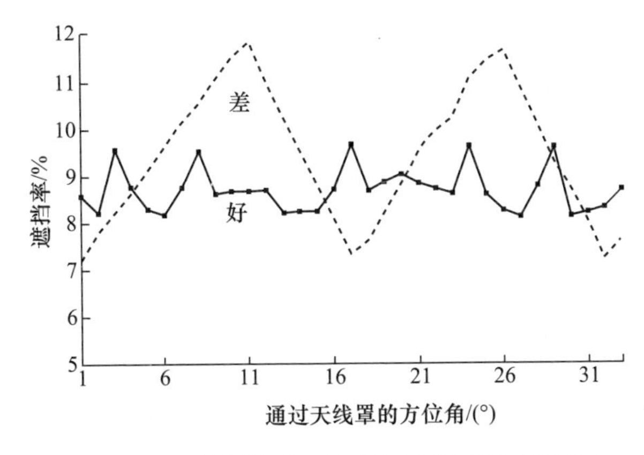


图6－10　天线罩孔径遮挡率(不同性能夹层结构)

天线罩,必须同时考虑单一梁的散射水平的降低和梁几何结构的优化。

梁的散射不仅影响传输损耗,也影响天线其他辐射特性。本章中,回顾了散射特性影响的分析方法和数值工具。分析表明,DSF天线罩的低频性能较好,而MSF天线罩的频率范围较宽,但性能有限。综上所述,如果我们需要在有限频率范围内的高性能天线罩,就应考虑使用调谐夹层结构天线罩。

## 6.4 MSF 天线罩的互调失真

大型反射面天线和金属空间桁架(MSF)天线罩由许多面板与横梁用螺栓和铆钉连接而成。这些连接处存在 10 ~ 100Å(1Å = $10^{-10}$m)大小的空气间隙。随着时间推移,这些微小间隙被金属氧化物填充,形成金属 - 绝缘体 - 金属(Metal - Insulator - Metal,MIM)连接。由于通过薄绝缘体间隙的电子隧穿效应[21-22],MIM 结构构成非线性电路元件。如果受到高射频功率水平(大于 10mW/$cm^2$)的照射,MIM 结构就会产生杂散信号。当间隙超过 10Å 时,电子隧穿效应不存在。当受到两个或多个同时使用不同频率($f_1$ 和 $f_2$)发射机的高功率微波辐射时,这些非线性元件会产生高于接收机噪声水平的互调(Intermodulation Products,IMP)信号。在雷达和卫星收发系统中,发射波段和接收波段的接近会导致(某些发射频率的互调(IMP)信号位于接收波段内)。值得关注的是,三阶积($2f_1 - f_2$)为 IMP 最高水平;然而,高阶积很复杂,取决于发射功率水平、接收器灵敏度和其使用频率。这些传输产生的 IMP 信号干扰了接收波段,可能会严重降低接收机的信噪比。

在第二次世界大战期间,雷达系统中 IMP 的影响首次被确定为天线系统的螺栓生锈,特别是在海上船只上的天线。当时,这种现象被称为"生锈的螺栓"现象。人们当时并没有真正意识到这是什么,但他们知道,如果防止螺栓生锈,接收系统中的 IMP 就会得到控制。在这类系统中,为减少 IMP 效应而提出的补救措施如下:

(1) 高导电性金属胶带覆盖易生锈连接处。

(2) 尽可能焊接,以增加可能引起导电的气隙。

(3) 使用厚度大于 100Å 的绝缘体,避免电子隧穿效应。

### 6.4.1 MSF 雷达天线罩的 IMP 效应

IMP 信号电平是一个整体的系统设计问题,从最基本的考虑发射和接收波段的频谱分配入手。如果选择恰当频率间隔,IMP 就可以产生预期低于实际系统噪声水平,并避开接收频带。在 MSF 天线罩封闭天线系统中,IMP 的贡献有很多,包括以下几个方面:

(1) 波导馈电喇叭。

(2) 副反射器。

(3) 主反射器。

(4) MSF 天线罩。

在一个设计良好的系统中,系统工程师很清楚各种因素的影响,IMP 功率电平应该低于传输载波电平 200dB 以上才能被忽略。在许多情况下,天线罩的 IMP 效应与其他光源相比可以忽略不计。在过去的几年里,各种消除产生 IMP 的方法已经在 MSF 天线罩中得到了研究和实现:

(1) 用绝缘材料分离 MSF 梁。

(2) 使用塑料套管和垫圈隔离天线罩硬件(螺栓和螺母)。

(3) 使用尼龙螺母。

(4) 尤其注意工艺和清洁制造,以避免尖锐金属边缘、金属表面微裂纹、金属划痕、金属毛刺、焊接缺陷和杂质电镀。

图 6-11 显示了标准 MSF 天线罩和处理过的 MSF 天线罩[22]的三阶 IMP 信号电平的典型对比曲线。获取两个发射频率 $f_1$ 和 $f_2$ 的测试数据,功率水平为 300mW/cm$^2$,对天线罩梁连接点进行扫描。

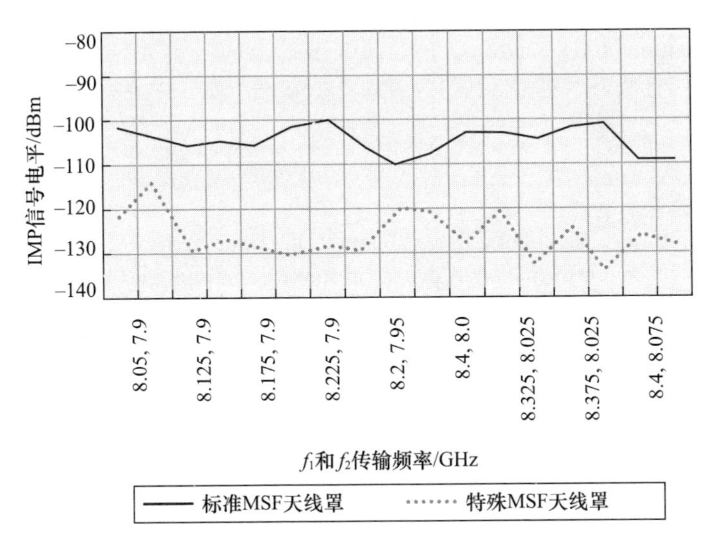


图 6-11　三阶 IMP 信号电平对比曲线
(标准 MSF 天线罩和处理过的 MSF 天线罩)

可以看到,使用 MSF 天线罩处理可以使 IMP 失真降低 30dB。

射频成像技术[23]是测量 IMP 信号电平和信号源来源的一种重要方法。利用这种方法,在天线罩梁连接点的近场中测量 IMP 信号,并反向投影到一个连接点和所在面板构成的平面上。通过这种方法,能够定位产生 IMP 信号的可疑区域并对其进行适当处理。然而,成像的最终分辨率约为 $\lambda/2$,有一定局限性。

# 参考文献

1 Kay, AF. Electrical design of metal space frame radomes. *IEEE Trans. Antennas Propagat.*, 13(2), 188–202, 1965.

2 Kennedy, PD. An analysis of the electrical characteristics of structurally supported radomes. Ohio State University, Columbus, 1958.

3 Rusch, WVT, Appel-Hansen, J, Klein, CA, and Mittra, R. Forward scattering from square cylinders in the resonance region with application to aperture blockage. *IEEE Trans. Antennas Propagat.*, 24)(2), 182–189, 1976.

4 Vitale, JA. Large radomes. In *Microwaves Scanning Antennas.* New York: Academic Press, 1966.

5 Andreasen, MG. Scattering by Conducting Rectangular Cylinders. *IEEE Trans. Antennas Propagat.*, 12(6), 746–754, 1964.

6 Richmond, JH. Scattering by a Dielectric Cylinder of Arbitrary Cross Section Shape. *IEEE Trans. Antennas Propagat.*, 13(3), 334–341, 1965.

7 Chang, KC, and Smolski, AP. The effect of impedance matched radomes on SSR antenna systems. In *IEEE Conf. Proc. Radar 87*, London, 1987.

8 Smith, FC, Chambers, B, and Bennett, JC. Improvement in the electrical performance of dielectric space frame radomes by wire loading. In *ICAP 89*, Coventry, UK, 1989.

9 Michielssen, E, and Mittra, R. RCS reduction of dielectric cylinders using a simulated annealing approach. In *IEEE APS*, Dallas, Texas, 1990.

10 Michielssen, E, and Mittra, R. TE plane wave scattering by a dielectric cylinder loaded with perfectly conducting strips. In *IEEE APS*, Dallas, Texas, 1990.

11 Katashaya, SR, and Evans, BG. Depolarization properties of metal space frame radomes. *Int'l Journal of Satellite Comm.*, 2, 61–72, 1984.

12 Chang, KC, and Smolski, AP. A radome for air traffic control SSR radar systems. In *IEEE Conf. Proc. Radar 87*, London, UK, 1987.

13 Shavit, R, Smolski, AP, Michielssen, E, and Mittra, R. Scattering analysis of high performance large sandwich radomes. *IEEE Trans. Antennas Propagat.*, 40(2), 126–133, 1992.

14 Virone, G, Tascone, R, Addamo, G, and Peverini, O. A. A design strategy for large dielectric radome compensated joints. *IEEE Antennas and Wireless Propagat. Lett.*, 28(7), 1257–1268, 2009.

15 Mishra, S., Sarkar, M, and Daniel, A. Optimization of radome

wall and joint for X-band reflector antenna using floquet modal analysis. *Journal of Electromagnetic Waves and Applications,* 28(7), 1257–1268, 2014.

16 Cornbleet, S. Microwave optics. New York: Academic Press, 1976.

17 Goldsmith, P. F. Quasi-optical techniques at millimeter and submillimeter wavelengths. In *Infrared and Millimeter Waves.* New York, New York Academic, 1982.

18 Skolnik, M. Radar handbook. New York: John Wiley & Sons, 1990.

19 Balanis, CA. Antenna theory—analysis and design. Hoboken, NJ: John Wiley & Sons, 2005.

20 Flock, WL, and Smith, EK. Natural radio noise—A mini-review. *IEEE Trans. Antennas Propag.,* 32(7), 762–767, 1984.

21 Higa, WH. Spurious signals generated by electron tunneling on large reflector antennas. *Proceedings of the IEEE,* 63(2), 306–313, 1975.

22 Ray, CE, and Exum, NL. IM Product Abatement in the DSCS Heavy Terminal. In *AP-S International Symposium*, Vancouver, 1985.

23 Aspden, PL, Anderson, AP, and Bennett, JC. Microwave holographic imaging of intermodulation product sources applied to reflector antennas. In *ICAP*, London, 1989.

## 习　　题

P6.1　一个场分布均匀、垂直极化、工作在5.6GHz的10英尺圆孔径天线被围在一个球形空间的天线罩中。天线罩梁的横截面是0.4英寸×2英寸，窄边朝向天线孔径。示意图显示了天线罩的梁在天线孔径上的投影。天线罩为金属空间框架，其中$IFR_{e,h} = -1 + j0$。

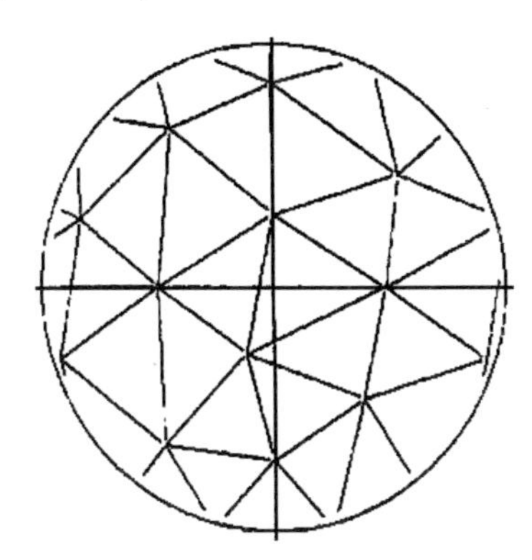

（1）计算并绘制不带天线罩的天线远场辐射图、带天线罩的散射图和天线

辐射图(忽略天线罩面板造成的插入损耗)。计算插入损耗和 BSE。

(2) 利用近似公式计算插入损耗和 BSE。参考式(6－12)和式(6－15)。

P6.2　重复 P6.1,假设天线罩的梁是由介电材料制成的,$\varepsilon_r = 4.6$, $\tan\delta = 0.02$。用代码或商业 EM 软件进行数值求解单个梁的 $IFR_{e,h}$。

(1) 计算和绘制有和没有天线罩的远场散射图和天线辐射图(忽略由于天线罩面板造成的插入损耗)。计算插入损耗和 BSE。

(2) 使用近似公式计算插入损失和 BSE。参考式(6－12)和式(6－15)。

P6.3　重复 P6.2,但假设在介质梁的中心插入 8 条宽度为 0.062 英寸的导电(PEC)平行条。中心到中心的间距为 0.277 英寸。用代码或商业 EM 软件进行数值求解单个梁的 $IFR_{e,h}$。

(1) 计算和绘制安装天线罩前后的天线远场散射图和天线辐射图(忽略由于天线罩面板造成的插入损耗)。计算插入损耗和 BSE。

(2) 利用近似公式计算插入损失和 BSE。参考式(6－12)和式(6－15)。

P6.4　重复 P6.3,但梁宽的一侧朝向天线孔径。

P6.5　讨论如果空间框架是金属、介电材料或调谐介电材料,天线罩性能的差异。

P6.6　对于问题 P6.1,计算天线指向 20°仰角时天线和带天线罩的天线的噪声温度。

# 第7章 雷达天线罩试验方法

传统天线罩和大型地面天线罩主要由平板和横梁两个部件组成。因此,为了更好地掌握设计和制造过程,需对平板和横梁这两个部件进行分别表征和测量。此外,为了验证最终的设计结果,还需测量内部天线及天线罩工作频带内不同方位角、不同极化状态的远场辐射方向图,并通过天线与带罩试验结果对比,评估天线罩的综合性能。平板计算程序主要用于表征平板的透射系数和反射系数,这部分内容将在7.1节进行详细描述。这种试验方法验证了多层平板结构采用电磁参数仿真的准确性。

对于分析由多个横梁和平板组合的大型夹层结构和电介质/金属空间桁架天线罩而言,精确表征介质结构和金属梁的散射特性是必不可少的,而分析的基础是了解结构在平面波不同入射方向时单个梁的散射特性。其中,梁的散射参数计算在第5章中,其测量方式在7.2节中描述。如7.2.1节所述,Rusch[1]提出了一个用于表征任意截面圆柱体的远场IFR的试验程序,但该程序不能表征散射方向图特性和绕射特性,因此存在一定的试验误差。7.2.2节中所描述的近场测量方法解决了这一问题,可有效评估IFR和散射模式。7.2.3节中所描述的聚焦波束系统可同时测量红外反射率和散射模式,且该方法不受测试系统反射特性影响。

## 7.1 平板测试

图7-1给出了夹层平板样件透波率(幅度和相位)测试的系统框图。该系统由发射和接收天线以及平板样件组成。平板样件位于发射和接收天线的远场区域。试验系统首先在空台下进行校准,其次测试安装平板样件的性能。测试开始之前,需检查平板样件尺寸以及发射和接收天线与平板样件间的距离是否满足远场条件,以尽量减少平板边缘的影响,避免环境噪声和衍射对测试系统的影响。

通常,需测试平板样件双极化(平行极化和垂直极化)、不同入射角和整个工作频带的性能。试验数据通常与第2章和第3章中仿真方法的结果进行比较验证。该测量系统也可以用于均质夹层平板结构中材料电磁参数($\varepsilon_r$、$\tan\delta$)的表征。在这种情况下,电磁参数由透波率测试结果(幅度和相位)、样品厚度和测试频率计算得到。将透波率试验数据与仿真数据进行比较,并通过电磁参数($\varepsilon_r$、$\tan\delta$)修正,使得试验数据和仿真数据较好吻合。在参考文献[2]中描述了基于试验数据的材料电磁参数评估方法。

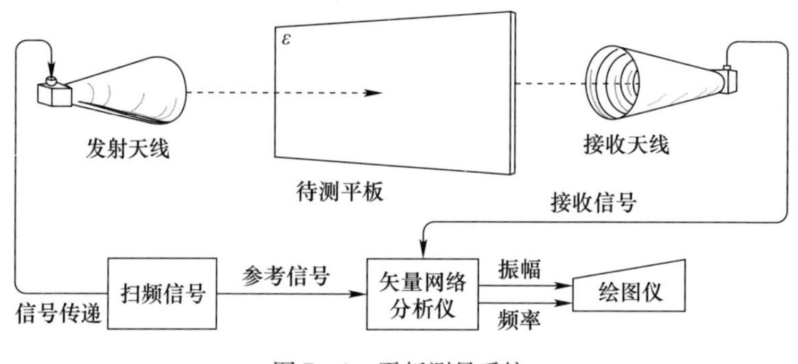


图 7-1　平板测量系统

## 7.2 前向散射参数的表征

对于分析由多个横梁和平板组合的大型夹层结构与电介质/金属空间桁架天线罩而言,精确表征介质结构和金属梁的散射特性是必不可少的。这些梁或平板样件接口会引入散射影响,从而影响天线的辐射特性。天线罩总散射效应主要是入射方向上各个梁与平板结构散射的散射场总和(在发射模式分析中),如第6章所述。而分析的基础是了解结构在平面波不同入射方向时单个梁的散射特性。因此,对于整体散射分析而言,需可计算和测量任意形状圆柱体散射特性。Kay[3]是首次引入了IFR和散射模式的概念,用于表征梁对MSF天线罩电磁性能的影响。IFR等于前向辐射远场最大值与波向相同波束宽度的2D孔径的前向辐射远场最大值之比[4]。IFR值低表示前向低散射效应。然而,Kay并未考虑交叉极化散射场和斜入条件下共极化散射模式的变化,通过试验验证的方法可以获取交叉极化和不同入射角下的散射情况。Rojas在参考文献[5]中首次提出了任意波束斜入射时全向散射特性分析方法。结果表明,在垂直入射时不存在交叉极化散射场,而斜入射时交叉极化散射场不可忽略。

圆柱散射特性分析方法可对圆形和椭圆形等标准截面进行计算,但对于任意形状的圆柱体,需使用MoM[6]和FEM[7]等进行数值计算,具体见第5章。很多情况下,这些数值计算方法都是大量数据矩阵精确求解的,然而在实际情况下,为了缩短开发周期、控制研制过程和后续的仿真测试修正,需采用一种相对精确的试验方法来确定圆柱体的 IFR 和散射模式(共极化和交叉极化)。

## 7.2.1　远场测试

Rusch 在参考文献[1]中提出了采用远场测试技术对柱状梁进行 IFR 测量的方法,如图 7-2 所示。

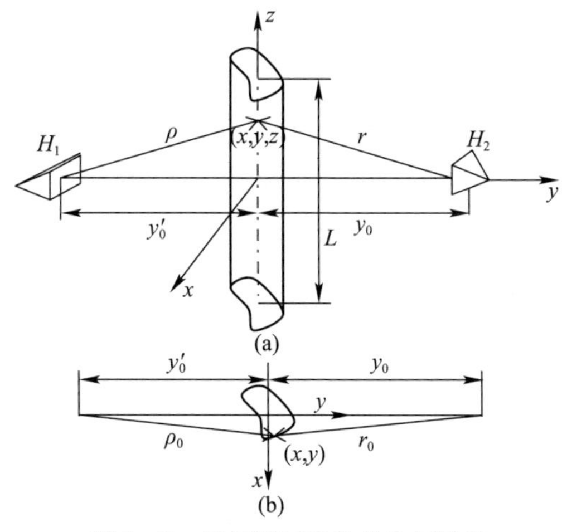


图 7-2　远场测试样件的几何形状

(a)侧视图;(b)俯视图。

$H_1$ 是发射喇叭,$H_2$是接收喇叭。将被测圆柱体放置于发射天线和接收天线的远场位置,并安装在定位器轨道上,使其可在发射天线和接收天线之间直线移动。测试过程中记录圆柱体沿 $x$ 轴的位置以及接收信号的幅度和相位信息。系统在仪器运动之前应进行校准,测试数据 $R_z, x(x)$ 为校准值。下标 $z$ 和 $x$ 分别代表入射波的垂直与水平极化。忽略圆柱体顶部和底部的边缘电流,参考文献[1]给出了散射场计算公式:

$$\boldsymbol{E}^s(0,y_0,0) = -\frac{\mathrm{j}\omega\mu}{4\pi}\hat{z}\int_{-L/2}^{L/2}\oint_{S_l} J_{sz}\frac{\mathrm{e}^{-\mathrm{j}k_0 r}}{r}\mathrm{d}l\mathrm{d}z \tag{7-1}$$

图 7-2 中,其参数为

$$\begin{cases}\rho = \sqrt{x^2 + (y_0' + y)^2 + z^2} = \sqrt{\rho_0^2 + z^2} \\ r = \sqrt{x^2 + (y_0 - y)^2 + z^2} = \sqrt{r_0^2 + z^2} \\ \rho_0 = \sqrt{x^2 + (y_0' + y)^2} \\ r_0 = \sqrt{x^2 + (y_0 - y)^2}\end{cases} \tag{7-2}$$

$J_{sz}$是圆柱体上的感应电流。基于参考文献[8]中切面场(假设圆柱尺寸相对于波长足够大,并忽略末端效应)的方法完成等式中 $z$ 积分的计算。

$$\boldsymbol{E}^{s}(0,y_0,0) = -\frac{\mathrm{j}\omega\mu}{4\pi}\mathrm{e}^{-\mathrm{j}\pi/4}\sqrt{\frac{2\pi}{k_0}}\hat{z}\int_{S_l}\frac{J_{sz}}{(\mathrm{e}^{-\mathrm{j}k_0\rho_0}/\rho_0)}\frac{\mathrm{e}^{-\mathrm{j}k_0(\rho_0+r_0)}}{\sqrt{\rho_0 r_0(\rho_0+r_0)}}\mathrm{d}l \tag{7-3}$$

如果圆柱体位于喇叭的最远处,反之亦然(相对于圆柱体的最大宽度),可以进行以下近似。相位表达式为

$$\begin{cases}\rho_0 + r_0 \cong y_0 + y_0' \\ \rho_0 \cong y_0' + y\end{cases} \tag{7-4}$$

幅度近似为

$$\begin{cases}\rho_0 \cong y_0' \\ r_0 \cong y_0\end{cases} \tag{7-5}$$

由此

$$\boldsymbol{E}^{s}(0,y_0,0) \cong \hat{z}\frac{\mathrm{e}^{\mathrm{j}\pi/4}wE_0'\mathrm{e}^{-\mathrm{j}k_0(y_0+y_0')}}{\sqrt{\lambda y_0 y_0'(y_0+y_0')}}\mathrm{IFR}_e \tag{7-6}$$

其中

$$\mathrm{IFR}_e = \frac{\eta_0}{2wE_0'(\mathrm{e}^{-\mathrm{j}k_0 y_0'}/y_0')}\oint_{S_t} J_{sz}\mathrm{e}^{\mathrm{j}k_0 y}\mathrm{d}l \tag{7-7}$$

$w$ 表示前向入射时圆柱体阴影区域的入射场。$E_0'$ 是发射喇叭 $H_1$ 产生的电场幅度。因此,在圆柱体存在的情况下,$H_2$ 喇叭接收端口的总场为

$$\boldsymbol{E}^{\mathrm{T}}(0,y_0,0) = \boldsymbol{E}^{\mathrm{inc}}(0,y_0,0)\left[1 + w\mathrm{e}^{\mathrm{j}\pi/4}\mathrm{IFR}_e\sqrt{\frac{y_0+y_0'}{\lambda y_0 y_0'}}\right] \tag{7-8}$$

其中

$$\boldsymbol{E}^{\mathrm{inc}}(0,y_0,0) = \frac{E_0'\mathrm{e}^{-\mathrm{j}k_0(y_0+y_0')}}{y_0+y_0'}\hat{z} \tag{7-9}$$

$\boldsymbol{E}^{\mathrm{inc}}$是指在没有圆柱体的情况下从 $H_1$ 指向 $H_2$的电场。当圆柱体位于 $H_1$ 和 $H_2$之间时,测量 $H_2$ 上入射场中的幅度变化 $\Delta\alpha$ 和相位变化 $\Delta\phi$。因此,$\boldsymbol{E}^{\mathrm{inc}}(0,y_0,0)\mathrm{e}^{-\Delta\alpha}\mathrm{e}^{-\mathrm{j}\Delta\phi}$表示总场 $\boldsymbol{E}^{\mathrm{T}}(0,y_0,0)$,从式(7-8)推导可知

$$\mathrm{IFR}_e = (\mathrm{e}^{-\Delta\alpha-\mathrm{j}\Delta\phi} - 1)\frac{\mathrm{e}^{-\mathrm{j}\pi/4}}{w}\sqrt{\frac{\lambda y_0 y_0'}{y_0+y_0'}} \tag{7-10}$$

由此可以导出 $\mathrm{IFR}_h$ 的值。

图 7-3 显示了函数 $\mathrm{IFR}_{e,h}$随 $w/\lambda$ 的变化,通过使用远场测试技术对圆形和方形 PEC 圆柱体进行测量,并与第 5 章中 MoM 仿真计算的结果进行比较。由

参考文献[1]可知，仿真和试验结果一致性较好。对于梁以及夹层结构平板，实际测试见图 7-2，可以避免测试系统运动轴上的多次反射造成的测量误差，如图 7-4 所示。

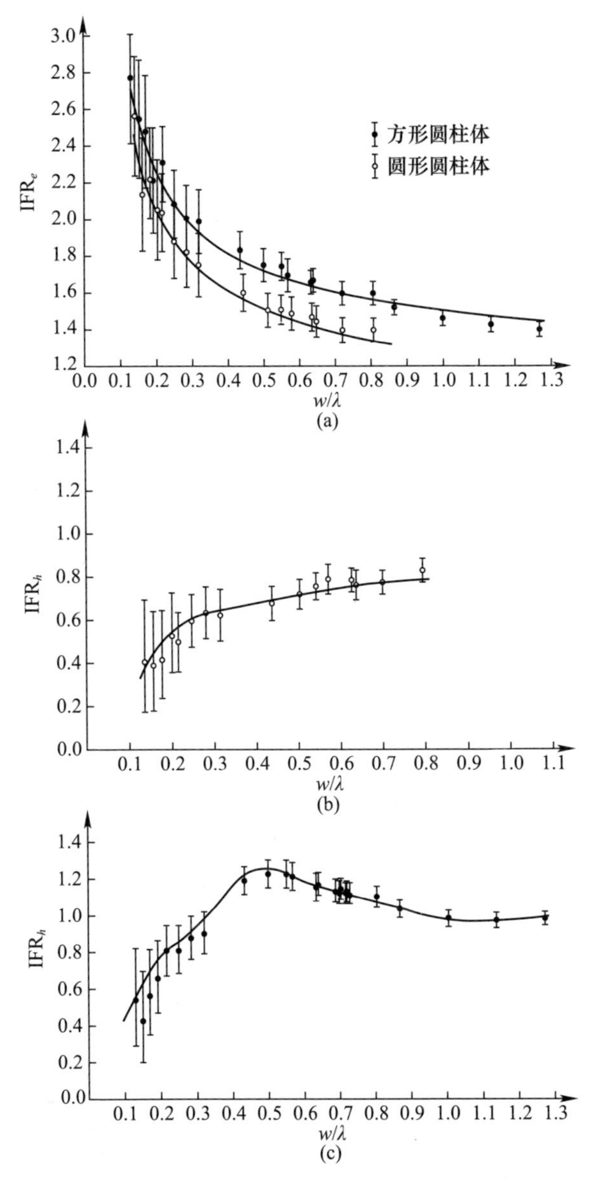


图 7-3　函数 $IFR_{e,h}$ 随 $w/\lambda$ 的变化（远场测试结果与 MoM 仿真计算结果）

(a)圆形和方形 PEC 圆柱体的 $IFR_e$；(b)圆形 PEC 圆柱体的 $IFR_h$；

(c)方形 PEC 圆柱体的 $IFR_h$。

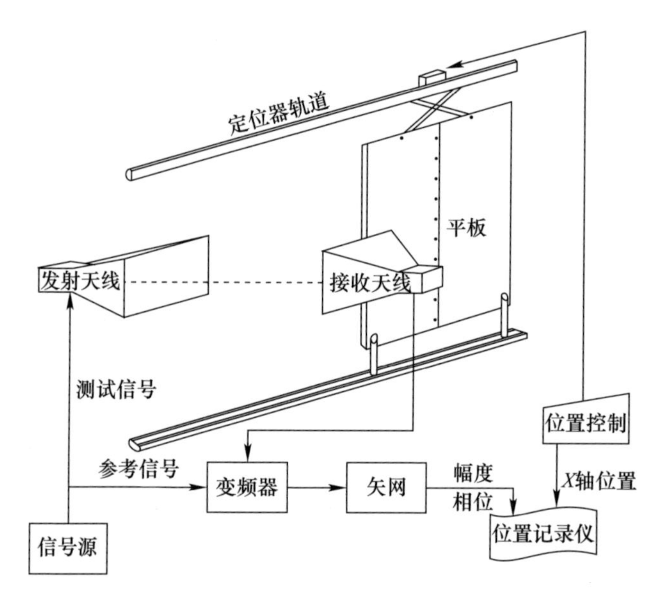


图 7－4　平板测试的测量装置

测试时将两块平板放置在收发天线之间,两块平板之间存在接缝,将测试平板在接收和发射喇叭前面的定位器轨道上移动。在平板移动过程中,记录下接收信号的幅度和相位信息。通过平板接缝区域测量的幅相信息,使用式(7－10)计算接缝的 IFR。图 7－5 显示了未调谐(介质结构梁)和 5.4 节所述的调谐(具有导电条带的结构梁)的平行(TM)与垂直(TE)极化的幅度和相位信息。

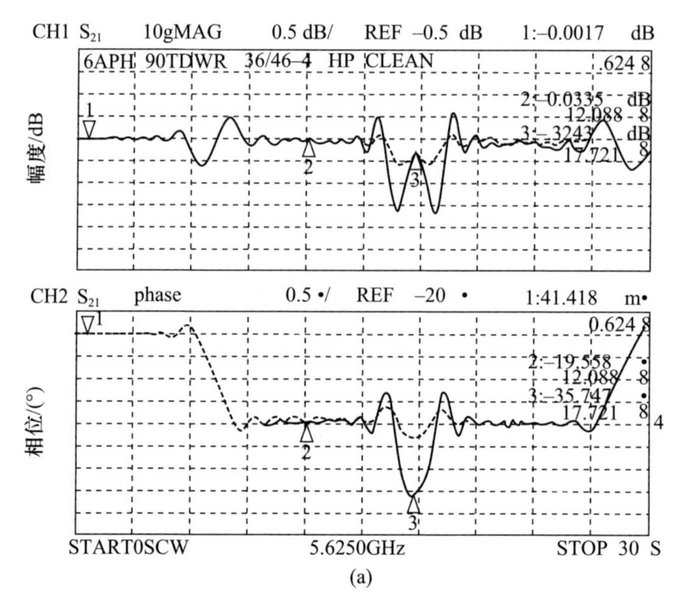


(a)

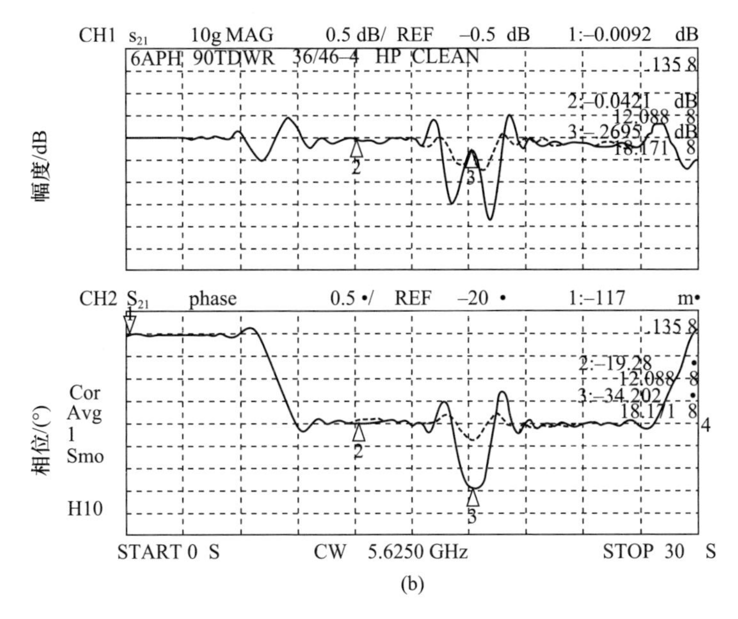


图 7－5　调谐和未调谐接缝的实测 TL 和 IPD

(a)垂直极化；(b)水平极化。

参考信号可在平板未移动到收发天线前测量得到；当平板移动到收发天线之间连接线时存在衍射效应，平板的插入相位延迟(IPD)和传输损耗(TL)曲线；当平板移动至收发天线之间区域时，接缝区域存在相位和幅度扰动。由测试结果可知，幅相信息相对于接缝轴是对称的。对于调谐情况，接缝区域中幅度和相位的扰动显著减小，使其具有较低的前向散射水平(IFR)。此外，调谐情况下接缝引入的 IPD 明显减小。

## 7.2.2　近场测试

Rusch 在参考文献[1]中提出了 IFR 概念和测试方法，用来测量任意形状圆柱体的远场值，但该表征方法缺乏测量梁散射模式的能力。在本节中，介绍参考文献[9]中通过近场测试确定组合梁散射特性的试验和数值相结合的方法，其测试精度与远场测量相当，但可提供散射模式计算。参考文献[10]中提出了一种基于标准近场测试的类似测量方法，但主要采用移动探测方法测试大型相控阵和固定圆柱体。

近场测试系统的示意图如图 7－6 所示。

发射天线为喇叭天线，孔径为 $A \times B$，线性极化(平行或垂直于圆柱轴)。被测圆柱体位于发射天线的远场。孔径尺寸为 $a \times b$ 的开放式波导管沿 $x$ 轴在距

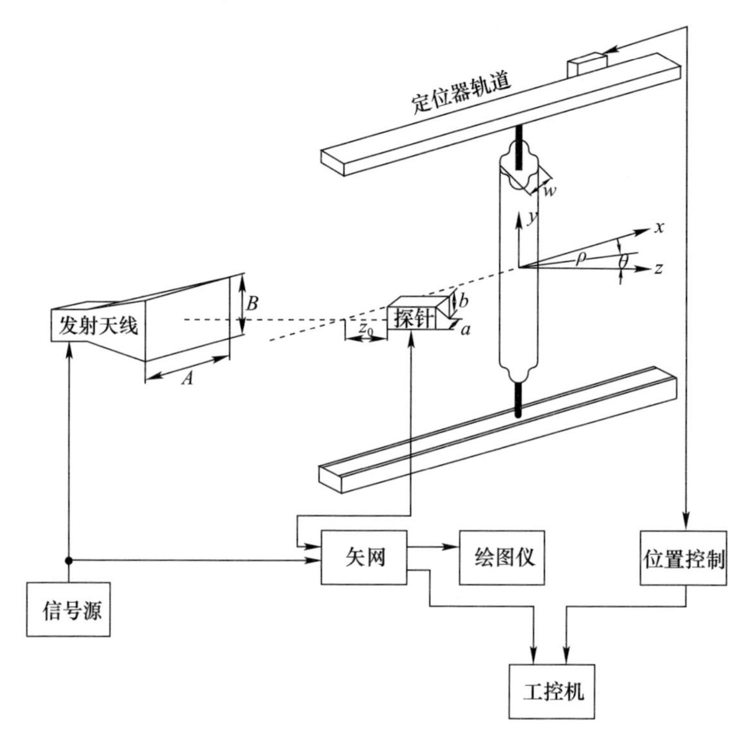


图 7－6　近场测量设置

离 $z_0$ 处测试圆柱体近场。测试过程中，探针应距离 $z_0$ 足够大（$>3\lambda$），以避免探针和圆柱体之间的多次反射。探针固定不动，测试件安装在定位器轨道上可移动。记录圆柱体沿 $x$ 轴的位置以及接收信号的幅度和相位。该系统在测试前应先进行校准，记录的信号 $R_{y,x}(x,z_0)$ 为校准值。下标 $y$ 和 $x$ 分别代表入射场的垂直和水平极化。

探针在待测圆柱体前面移动的标准步骤是，射频电缆保持静止，使其不会在运动过程中引入测量误差。在待测圆柱体移动过程中，入射电磁波的角度会发生变化。随着探针移动到圆柱体表面，误差最小。

通常情况下，我们假设电磁波沿 $y$ 方向入射，假设圆柱体在 $y$ 方向上是不稳定的；因此，所有场仅与 $x$ 和 $z$ 相关。测量的圆柱体散射场 $E_y^s(x,z)$ 可以用它的平面波谱 $E_y^s(k_x)$ 和探针的平面波谱 $\widetilde{P}_y(k_x)$ 表示[10]：

$$E_y^s(x,z) = \int_{-\infty}^{\infty} \widetilde{P}_y(k_x)\ \widetilde{E}_y^s(k_x)\mathrm{e}^{-\mathrm{j}k_x x}\mathrm{e}^{-\mathrm{j}k_z z}\mathrm{d}k_x \qquad (7-11)$$

其中，$K_z=\sqrt{k_0^2-k_x^2}$ 和 $k_0$ 是自由空间中的传播系数。式(7－11)的傅里叶逆变换给出了散射的平面波频谱。根据测量的散射近场 $E_y^s(x,z_0)$

$$\widetilde{E}_y^s(k_x) = \frac{\mathrm{e}^{\mathrm{j}k_z z_0}}{2\pi}\widetilde{P}_y^{-1}(k_x)\int_{S_a} E_y^s(x,z_0)\mathrm{e}^{\mathrm{j}k_x x}\mathrm{d}x \tag{7-12}$$

式中：$S_a$ 为沿 $x$ 轴探测近场的面积。给定平面波谱 $\widetilde{E}_y^s(k_x)$，我们可以得到在 $\rho\to\infty$ 时远场 $E_\phi^s(\rho,\theta)$ 的计算方法[8]。远场计算公式中 $k_x = k_0\sin\theta$ 和 $k_z = k_0\cos\theta$ 中的 $\theta$ 见图 7－6。可推导得

$$E_\phi^s(\rho,\theta) = 2\pi\sqrt{\frac{\mathrm{j}k_0}{2\pi\rho}}\mathrm{e}^{-\mathrm{j}k_0\rho}\cos\theta\widetilde{E}_y^s(k_0\cos\theta) \tag{7-13}$$

参考文献[8]中计算了开放波导探针的平面波谱，即

$$\widetilde{P}_y(\theta) = \cos\theta\frac{\pi^2\cos\left(\frac{\pi a}{\lambda}\sin\theta\right)}{\pi^2 - 4\left(\frac{\pi a}{\lambda}\sin\theta\right)^2} \tag{7-14}$$

将式(7－14)替换为式(7－12)并将结果替换为式(7－13)中圆柱体的散射远场模式 $F_y^s(\theta)$，根据垂直极化的近场数据

$$F_y^s(\theta) = \frac{\pi^2 - 4\left(\frac{\pi a}{\lambda}\sin\theta\right)^2}{\pi^2\cos\left(\frac{\pi a}{\lambda}\sin\theta\right)}\int_{S_a} E_y^s(x,z_0)\mathrm{e}^{\mathrm{j}k_0 x\sin\theta}\mathrm{d}x \tag{7-15}$$

通过类似的推导，使用 Yaghian 模型[11]得到垂直极化下波导探针的平面波谱为

$$\widetilde{P}_x(\theta) = \frac{1 + \frac{\beta}{k}\cos\theta}{1 + \frac{\beta}{k}}\frac{\sin\left(\frac{\pi b}{\lambda}\sin\theta\right)}{\frac{\pi b}{\lambda}\sin\theta} \tag{7-16}$$

式中：$\beta$ 为 $\mathrm{TE}_{10}$ 模式在波导中的传播常数，由此得到在水平极化下散射模式 $F_x^s(\theta)$ 表示为

$$F_x^s(\theta) = \frac{1 + \frac{\beta}{k}}{1 + \frac{\beta}{k}\cos\theta}\frac{\frac{\pi b}{\lambda}\sin\theta}{\sin\left(\frac{\pi b}{\lambda}\sin\theta\right)}\int_{S_a} E_x^s(x,z_0)\mathrm{e}^{\mathrm{j}k_0 x\sin\theta}\mathrm{d}x \tag{7-17}$$

式(7－15)和式(7－17)为傅里叶表达式，可以通过快速傅里叶变换算法进行计算。近似前向散射模式 $F_a(\theta)$ 等效为孔径的辐射模式，可以通过圆柱形阴影宽度 $w$ 和恒定的场分布来表示，见参考文献[12]：

$$F_a(\theta) = \frac{\sin\left(\pi\frac{w}{\lambda}\sin\theta\right)}{\pi\frac{w}{\lambda}\sin\theta} \tag{7-18}$$

$\mathrm{IFR}_{e,h}$ 定义为前向散射远场 $E_{y,x}^s(\rho,0)$ 与参考场 $E^r(\rho,0)$ 在平面波 $\boldsymbol{E}^{\mathrm{inc}}$ 方向

上的比，等于入射波前上圆柱体几何横截面的阴影[4]。模拟场 $E^r(\rho,\theta)$ 可以在 $\boldsymbol{E}^{\mathrm{inc}}$ 作为孔径场时从式(7－12)和式(7－13)中获得。按照这些步骤，可知：

$$E^r(\rho,0)=\boldsymbol{E}^{\mathrm{inc}}w\sqrt{\frac{\mathrm{j}k_0}{2\pi\rho}}\mathrm{e}^{\mathrm{j}k_0z_0}\mathrm{e}^{-\mathrm{j}k_0\rho} \tag{7-19}$$

当式(7－13)中 $\theta=0$ 时，可以得到近场数据下圆柱体的 $\mathrm{IFR}_{e,h}$：

$$\mathrm{IFR}_{e,h}=\frac{1}{w}\int_{S_a}\frac{E^s_{y,x}(x,z_0)}{\boldsymbol{E}^{\mathrm{inc}}}\mathrm{d}x \tag{7-20}$$

图7－7给出了直径为0.75英寸的金属圆柱体测试时垂直极化(Vertical Polarization，VP)和水平极化(Horizontal Polarization，HP)的近场幅相曲线。测试频率为10GHz，探针与圆柱体之间的距离为 $z_0=3.5$ 英寸。

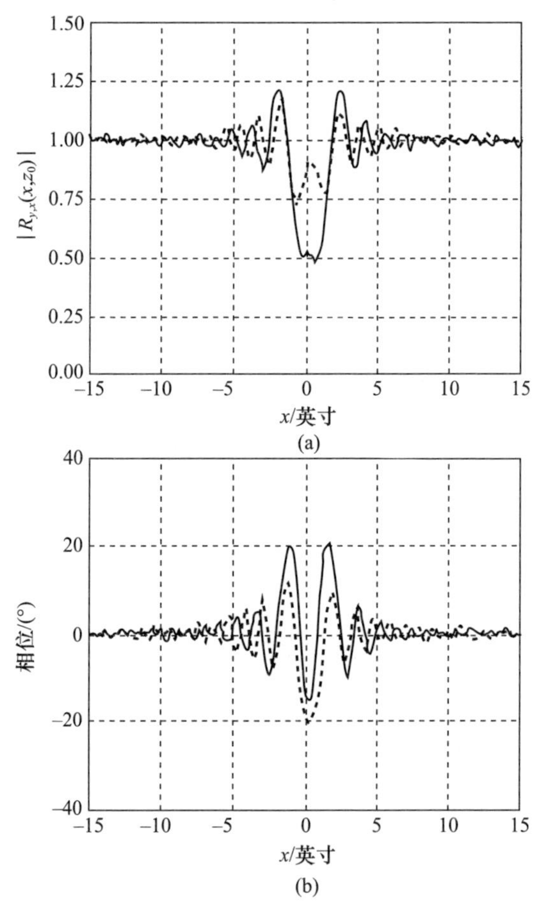


图7－7　在直径为0.75英寸的金属圆柱体运动中记录的信号(—)VP、(---)HP

(a)幅度；(b)相位。

横坐标表示沿 $x$ 轴，发射喇叭和探针间的距离。当圆柱体穿过连接线前 $R_{y,x}(x,z_0)$ 为参考信号电平，当圆柱体穿过连接线时会产生衍射效应。测试信号在移动过程中相对于视轴对称。根据如上所示积累的近场数据，可以计算 IFR 和散射模式，如图 7-8 所示。为了进行比较，还给出了方程中描述的近似散射模式(7-18)和参考文献[13]中圆柱体的解析散射图。对于垂直极化，解析散射模式为

$$E_z^s \sim \sum_{n=-\infty}^{\infty} \frac{J_n(kw/2)}{H_n^{(2)}(kw/2)} \mathrm{e}^{\mathrm{j}n\theta} \tag{7-21}$$

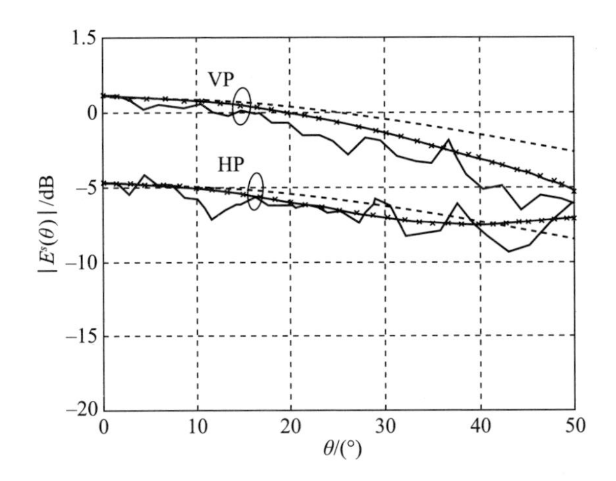


图 7-8　基于近场数据的直径为 0.75 英寸(—)的金属圆柱体的散射模式，(∗—∗)解析解方程(7-21)，(----)式(7-18)近似

对于水平极化，解析散射模式为

$$H_z^s \sim \sum_{n=-\infty}^{\infty} \frac{J_n'(kw/2)}{H_n^{(2)\prime}(kw/2)} \mathrm{e}^{\mathrm{j}n\theta} \tag{7-22}$$

其中，$J_n(x)$ 和 $H_n^{(2)}(x)$ 为第 $n$ 阶贝塞尔函数和第二类汉克尔函数，用 $n^{\text{th}}$ 表示顺序，$J_n'(x)$ 和 $H_n^{(2)\prime}(x)$ 表示其导数。

在前向散射方向($\theta=0$)，散射场的幅度等于 $E^s(0) = 20\log|\text{IFR} * w/\lambda|$，在近场测试中，设置 $N=256$ 个采样点，采样间距小于 $\lambda/2$，可以看到基于近场数据的计算模式和仿真结果一致性良好。

表 7.1 将基于累积近场数据的 $\theta=0$ 时的 IFR 值与 Rusch 方法[1]测量的 IFR 远场值以及精确的分析值进行了比较。金属梁是圆形的，直径为 0.75 英寸；塑料梁由塑料制成，$\varepsilon_r=4.2$，尺寸为 0.66 英寸 ×2.25 英寸。采用入射波垂

直入射,工作频率为10GHz。

使用参考文献[13]中的推导计算金属梁的IFR分析值。如第5章所述,塑性梁的计算值是用矩量法计算的。可以得出,通过这两种方法测量的IFR值之间有很好的一致性。本书中的近场方法很好地验证了MoM解析和数值计算的精确散射特性。

表7-1 金属梁和塑料梁的IFR比较

| 极化类型 | 梁类型 | 计算 | 近场测试值 | 远场测试值 |
| --- | --- | --- | --- | --- |
| 垂直极化 | 金属圆形梁,直径0.75英寸 | -1.31+j0.55 | -1.37+j0.64 | -1.25+j0.52 |
| | 塑料矩形梁0.66英寸×2.25英寸 | -0.73-j0.34 | -1.03-j0.81 | -0.97-j0.18 |
| 水平极化 | 金属圆形梁,直径0.75英寸 | -0.68-j0.33 | -0.72-j0.26 | -0.69-j0.36 |
| | 塑料矩形梁0.66英寸×2.25英寸 | -1.71+j0.93 | -2.25+j0.41 | -1.8+j0.49 |

### 7.2.3 聚焦波束系统

在本节中,介绍了一种用聚焦波束系统测定任意形状圆柱体散射特性的试验和数值相结合的方法。在所提出的系统中,基于测量数据计算IFR,并且直接测量散射模式,该方法需要对测量数据进行后处理。与开放式测量系统相比,聚焦波束系统的特点是可以最大限度地减少由相邻物体的镜面反射和漫反射引起的测量误差。

聚焦波束测量系统的独特特性在于提供了一个严格约束的场分布,通常测试焦点位于发射端和接收端之间,可通过在这种系统中插入一个圆柱体来分离入射场和散射场。这一特性显著提高了被测圆柱体散射参数的测量精度。此外,与以前系统中存在的测量误差相比,这种新方法还减少了与测试设施附近散射体的镜面反射和漫反射相关的测量误差[1]。

在斜入射时,采用聚焦波束系统测量任意形状的圆柱截面,并给出散射分析。散射分析提取了圆柱的IFR和主极化/交叉极化散射模式,这是该测试方法的独特特征。

聚焦波束测量系统的示意图如图7-9所示。

聚焦波束系统由孔径为$D$的两个相同的轴对称介质透镜$L_1$和$L_2$以及两个相同的线极化馈电喇叭$H_1$和$H_2$组成。每个透镜的设计使得它的两个焦点位于

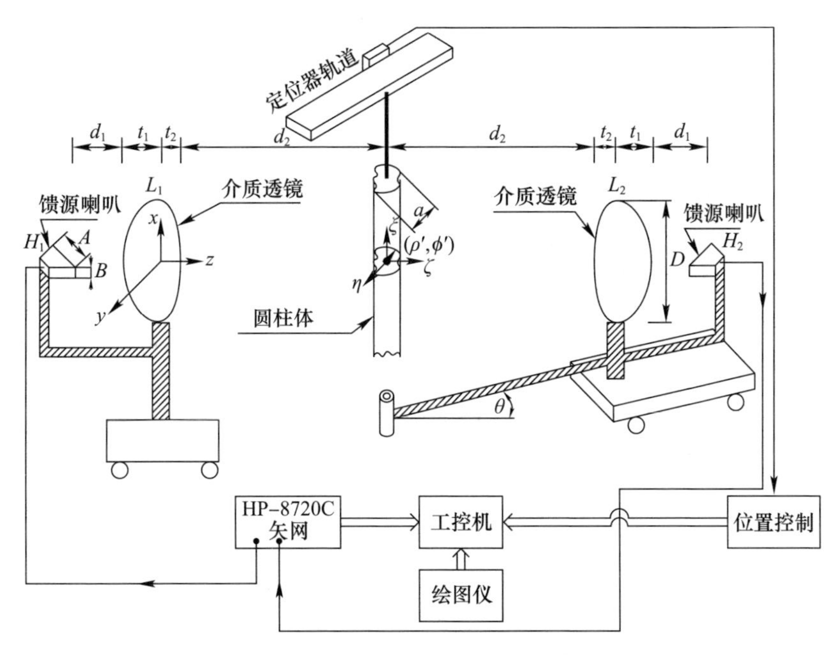


图7-9　聚焦波束系统的示意图

离透镜相对侧的透镜表面距离$f_1$和$f_2$处。馈电喇叭相位中心到透镜表面的距离是$d_1$。原则上，系统配置为$f_1=d_1$；然而，馈电喇叭相位中心随频率的移动，以及高斯波束在透镜另一侧的位置依赖于频率，因此，这一要求并不是在所有频率下都能精确实现。

由发射馈电喇叭$H_1$辐射的能量被透镜$L_1$折射，并在透镜的相对侧聚焦到距透镜距离$d_2$处的两个透镜的公共焦点表面，耦合到接收透镜$L_2$，并重新聚焦到$H_2$。因此，馈电喇叭$H_1$和透镜$L_1$将被指定为发射天线，而馈电喇叭$H_2$和透镜$L_2$将被指定为接收天线。系统的焦平面被定义为穿过两个透镜的内部（公共）焦点并垂直于系统轴的平面。该平面还表示两个天线系统的高斯波束的大致位置。在测试中圆柱形散射体的中心位于这个焦平面上，并且其轴与系统轴成角度$\theta_0$，见图7-9。

在分析中，我们假设聚焦波束系统的传播机制可以用基本高斯波束来描述[15]。因此，发射馈电喇叭$H_1$的发散高斯波束（参见图7-9）被发射透镜转换成会聚高斯波束，在内焦平面上具有最小$w_{0x}$和$w_{0y}$。出于对称性考虑，会聚高斯波束被转换成由接收透镜折射的发散高斯波束，随后被转换成由接收馈电喇叭$H_2$折射的会聚高斯波束。在内焦平面上，我们得到了一个具有恒定的相位分布。

首先，在圆柱体移动到焦平面之前，记录两个聚焦波束之间的同极化耦合（幅度和相位）以提供参考值。其次，将被测试的柱面定位在焦平面中，相对于系统轴倾斜角度 $\theta_0$，并且记录归一化为无柱面情况的两个聚焦波束之间的耦合，$R(y)=\alpha e^{j\Delta\phi}$（$\Delta\alpha$ 是相对幅度，$\Delta\phi$ 是相对相位）。最后，接收透镜 $L_2$ 及其馈电喇叭 $H_2$ 以预定的角度增量在拱形上旋转，其旋转中心位于焦平面内。对于每个角点，在有和没有圆柱体的情况下都可以获得两个读数。对于交叉极化的情况重复该过程，接收馈电喇叭 $H_2$ 绕其轴旋转 90°[17]。

透镜的 $x$ 和 $z$ 坐标显示了两个双曲线轮廓可以通过几何光学计算，见图 7-9，并在参考文献[14]中表述为

$$x_{1,2}=\sqrt{(n^2-1)(z_{1,2}+t_{1,2})^2+2(n-1)f_{1,2}(x_{1,2}+t_{1,2})} \tag{7-23}$$

其中，下标 1、2 表示镜片的两个相对的侧面轮廓，$t_{1,2}$ 表示图 7-9 所示的镜片厚度，可以通过参考文献[14]的表述计算

$$t_{1,2}=\frac{1}{n+1}\left[\sqrt{f_{1,2}^2+\frac{(n+1)D^2}{4(n-1)}}-f_{1,2}\right] \tag{7-24}$$

式中：$n$ 为透镜材料的折射率。类似于薄介质透镜的分析[17]，$f$ 为透镜的等效焦距，由 $1/f=1/f_1+1/f_2$ 给出。Goldsmith 在参考文献[15]中得出，馈电喇叭的辐射特性，可以用最小 $w_{0e}$ 和 $w_{0h}$ 的基本高斯波束来近似，表征 $E$ 面和 $H$ 面的辐射。$w_{0e}$ 和 $w_{0h}$ 与馈电喇叭 10dB 波束宽度 $\mathrm{BW}_e$ 和 $\mathrm{BW}_h$ 相关，近似公式为 $w_{0e,h}=0.68\lambda/\mathrm{BW}_{e,h}$。馈电喇叭经过设计其 $w_{0e}$ 和 $w_{0h}$ 的值接近。因此，可通过 $w_{0f}=\sqrt{w_{0e}w_{0h}}$ 来确定馈电喇叭的等效准圆形最小值。此外，我们假设[15]两个透镜充当相位变换器，每个透镜提供的相位超前近似与光线距离 $r$ 的平方成正比，即

$$\Delta\phi=\pi r^2/\lambda f \tag{7-25}$$

这种相位提前将 $H_2$ 馈电喇叭的发散高斯波束（参见图 7-9）转换为会聚高斯波束，其最小为 $w_{0l}$，距离透镜表面 $d_2$。通过对称性，这个会聚的高斯波束被转换成由第二透镜捕获的向外高斯波束，并被转换成由 $H_1$ 馈电喇叭捕获的向内高斯波束，见图 7-9。因此，在透镜之间距离的一半处，我们获得了具有恒定相位分布的最小 $w_{0l}$。

1. 无目标散射体的系统分析

在参考文献[15]中，两个天线之间主极化传输损耗的角度依赖性与焦平面内向内和向外高斯波束之间的耦合成正比。焦平面（$z=0$）中向内高斯波束的主极化电场分布如下：

$$\boldsymbol{f}^t(x,y)=(f^t_{\mathrm{copol}}\hat{\boldsymbol{x}}+f^t_{\mathrm{xpol}}(y)\hat{\boldsymbol{y}})\mathrm{e}^{-\frac{x^2}{w_{0x}^2}-\frac{y^2}{w_{0y}^2}} \tag{7-26}$$

$$\boldsymbol{f}^r(x,y)=(f^r_{\text{copol}}\hat{\boldsymbol{x}}+f^r_{\text{xpol}}(y)\hat{\boldsymbol{y}})\mathrm{e}^{-\frac{x^2}{w_{0x}^2}-\frac{y^2}{w_{0y}^2}}\mathrm{e}^{-\mathrm{j}ky\sin\theta} \tag{7-27}$$

由于系统的对称性,可假设$f^t_{\text{copol}}=f^r_{\text{copol}}=f^t_0$,$f^t_{\text{xpol}}=f^r_{\text{xpol}}$,主极化耦合因子$C^c_{\text{copol}}(\theta)$和交叉极化耦合因子$C^c_{\text{xpol}}(\theta)$,使用变量分离、积分,超过$x$可以进行分析。因此,简化的同极化耦合因子$C^c_{\text{xpol}}(\theta)$由下式给出:

$$C^c_{\text{copol}}(\theta)=\int_{-\infty}^{\infty}\boldsymbol{f}^t\cdot\boldsymbol{f}^{r*}\mathrm{d}y\cong|f^t_0|^2\int_{-\infty}^{\infty}\mathrm{e}^{-\frac{2y^2}{w_{0y}^2}}\cdot\mathrm{e}^{\mathrm{j}ky\sin\theta}\mathrm{d}y \tag{7-28}$$

评估得

$$C^c_{\text{copol}}(\theta)=C_0\mathrm{e}^{-\frac{1}{2}\left(\frac{w_{0y}\pi}{\lambda}\sin\theta\right)^2};\quad C_0=|f^t_0|^2w_{0y}\sqrt{\pi/2} \tag{7-29}$$

主极化耦合因子$C^c_{\text{copol}}(\theta)$可以通过式(7－29)或者直接测量。交叉极化耦合因子$C^c_{\text{xpol}}(\theta)$可以通过下式计算:

$$C^c_{\text{xpol}}(\theta)=2\mathrm{Re}\left\{\int_{-\infty}^{\infty}f^t_{\text{copol}}\cdot f^{t*}_{\text{xpol}}(y)\mathrm{e}^{-\frac{2y^2}{w_{0y}^2}}\mathrm{e}^{\mathrm{j}ky\sin\theta}\mathrm{d}y\right\} \tag{7-30}$$

或者若接收馈电喇叭$H_2$绕其轴旋转90°,则直接测量。

2. 有目标时的散射系统分析

在这种情况下,柱面在焦平面上的散射场$f^s(x,y)$被加到向内的高斯波束上,总场被耦合到接收端的向外的高斯波束上。与式(7－26)中的假设类似,散射场可以近似为

$$\boldsymbol{f}^s=\begin{cases}(f^s_{\text{copol}}(y)\hat{\boldsymbol{x}}+f^s_{\text{xopol}}(y)\hat{\boldsymbol{y}})\mathrm{e}^{-\frac{x^2}{w_{0x}^2}-\frac{y^2}{w_{0y}^2}}, & |y|\leqslant\dfrac{a}{2},|x|<\infty\\ 0, & \text{其他}\end{cases} \tag{7-31}$$

其中,$f^s_{\text{copol}}(y)$和$f^s_{\text{xpol}}(y)$是主极化和交叉极化的散射电场对于均匀平面波上的散射电场,由于焦平面中的高斯波束特性。在同极化的情况下,发射端和接收端的两个馈电喇叭对齐,我们可以忽略交叉极化的影响,即$f^t_{\text{copol}}\gg f^t_{\text{xpol}}$。焦平面中的耦合因子,$C^t_{\text{copol}}(\theta)$是介于圆柱体附近的总电场,通过在焦平面上对两个电场分布的标量积进行二维积分,如参考文献[15]所述。通过变量分离可以将结果分解为$f^t_{\text{copol}}$和$f^s_{\text{xpol}}(y)$。因此,主极化耦合可以由下式描述:

$$C^t_{\text{copol}}(\theta)=\int_{-\infty}^{\infty}(f^t_{\text{copol}}+f^s_{\text{copol}}(y))\cdot f^{r*}_{\text{copol}}\mathrm{e}^{-\frac{2y^2}{w_{0y}^2}}\mathrm{e}^{\mathrm{j}k_0y\sin\theta}\mathrm{d}y \tag{7-32}$$

如果我们用$C_0$($\theta=0$时记录的值,不包括任何散射体)对两边进行归一化,并将式(7－28)代入式(7－32),我们得

$$C_{\text{copol}}^{t}(\theta) - C_{\text{copol}}^{c}(\theta) = f_0^{t*}\int_{-a/2}^{a/2} f_{\text{copol}}^{s}(y)\,\mathrm{e}^{-\frac{2y^2}{w_{0y}^2}}\mathrm{e}^{\mathrm{j}k_0 y\sin\theta}\mathrm{d}y \tag{7-33}$$

LHS 上所有的量都可以分析计算或者直接测量。此外,在参考文献中[18]给出了均匀平面波照射的散射辐射图,$E_{\text{copol}}^{s}(\theta)$可以表达为

$$E_{\text{copol}}^{s}(\theta) = \int_{-a/2}^{a/2} f_{\text{copol}}^{s}(y)\,\mathrm{e}^{\mathrm{j}k_0 y\sin\theta}\mathrm{d}y \tag{7-34}$$

假设将$E_{\text{copol}}^{s}(\theta)$于式(7-33)中 RHS 进行对比,可以发现假设式(7-33)的 RHS 是 $a$ 的主极化散射模式下的散射场,均匀平面波照射可以从式(7-33)中的数据重建,或者通过应用 FFT 算法[17]或者通过使用 Gabor 表示$f_{\text{copol}}^{s}$的基函数,如参考文献[19]所述。

如果接收端的馈电喇叭绕其轴旋转 90°,就可获得交叉极化耦合因子。以类似的方式,对于同极化情况,交叉极化耦合因子 $C_{\text{xpol}}^{t}(\theta)$在圆柱体附近的主极化总场和接收端向外高斯波束的交叉极化场之间的关系可以表示为

$$C_{\text{xpol}}^{t}(\theta) = C_{\text{xpol}}^{c}(\theta) + \int_{-a/2}^{a/2}\left(f_{\text{copol}}^{s}(y)\cdot f_{\text{xpol}}^{r*}(y) + f_{\text{xpol}}^{s}(y)\cdot f_{\text{copol}}^{r*}(y)\right)\mathrm{e}^{-\frac{2y^2}{w_{0y}^2}}\mathrm{e}^{\mathrm{j}k_0 y\sin\theta}\mathrm{d}y \tag{7-35}$$

式(7-35)可以简化,如果假设$f_{\text{copol}}^{s}(y) = \text{Const} = f_0^s$ 在焦平面($z=0$)的散射体表面上。在这种情况下,主极化散射场$f_0^s$ 可以从式(7-33)中 $\theta = 0°$ 推导为

$$\frac{f_0^s}{f_0^t} = \left(\frac{C_{\text{copol}}^{t}(0)}{C_0} - 1\right)\frac{1}{\operatorname{erf}\left(\dfrac{a}{\sqrt{2}w_{0y}}\right)} \tag{7-36}$$

其中,$\operatorname{erf}(x) = 2/\sqrt{\pi}\int_0^x \mathrm{e}^{-t^2}\mathrm{d}t$,将式(7-36)代入式(7-35)可得

$$C_{\text{xpol}}^{t}(\theta) - C_{\text{xpol}}^{c}(\theta) - \frac{f_0^s}{f_0^t}\int_{-a/2}^{a/2} f_{\text{xpol}}^{r*}(y)\,\mathrm{e}^{-\frac{2y^2}{w_{0y}^2}}\mathrm{e}^{\mathrm{j}k_0 y\sin\theta}\mathrm{d}y = \int_{-a/2}^{a/2} f_{\text{xpol}}^{s}(y)\,\mathrm{e}^{-\frac{2y^2}{w_{0y}^2}}\mathrm{e}^{\mathrm{j}k_0 y\sin\theta}\mathrm{d}y \tag{7-37}$$

式(7-37)的 LHS 上涉及的所有量均可直接测量,如 $C_{\text{xpol}}^{t}(\theta)$,$C_{\text{xpol}}^{c}(\theta)$,$f_{\text{xpol}}^{r}(y)$或直接计算。类似的主极化情况的考虑,式(7-37)的 RHS 与焦平面中锥形交叉极化散射场分布的交叉极化散射模式成比例,$\exp(-2y^2/w_{0y}^2)$是三角因子。准确的交叉极化散射模式,$E_{\text{xpol}}^{s}(\theta)$可以由下式重建式(7-37)中的数

据,以类似于主极化情况下描述的过程的方式应用快速傅里叶变换算法。

Rusch[1]给出了正入射时任意形状圆柱的 $\mathrm{IFR}_e$(主极化 TM 情形)

$$\mathrm{IFR}_e = -\frac{\eta_0}{2aE_0}\int_s J_{sz'}\mathrm{e}^{\mathrm{j}k\rho'\sin\phi'}\mathrm{d}l \tag{7-38}$$

式中:$\eta_0=\sqrt{\dfrac{\mu_0}{\varepsilon_0}}\cong 120\pi\Omega$ 为自由空间的特征阻抗($\mu_0$ 和 $\varepsilon_0$ 是自由空间的磁导率和介电常数);$J_{sz'}$ 为圆柱体上的轴向感应电流分布;$E_0$ 为入射电场的强度。将式(7-38)扩展到斜入射情况为

$$\mathrm{IFR}_e = -\frac{\eta_0\sin\theta_0}{2aE_0}\int_s J_{sz'}\mathrm{e}^{\mathrm{j}k_0\rho'\sin\theta_0\sin\phi'}\mathrm{d}l \tag{7-39}$$

类似地,对于 TE 的情况,$\mathrm{IFR}_h$ 将为

$$\mathrm{IFR}_h = \frac{\sin\theta_0}{2aH_0}\int_s H_z'(\hat{\boldsymbol{z}}\cdot\hat{\boldsymbol{n}})\mathrm{e}^{\mathrm{j}k_0\rho'\sin\theta_0\sin\phi'}\mathrm{d}l \tag{7-40}$$

式中:$H_{z'}$ 为圆柱体表面的总轴向磁场;$\hat{\boldsymbol{n}}$ 为垂直于圆柱体表面的单位矢量。通过 IFR 在 TM 和 TE 两种情况都有效的变更表示[14],根据各自的散射电场 $f^s_{\mathrm{copol}}(y)$ 得

$$\mathrm{IFR}_{e,h} = (10^{\frac{\Delta x}{20}}\mathrm{e}^{\mathrm{j}\Delta\phi}-1)\sqrt{\frac{\pi}{2}}\frac{w_{0y}}{a}\frac{\int_{-a/2}^{a/2}f^s_{\mathrm{copol}}(y)\mathrm{d}y}{\int_{-a/2}^{a/2}f^s_{\mathrm{copol}}(y)\mathrm{e}^{-\frac{2y^2}{w_{0y}^2}}\mathrm{d}y} \tag{7-41}$$

作为一阶近似,可以假设 $f^s_{\mathrm{copol}}(y)=\mathrm{Const}$,在这种特殊情况下,可得到 $\mathrm{IFR}_{e,h}$ 的表达式为

$$\mathrm{IFR}_{e,h} = (10^{\frac{\Delta\alpha}{20}}\mathrm{e}^{\mathrm{j}\Delta\phi}-1)\frac{1}{\mathrm{erf}\left(\dfrac{a}{\sqrt{2}w_{0y}}\right)} \tag{7-42}$$

式中:$\mathrm{erf}(x)=\dfrac{2}{\sqrt{\pi}}\int_0^x \mathrm{e}^{-t^2}\mathrm{d}t$ 为误差函数。

图7-10显示了马萨诸塞州康科德市 L-3Communication-ESSCO 的典型聚焦波束系统测试梁的斜入射角的照片[16]。选择工作在2~18GHz 频率范围内的型号为 H-1498 的 AEL 喇叭天线作为馈源,在整个频率带宽内,$E$ 面和 $H$ 面的波束宽度均为10dB。基于波束宽度数据,计算了等效馈电喇叭高斯波束最

小光束腰 $w_{0e}$ 和 $w_{0h}$。透镜的直径选择为 55.9cm，由介电常数为 2.3 的材料制成。镜头焦距 $f_1$ 和 $f_2$ 分别选择为 53.3cm 和 203.2cm。由于透镜的有限直径和馈电喇叭相位中心位置随频率的变化，必须确定每个测试频率的 $d_2$。在工作频率为 12GHz 时，焦平面内的高斯尺寸 $w_{0x}$ 和 $w_{0y}$ 在 −8.7dB 点处分别测量为 6.54cm 和 6.78cm（场为其轴上值的 $e^{-1}$）。

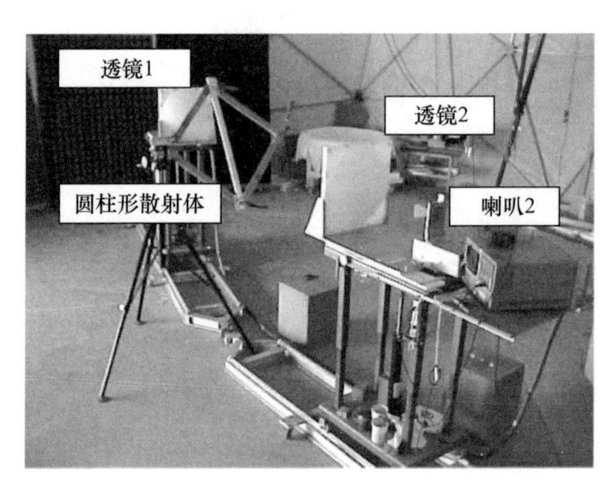


图 7－10　马萨诸塞州康科德市 L－3Communication－ESSCO 的典型聚焦波束系统

在典型的金属和电介质空间桁架天线罩中使用两个矩形圆柱体（金属和电介质）用于测试系统精度测量。矩形金属圆柱的横截面为 1.37cm × 5.16cm，电介质圆柱的横截面为 1.19cm × 5.69cm，$\varepsilon_r = 5.0$。在 12GHz 下对圆柱体进行了垂直（VP）和水平（HP）极化，以及侧面 4 个斜入射角进行测试（主极化和交叉极化）。由于测量装置的物理限制，聚焦波束的角度范围是 $\theta_{max} = 70°$。该算法假设圆柱体长度有限，因此，为了避免其有限长度造成的任何误差，选择了长度比 $4w_{0x}/\sin\theta_0$ 长的圆柱体。在这种情况下，圆柱体的顶部和底部几乎没有被照射（−34dB 以下）。因此，由于实际原因，这个界限使得该方法对小入射角的 $\theta_0$。

最初，使用小型馈电喇叭直接测量主极化的 $f^{t}_{copol}$ 和交叉极化傅里叶变换 $f^{t}_{copol}$ 在没有散射体条件下的场分布，工作频段在 12GHz。图 7－11 显示了垂直极化焦平面内的共极化和交叉极化幅度与相位分布。测量的共极化数据与使用方程中假设的计算结果的比较。可以看到，由透镜、$L_1$ 和 $H_1$ 馈电喇叭引起的最大交叉极化电平（测量值）小于 −25dB。测试数据储存在计算机里，以便后续处理。图 7－12 给出了介质圆柱体斜 30°（$\theta_0 = 60°$）入射时，随着接收端（喇叭 $H_2$ 和透镜 $L_2$）角运动，主极化和交叉极化的幅相信息数据。

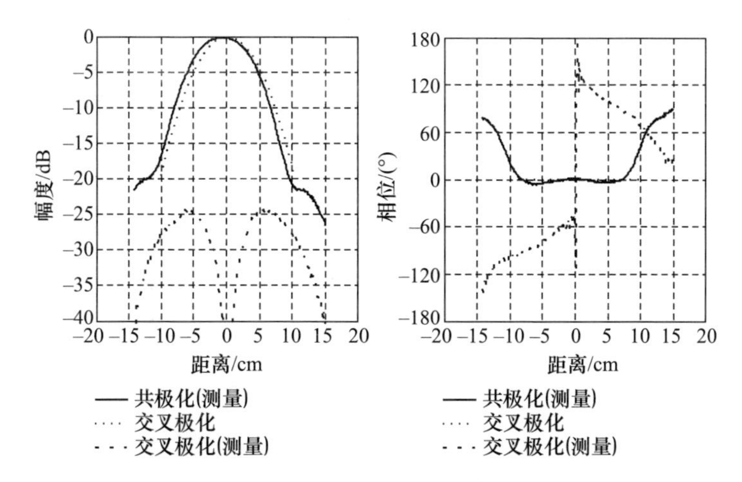


图7-11　计算和测量垂直极化焦平面中的幅度和相位分布(共极化和交叉极化)

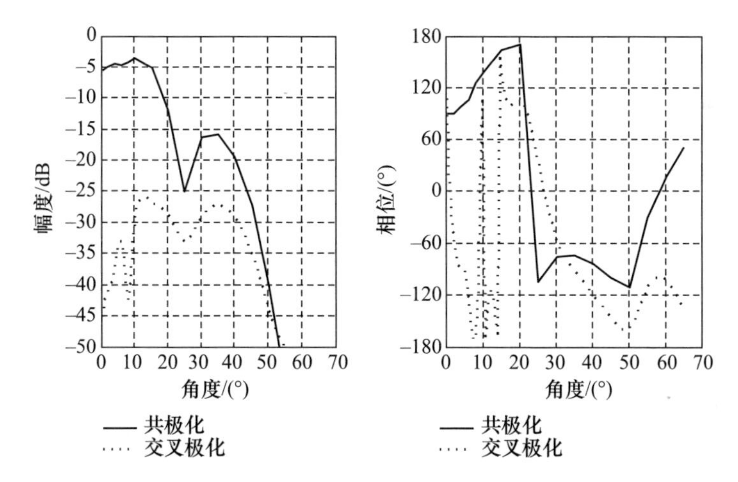


图7-12　主极化和与焦平面中倾斜30°($\theta_0=60°$)的介质圆柱体交叉极化,以垂直极化在12GHz的宽边照射

梁其宽侧被垂直极化波照射时,主极化的测试数据(有散射体和没有散射体)可通过式(7-33)并使用FFT算法进行处理,以评估散射体的锥形和校正后的场分布$f^{s}_{\text{copol}}$,如参考文献[14]所述。后续是使用等式计算散射体的重构主极化辐射图。将交叉极化的测试数据(有散射体和没有散射体)引入式(7-33)、式(7-37),可计算交叉极化散射辐射图。图7-13显示了通过FEM计算的散射模式(主极化和交叉极化)和使用聚焦波束系统中测量数据的散射模式(主极化和交叉极化)之间的比较。

当比较计算的和重建的方向图时,可以观察到在主波束和副瓣电平上获得

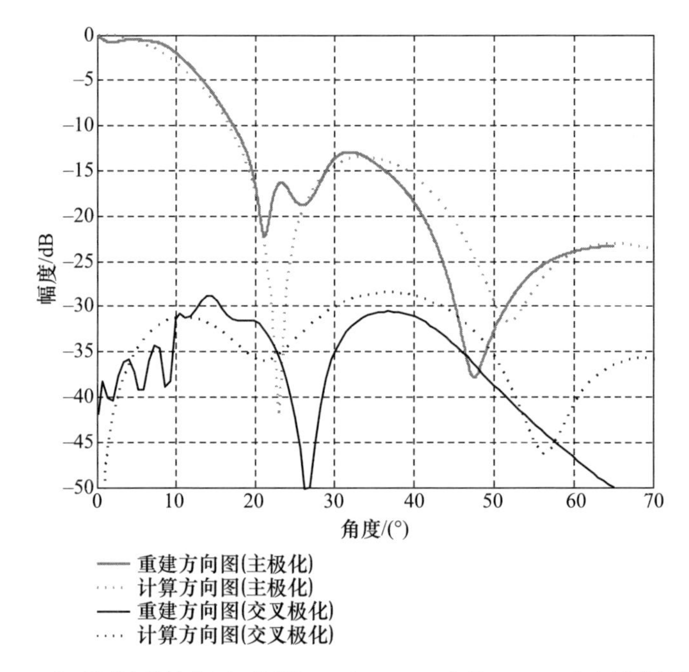


图 7-13　介质圆柱体被焦平面倾斜 30°($\theta=-60°$)的 12GHz 垂直极化波照射时，通过 FEM 计算的和重建的散射方向图(主极化和交叉极化)

了很好的一致性。在 $\theta\approx23°$ 的重构图形中的波纹可能是由重构算法放大的损坏相位测量数据引起的。可以看到，斜入射下交叉极化散射特性在大型空间桁架天线罩的散射分析中，角度非常重要，不可忽视。此外，入射场方向上的交叉极化电平消失了。这些观测结果证实了 Rojas[5] 的计算结果，该结果预测了斜入射角度下电介质圆柱体的显著交叉极化散射水平。对于金属和电介质波束的垂直入射，这种交叉极化能级完全消失。

此外，对介质圆柱体和金属圆柱体的所有测量数据进行处理，以获得基于方程式(7-41)的 $IFR_e$ 和 $IFR_h$。将获得的结果与 MoM[6] 使用两个代码对无限长金属圆柱体(2D 情况)数值计算的 IFR 值进行比较，分别为 TE 和 TM 极化命名为 ANYMFRE 和 ANYMFRH，并通过 FEM[20] 为电介质圆柱体(2D 情况)命名为 FEFD。这三个代码都是在伊利诺伊州香槟市的伊利诺伊大学开发的。表 7-2 给出了 12GHz 下 4 个斜入射角的干涉条纹的计算结果。可以看到，数值计算(MoM 和 FEM)结果和在聚焦波束系统中获得的经处理的测量数据具有良好的一致性。对于电介质和金属圆柱体的 $IFR_e$ 和 $IFR_h$，IFR 随入射角的变化都很小。这一结果在一定程度上证明了 Kay[3] 在对金属空间桁架天线罩的同极化散射分析中所做的最初假设。在假设中，他考虑了不同斜入射角下 IFR 的变化，并且只考虑了投射梁对天线的影响和天线罩外壳中表面的影响。

表7-2　计算与测试之间的结构对比

| 梁类型 | 入射角，$\theta_0$ | 计算结果（MoM/FEM） | | 测试结果 | |
|---|---|---|---|---|---|
| | | $IFR_e$ | $IFR_h$ | $IFR_e$ | $IFR_h$ |
| 柱状梁（$a=5.16$cm） | 90° | 1.14∠172.6° | 0.98∠176.6° | 1.06∠172.4° | 1.14∠-177.5° |
| | 75° | 1.15∠172.5° | 不涉及 | 1.1∠176.1° | 1.2∠-178.1° |
| | 60° | 1.15∠171.9° | 不涉及 | 1.12∠178.5° | 1.3∠179.5° |
| | 45° | 1.16∠170.2° | 不涉及 | 1.24∠-178.3° | 1.26∠178.5° |
| 介质结构梁（$a=5.69$cm） | 90° | 1.91∠163.8° | 1.76∠167.1° | 1.85∠159.0° | 1.90∠166.9° |
| | 75° | 1.93∠161.7° | 1.79∠165.0° | 1.86∠157.9° | 1.94∠164.1° |
| | 60° | 1.99∠157.0° | 1.86∠162.2° | 1.93∠154.5° | 2.06∠160.6° |
| | 45° | 2.02∠148.6° | 1.79∠159.0° | 1.93∠148.9° | 1.91∠158.3° |

# 参考文献


1 Rusch, WVT, Appel-Hansen, J, Klein, CA, and Mittra, R. Forward scattering from square cylinders in the resonance region with application to aperture blockage. *IEEE Trans. Antennas Propagat.*, 24(2), 182–189, 1976.

2 Afsar, MN, Birch, JR, and Clarke, RN. The measurement of the properties of materials. *Proceedings of the IEEE*, 74(1), 183–199, 1986.

3 Kay, AF. Electrical design of metal space frame radomes. *IEEE Trans. Antennas Propagat.*, 13(2), 188–202, 1965.

4 Kennedy, PD. An analysis of the electrical characteristics of structurally supported radomes. Columbus: Ohio State University, 1958.

5 Rojas, RG. Scattering by an Inhomogeneous Dielectric/Ferrite Cylinder of Arbitrary Cross-Section Shape-Oblique Incidence Case. *IEEE Trans. Antennas Propagat.*, 36(2), 238–246, 1988.

6 Richmond, JH. Scattering by a dielectric cylinder of arbitrary cross section shape. *IEEE Trans. Antennas Propagat.*, 13(3), 334–341, 1965.

7 Wu, RB, and Chen, CH. Variational reaction formulation of scattering problem for anisotropic dielectric cylinders. *IEEE Trans. Antennas Propagat.*, 34(5), 640–645, 1986.

8 Felsen, LB, and Marcuvitz, N. Radiation and scattering of waves. Englewood Cliffs, NJ: Prentice-Hall, 1973.

9 Shavit, R, Smolski, AP, Michielssen, E, and Mittra, R. Scattering analysis of high performance large sandwich radomes. *IEEE Trans. Antennas Propagat.*, 40(2), 126–133, 1992.
10 Shavit, R, Cohen, A, and Ngai, E. Characterization of forward scattering parameters from arbitrarily shaped cylinders by near-field probing. *IEEE Trans. Antennas Propagat.*, 43(6), 585–589, 1995.
11 Grimm, KR, and Hoffman, JB. Measurement of small radar target forward scattering by planar near-field scanning. In *Symp. on Precision Electromagnetics Measurements*, Gaithersburg, MD, 1986.
12 Yaghjian, AD. An overview of near-field antenna measurements. *IEEE Trans. Antennas Propagat.*, 34(1), 30–45, 1986.
13 Balanis, CA. Antenna theory—Analysis and design. Hoboken, NJ: Wiley, 2005.
14 Harrington, RF. Time-harmonic electromagnetic fields. New York: McGraw-Hill, 1961.
15 Shavit, R, Wells, T, and Cohen, A. Forward-scattering analysis in a focused-beam system. *IEEE Trans. Antennas Propagat.*, 46(4), 563–568, 1998.
16 Goldsmith, PF. Quasi-optical techniques at millimeter and submillimeter wavelengths. In *Infrared and Millimeter Waves*. New York: New York Academic, 1982.
17 Shavit, R, Sangiolo, J, and Monk, T. Scattering analysis of arbitrarily shaped cylinders in a focused beam system-oblique incidence case. *IEEE Proc. Microwave Antennas Propagat.*, 148(2), 73–78, 2001.
18 Lo, YT, and Lee, SW. Antenna handbook: Theory, applications, and design. New York: Van Nostrand Reinhold, 1988.
19 Elliott, RS. Antenna theory and design. Englewood Cliffs, NJ: Prentice-Hall, 1981.
20 Shavit, R. Improved scattering analysis of arbitrary-shaped cylinders in a focused beam system using Gabor representation. *IEEE Proc. Microw. Antennas Propagat.*, 146(3), 193–196, 1999.
21 Jin, J. The finite element method in electromagnetics. New York: John Wiley & Sons, 1993.

# 习　题

P7.1　基于两个直径为 22 英寸的透镜，设计一个工作在 8 ~ 12GHz 频段的聚焦高斯波束装置。由聚四氟乙烯制成，$\varepsilon_r = 2.3$，焦距 $f_1 = 21$ 英寸，$f_2 = 80$ 英寸。镜头由两个小喇叭供电。

(1) 绘制镜片轮廓并计算其厚度。

（2）计算馈电喇叭的孔径尺寸，以相对于峰值照射透镜边缘 -20dB。

（3）计算 $E$ 面和 $H$ 面上馈电喇叭的等效高斯波束。

P7.2　计算 P7.1 中描述的聚焦波束系统的两个馈电喇叭之间的耦合（插入损耗）。

P7.3　横截面为 2 英寸 ×0.48 英寸的电介质波束位于连接 P7.1 中描述的聚焦波束设置的两个透镜的线的中心。假设波束的近场散射可以用一个椭圆高斯波束表示，窄部等于面对接收透镜的波束宽度，宽部等于波束位置的入射场高斯波束。找出散射波束和系统接收端透镜之间的耦合。

P7.4　计算 P7.3 中描述的横梁的 IFR。

# 附录A 矢量分析

## A.1 坐标变换

需要考虑的三个主要坐标系分别是:直角坐标系($x,y,z$)、柱坐标系($\rho,\phi,z$)和球坐标系($r,\theta,\phi$),如图A-1所示。

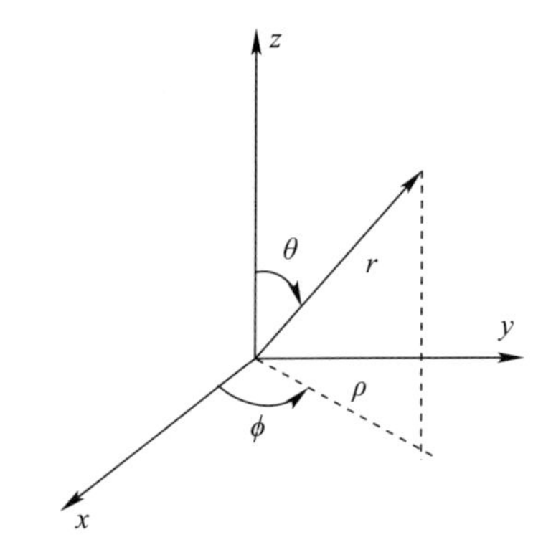


图A-1 直角坐标系、柱坐标系和球坐标系

$$\begin{cases} x=\rho\cos\phi=r\sin\theta\cos\phi \\ y=\rho\sin\phi=r\sin\theta\sin\phi \\ z=r\cos\theta \end{cases} \tag{A-1}$$

三种坐标系中对应的单位矢量如表A-1~表A-3所示。

表A-1 直角坐标到柱坐标

| 参数 | $\hat{\boldsymbol{x}}$ | $\hat{\boldsymbol{y}}$ | $\hat{z}$ |
|---|---|---|---|
| $\hat{\boldsymbol{\rho}}$ | $\cos\phi$ | $\sin\phi$ | 0 |
| $\hat{\boldsymbol{\phi}}$ | $-\sin\phi$ | $\cos\phi$ | 0 |
| $\hat{z}$ | 0 | 0 | 1 |

表 A－2　柱坐标到球坐标

| 参数 | $\hat{x}$ | $\hat{y}$ | $\hat{z}$ |
|---|---|---|---|
| $\hat{r}$ | $\sin\theta\cos\phi$ | $\sin\theta\sin\phi$ | $\cos\theta$ |
| $\hat{\theta}$ | $\cos\theta\cos\phi$ | $\cos\theta\sin\phi$ | $-\sin\theta$ |
| $\hat{\phi}$ | $-\sin\phi$ | $\cos\phi$ | 0 |

表 A－3　柱坐标到球坐标

| 参数 | $\hat{\rho}$ | $\hat{\phi}$ | $\hat{z}$ |
|---|---|---|---|
| $\hat{r}$ | $\sin\theta$ | 0 | $\cos\theta$ |
| $\hat{\theta}$ | $\cos\theta$ | 0 | $-\sin\theta$ |
| $\hat{\phi}$ | 0 | 1 | 0 |

在天线和天线罩远场范围内测量它们的辐射方向图。一般来说，有两种类型的定位器：高于高程($E$)的方位角($A$)和高于方位角($a$)的高程($e$)。它们的角度扫描与球坐标($\theta,\phi$)有关。

### A.1.1　方位－俯仰型天线座

首先，天线座在 $y$ 轴上旋转 $A$ 到 $z'$ 轴，然后在 $x'$ 轴上旋转 $E$ 到 $z''$ 轴(图 A－2)。

$$\begin{cases}\sin E = \sin\theta\sin\phi \\ \tan A = \tan\theta\cos\phi \\ \cos\theta = \cos E\cos A \\ \tan\phi = \dfrac{\tan E}{\sin A}\end{cases} \tag{A-2}$$

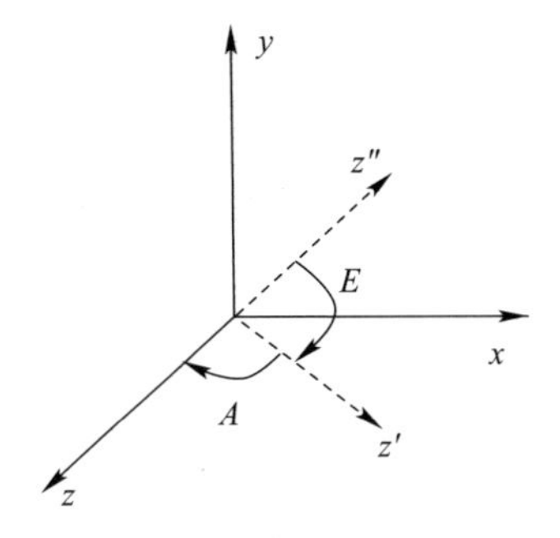


图 A－2　方位－俯仰型天线座

### A.1.2 俯仰–方位型天线座

最初,天线座在仰角上旋转一个角度 $e$ 到 $z'$轴,然在 $y$ 轴上旋转一个角度 $a$ 到 $z''$轴(图 $A$ –3)。

$$\begin{cases} \tan e = \tan\theta\sin\phi \\ \sin a = \sin\theta\cos\phi \\ \cos\theta = \cos e\cos a \\ \tan\phi = \dfrac{\sin e}{\tan a} \end{cases} \tag{A-3}$$

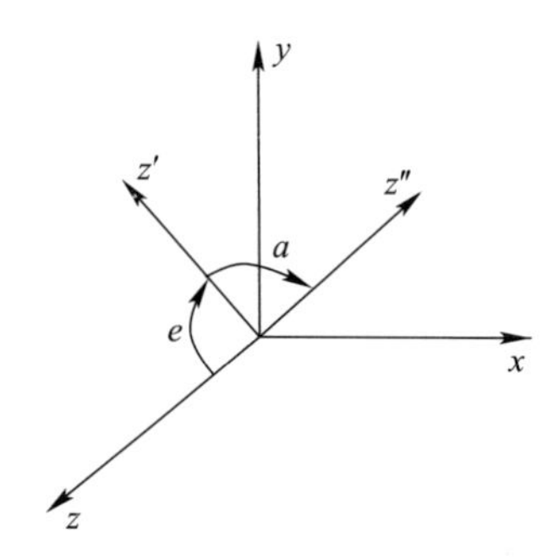


图 A –3　俯仰–方位型天线座

## A.2 矢量微分算子

直角坐标系:

$$\nabla f = \hat{\boldsymbol{x}}\frac{\partial f}{\partial x} + \hat{\boldsymbol{y}}\frac{\partial f}{\partial y} + \hat{\boldsymbol{z}}\frac{\partial f}{\partial z} \tag{A-4}$$

$$\nabla \cdot \boldsymbol{A} = \frac{\partial A_x}{\partial x} + \frac{\partial A_y}{\partial y} + \frac{\partial A_z}{\partial z} \tag{A-5}$$

$$\nabla \times \boldsymbol{A} = \hat{\boldsymbol{x}}\left(\frac{\partial A_z}{\partial y} - \frac{\partial A_y}{\partial z}\right) + \hat{\boldsymbol{y}}\left(\frac{\partial A_x}{\partial z} - \frac{\partial A_z}{\partial x}\right) + \hat{\boldsymbol{z}}\left(\frac{\partial A_y}{\partial x} - \frac{\partial A_x}{\partial y}\right) \tag{A-6}$$

$$\nabla^2 f = \frac{\partial^2 f}{\partial x^2} + \frac{\partial^2 f}{\partial y^2} + \frac{\partial^2 f}{\partial z^2} \tag{A-7}$$

$$\nabla^2 \boldsymbol{A} = \hat{\boldsymbol{x}}\,\nabla^2 A_x + \hat{\boldsymbol{y}}\,\nabla^2 A_y + \hat{\boldsymbol{z}}\,\nabla^2 A_z \tag{A-8}$$

柱坐标系:

$$\nabla f = \hat{\boldsymbol{\rho}}\frac{\partial f}{\partial \rho} + \hat{\boldsymbol{\phi}}\frac{1}{\rho}\frac{\partial f}{\partial \phi} + \hat{\boldsymbol{z}}\frac{\partial f}{\partial z} \tag{A-9}$$

$$\nabla \cdot \boldsymbol{A} = \frac{1}{\rho}\frac{\partial(\rho A_\rho)}{\partial\rho} + \frac{1}{\rho}\frac{\partial A_\phi}{\partial\phi} + \frac{\partial A_z}{\partial z} \tag{A-10}$$

$$\nabla \times \boldsymbol{A} = \hat{\boldsymbol{\rho}}\left(\frac{1}{\rho}\frac{\partial A_z}{\partial\phi} - \frac{\partial A_\phi}{\partial z}\right) + \hat{\boldsymbol{\phi}}\left(\frac{\partial A_\rho}{\partial z} - \frac{\partial A_z}{\partial\rho}\right) + \hat{\boldsymbol{z}}\frac{1}{\rho}\left(\frac{\partial(\rho A_\phi)}{\partial\rho} - \frac{\partial A_\rho}{\partial\phi}\right) \tag{A-11}$$

$$\nabla^2 f = \frac{1}{\rho}\frac{\partial}{\partial\rho}\left(\rho\frac{\partial f}{\partial\rho}\right) + \frac{1}{\rho^2}\frac{\partial^2 f}{\partial\phi^2} + \frac{\partial^2 f}{\partial z^2} \tag{A-12}$$

$$\nabla^2 \boldsymbol{A} = \nabla(\nabla \cdot \boldsymbol{A}) - \nabla \times \nabla \times \boldsymbol{A} \tag{A-13}$$

球坐标系：

$$\nabla f = \hat{\boldsymbol{r}}\frac{\partial f}{\partial r} + \hat{\boldsymbol{\theta}}\frac{1}{r}\frac{\partial f}{\partial\theta} + \hat{\boldsymbol{\phi}}\frac{1}{r\sin\theta}\frac{\partial f}{\partial\phi} \tag{A-14}$$

$$\nabla \cdot \boldsymbol{A} = \frac{1}{r^2}\frac{\partial(r^2 A_r)}{\partial r} + \frac{1}{r\sin\theta}\frac{\partial(\sin\theta A_\theta)}{\partial\theta} + \frac{1}{r\sin\theta}\frac{\partial A_\phi}{\partial\phi} \tag{A-15}$$

$$\nabla \times \boldsymbol{A} = \hat{\boldsymbol{r}}\frac{1}{r\sin\theta}\left(\frac{\partial}{\partial\theta}(A_\phi\sin\theta) - \frac{\partial A_\theta}{\partial\phi}\right) + \hat{\boldsymbol{\theta}}\frac{1}{r}\left(\frac{1}{\sin\theta}\frac{\partial A_r}{\partial\phi} - \frac{\partial(rA_\phi)}{\partial r}\right) + \hat{\boldsymbol{\phi}}\frac{1}{r}\left(\frac{\partial(rA_\theta)}{\partial r} - \frac{\partial A_r}{\partial\theta}\right) \tag{A-16}$$

$$\nabla^2 f = \frac{1}{r^2}\frac{\partial}{\partial r}\left(r^2\frac{\partial f}{\partial r}\right) + \frac{1}{r^2\sin\theta}\frac{\partial}{\partial\theta}\left(\sin\theta\frac{\partial f}{\partial\theta}\right) + \frac{1}{r^2\sin^2\theta}\frac{\partial^2 f}{\partial\phi^2} \tag{A-17}$$

$$\nabla^2 \boldsymbol{A} = \nabla(\nabla \cdot \boldsymbol{A}) - \nabla \times \nabla \times \boldsymbol{A} \tag{A-18}$$

矢量系：

$$\boldsymbol{A} \cdot \boldsymbol{B} = |A||B|\cos\theta \tag{A-19}$$

$$|\boldsymbol{A} \times \boldsymbol{B}| = |A||B|\sin\theta \tag{A-20}$$

$$\boldsymbol{A} \cdot \boldsymbol{B} \times \boldsymbol{C} = \boldsymbol{A} \times \boldsymbol{B} \cdot \boldsymbol{C} = \boldsymbol{C} \times \boldsymbol{A} \cdot \boldsymbol{B} \tag{A-21}$$

$$\boldsymbol{A} \times \boldsymbol{B} = -\boldsymbol{B} \times \boldsymbol{A} \tag{A-22}$$

$$\boldsymbol{A} \times (\boldsymbol{B} \times \boldsymbol{C}) = (\boldsymbol{A} \cdot \boldsymbol{C})\boldsymbol{B} - (\boldsymbol{A} \cdot \boldsymbol{B})\boldsymbol{C} \tag{A-23}$$

$$\nabla(fg) = g\nabla f + f\nabla g \tag{A-24}$$

$$\nabla \cdot (f\boldsymbol{A}) = \boldsymbol{A} \cdot \nabla f + f\nabla \cdot \boldsymbol{A} \tag{A-25}$$

$$\nabla \cdot (\boldsymbol{A} \times \boldsymbol{B}) = (\nabla \times \boldsymbol{A}) \cdot \boldsymbol{B} - (\nabla \times \boldsymbol{B}) \cdot \boldsymbol{A} \tag{A-26}$$

$$\nabla \times (f\boldsymbol{A}) = (\nabla f) \times \boldsymbol{A} + f\nabla \times \boldsymbol{A} \tag{A-27}$$

$$\nabla \times (\boldsymbol{A} \times \boldsymbol{B}) = \boldsymbol{A}\,\nabla \cdot \boldsymbol{B} - \boldsymbol{B}\,\nabla \cdot \boldsymbol{A} + (\boldsymbol{B} \cdot \nabla)\boldsymbol{A} - (\boldsymbol{A} \cdot \nabla)\boldsymbol{B} \tag{A-28}$$

$$\nabla(\boldsymbol{A} \cdot \boldsymbol{B}) = (\boldsymbol{A} \cdot \nabla)\boldsymbol{B} + (\boldsymbol{B} \cdot \nabla)\boldsymbol{A} + \boldsymbol{A} \times (\nabla \times \boldsymbol{B}) + \boldsymbol{B} \times (\nabla \times \boldsymbol{A}) \tag{A-29}$$

$$\nabla \cdot \nabla \times \boldsymbol{A} = 0 \tag{A-30}$$

$$\nabla \times (\nabla f) = 0 \tag{A-31}$$

$$\nabla \times \nabla \times \boldsymbol{A} = \nabla\nabla \cdot \boldsymbol{A} - \nabla^2 \boldsymbol{A} \tag{A-32}$$

$$\int_v \nabla \cdot \boldsymbol{A} \mathrm{d}v = \oint_2 \boldsymbol{A} \cdot \mathrm{d}\boldsymbol{s} \quad \text{三维散度定理} \tag{A-33}$$

$$\int_s \nabla \cdot \boldsymbol{A} \mathrm{d}s = \oint_c \boldsymbol{A} \cdot \hat{\boldsymbol{n}} \mathrm{d}l \quad \text{二维散度定理} \tag{A-34}$$

$$\int_s T \nabla \cdot \boldsymbol{A} \mathrm{d}s = \int_c T\boldsymbol{A} \cdot \hat{\boldsymbol{n}} \mathrm{d}l - \int_s \nabla T \cdot \boldsymbol{A} \mathrm{d}s \tag{A-35}$$

$$\int_s (\nabla \times \boldsymbol{A}) \cdot \mathrm{d}\boldsymbol{s} = \oint_c \boldsymbol{A} \cdot \mathrm{d}l \quad \text{斯托克斯定理} \tag{A-36}$$

$$\int_v \nabla \times \boldsymbol{A} \mathrm{d}v = -\oiint_s \boldsymbol{A} \times \mathrm{d}\boldsymbol{s} \tag{A-37}$$

$$\int_v \nabla w \mathrm{d}v = \oiint_s w \mathrm{d}\boldsymbol{s} \tag{A-38}$$

$$\int_s \hat{\boldsymbol{n}} \times \nabla w \mathrm{d}s = \oint_c w \mathrm{d}\boldsymbol{l} \tag{A-39}$$

# 附录B 常用雷达天线罩材料的介电常数和损耗角正切

天线罩材料的介电常数和损耗角正切如表 B－1 和表 B－2 所示。

表 B－1　有机雷达罩材料(8.5GHz)

| 材料 | 介电常数 | 损耗角正切 |
|---|---|---|
| 热塑料 | | |
| 热塑聚碳酸酯 | 2.86 | 0.006 |
| 聚四氟乙烯 | 2.10 | 0.0005 |
| 改性聚苯醚 | 2.58 | 0.005 |
| 基多克斯层压材料 | 3.44 | 0.008 |
| 层压材料 | | |
| 环氧 E 玻璃布 | 4.4 | 0.016 |
| 聚酯玻璃布 | 4.1 | 0.015 |
| 聚酯石英布 | 3.7 | 0.007 |
| 聚丁二烯 | 3.83 | 0.015 |
| 玻璃纤维层压板聚苯并咪唑树脂 | 4.9 | 0.008 |
| 石英增强聚酰亚胺 | 3.2 | 0.008 |
| 杜劳特铬合金钢 5660 | 2.65 | 0.003 |

表 B－2　陶瓷天线罩材料(8.5GHz)

| 材料 | 密度/(g/cm$^3$) | 介电常数 | 损耗角正切 |
|---|---|---|---|
| 氧化铝 | 3.32 | 7.85 | 0.0005 |
| 热压氧化铝 | 3.84 | 10.0 | 0.0005 |
| 氧化玻 | 2.875 | 6.62 | 0.001 |
| 氮化硼,热压 | 2.13 | 4.87 | 0.0005 |
| 氮化硼,热溶性 | 2.14 | 5.12 | 0.0005 |

续表

| 材料 | 密度/(g/cm$^3$) | 介电常数 | 损耗角正切 |
|---|---|---|---|
| 铝酸镁(尖晶石) | 3.57 | 8.26 | 0.0005 |
| 硅酸镁铝(堇青石陶瓷) | 2.44 | 4.75 | 0.002 |
| 氧化镁 | 3.30 | 9.72 | 0.0005 |
| 铬氨酸 9606 | | 5.58 | 0.0008 |
| Rayceram 8 | | 4.72 | 0.003 |
| 二氧化硅 | 2.20 | 3.82 | 0.0005 |
| 硅纤维复合材料(AS-3DX) | 1.63 | 2.90 | 0.004 |
| 滑铸熔融硅 | 1.93 | 3.33 | 0.001 |
| 氮化硅 | 2.45 | 5.50 | 0.003 |

# 附录 C 天线基本理论

## C.1 矢　　势

在天线问题中,一个重要问题是确定距离源较远的点上的场。假设被限定在体积 $V$ 中的源随时间($e^{j\omega t}$)作角频率为 $\omega$ 的简谐振荡。为了数学上的方便和更好地进行物理推导,定义真实的电流和电荷为 $\boldsymbol{J},\rho$,等效磁流和磁荷为 $\boldsymbol{J}_m,\rho_m$。通过引入等效磁荷和谢尔库诺夫定理[1],可推导出两组麦克斯韦方程

$$\begin{cases}\nabla\times\boldsymbol{E}_1=-j\omega\boldsymbol{B}_1;\quad \nabla\times\boldsymbol{E}_2=-j\omega\boldsymbol{B}_2-\boldsymbol{J}_m\\ \nabla\times\boldsymbol{H}_1=j\omega\boldsymbol{D}_1+\boldsymbol{J};\quad \nabla\times\boldsymbol{H}_2=j\omega\boldsymbol{D}_2\\ \nabla\cdot\boldsymbol{D}_1=\rho;\quad \nabla\cdot\boldsymbol{D}_2=0\\ \nabla\cdot\boldsymbol{B}_1=0;\quad \nabla\cdot\boldsymbol{B}_2=\rho_{\mathrm{m}}\\ \nabla\cdot\boldsymbol{J}=-j\omega\rho;\quad \nabla\cdot\overline{\boldsymbol{J}}_{sm}=-j\omega\rho_m\end{cases}\tag{C-1}$$

式中:$\boldsymbol{E}_1,\boldsymbol{D}_1,\boldsymbol{H}_1,\boldsymbol{B}_1$ 为与电场源相关的电场、电位移、磁场、磁感应强度;$\boldsymbol{E}_2,\boldsymbol{D}_2,\boldsymbol{H}_2,\boldsymbol{B}_2$ 为与等效磁源相关的对应矢量。相应地,总场为

$$\begin{cases}\boldsymbol{E}=\boldsymbol{E}_1+\boldsymbol{E}_2\\ \boldsymbol{H}=\boldsymbol{H}_1+\boldsymbol{H}_2\end{cases}\tag{C-2}$$

除了麦克斯韦方程,我们还定义电场和电位移、磁场和磁感应强度以及感应电流和电场之间的附加本构关系,表示为

$$\begin{cases}\boldsymbol{D}=\varepsilon\boldsymbol{E}\\ \boldsymbol{B}=\mu\boldsymbol{H}\\ \boldsymbol{J}=\sigma\boldsymbol{E}\end{cases}\tag{C-3}$$

式中:$\varepsilon$ 为介电常数;$\mu$ 为磁导率;$\sigma$ 为电导率。求解电场和磁场的目的是得到一

个可以分析或通过数值求解的标量微分方程。该目标可以通过引入两个矢量势来实现,即与电荷源相关的磁矢量势 $\boldsymbol{A}$ 和与等效磁源相关的电矢量势 $\boldsymbol{F}$。其定义如下:

$$\begin{aligned} \boldsymbol{H}_1 &\triangleq \nabla \times \boldsymbol{A} \\ \boldsymbol{E}_2 &\triangleq -\nabla \times \boldsymbol{F} \end{aligned} \tag{C-4}$$

将式(C-4)和式(C-3)代入式(C-1)可得

$$\nabla \times (\boldsymbol{E}_1 + \mathrm{j}\omega\mu A) = 0 \rightarrow \boldsymbol{E}_1 = -\mathrm{j}\omega\mu \boldsymbol{A} - \nabla \Phi \tag{C-5}$$

式中:$\Phi$ 为标量电场势。将式(C-5)和式(C-3)代入式(C-1)可得

$$\begin{cases} \nabla \times \nabla \times \boldsymbol{A} = k^2 \boldsymbol{A} - \mathrm{j}\omega\varepsilon \nabla \Phi + \boldsymbol{J} \\ \nabla(\nabla \cdot \boldsymbol{A}) - \nabla^2 \boldsymbol{A} = k^2 \boldsymbol{A} - \mathrm{j}\omega\varepsilon \nabla \Phi + \boldsymbol{J} \end{cases} \tag{C-6}$$

式中:$k \triangleq \omega \sqrt{\mu\varepsilon}$。只有当确定了$\nabla \times \boldsymbol{A}$ 和$\nabla$时,矢量势 $\boldsymbol{A}$ 才是唯一的。因此,使用洛伦兹度量[1],并定义$\nabla \cdot \boldsymbol{A} \triangleq -\mathrm{j}\omega\varepsilon\phi$,式(C-6)可简化为

$$\nabla^2 \boldsymbol{A} + k^2 \boldsymbol{A} = -\boldsymbol{J} \tag{C-7}$$

式(C-7)是一个矢量微分方程,可以在正交坐标系中分解为具有 $J_x$、$J_y$、$J_z$ 电流源的 $A_x$,$A_y$,$A_z$ 分量的三个标量微分方程。对 $\boldsymbol{E}_2$,$\boldsymbol{D}_2$,$\boldsymbol{H}_2$,$\boldsymbol{B}_2$ 等效磁流源进行类似的推导,对电矢量势 $\boldsymbol{F}$ 使用洛伦兹度量$\nabla \cdot \boldsymbol{F} \triangleq -\mathrm{j}\omega\mu\phi_m$($\phi_m$ 为磁标量势),可得到矢量微分方程

$$\nabla^2 \boldsymbol{F} + k^2 \boldsymbol{F} = -\boldsymbol{J}_m \tag{C-8}$$

求解微分方程式(C-7)和式(C-8)可得到矢量势 $\boldsymbol{A}$ 和 $\boldsymbol{F}$。通过这些矢量可以计算系统的电场和磁场:

$$\begin{cases} \boldsymbol{E} = -\mathrm{j}\omega\mu\left[\boldsymbol{A} + \dfrac{1}{k^2}\nabla(\nabla \cdot \boldsymbol{A})\right] - \nabla \times \boldsymbol{F} \\ \boldsymbol{H} = -\mathrm{j}\omega\varepsilon\left[\boldsymbol{F} + \dfrac{1}{k^2}\nabla(\nabla \cdot \boldsymbol{F})\right] + \nabla \times \boldsymbol{A} \end{cases} \tag{C-9}$$

对给定源矢量势 $A$、$F$ 计算的第一步,其分布可以通过对基本偶极子的计算获得。这个解也被称为格林函数。利用叠加原理,可以通过积分计算系统的总矢量势。不失一般性,考虑一个在原点且沿 $z$ 向的基本偶极子的求解,如图 C-1所示。

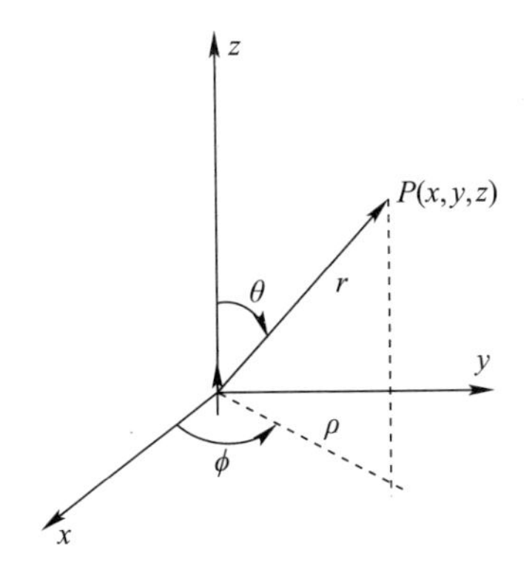


图 C－1　基础偶极子

在这种情况下，式（C－7）简化为

$$\nabla^2 A_z + k^2 A_z = -\delta(x)\delta(y)\delta(z) \tag{C-10}$$

由于 $A_z = A_z(r)$ 问题的对称性，在球坐标 $(r,\theta,\phi)$ 中求解更为方便。第一步，求解该问题的同质版本

$$\frac{1}{r^2}\frac{\partial}{\partial r}\left[r^2\frac{\partial A_z}{\partial r}\right] + k^2 A_z = 0 \tag{C-11}$$

当定义 $A_z \triangleq \dfrac{g(r)}{r}$，式（C－11）转换成

$$\begin{cases} \dfrac{1}{r^2}\dfrac{\mathrm{d}}{\mathrm{d}r}\left[r^2\left(\dfrac{g'(r)}{r} - \dfrac{g(r)}{r^2}\right)\right] + k^2\dfrac{g(r)}{r} = 0 \\ \dfrac{1}{r^2}\dfrac{\mathrm{d}}{\mathrm{d}r}[rg'(r) - g(r)] + k^2\dfrac{g(r)}{r} = 0 \\ \dfrac{1}{r^2}[g'(r) + rg''(r) - g'(r)] + k^2\dfrac{g(r)}{r} = 0 \\ g'' + k^2 g = 0 \end{cases} \tag{C-12}$$

$g(r)$ 的微分方程是二阶的，其解为 $g(r) = \mathrm{e}^{\pm \mathrm{j}kr}$。因此

$$A_z(r) = C\frac{\mathrm{e}^{\pm \mathrm{j}kr}}{r} \tag{C-13}$$

考虑到在这个问题中只存在向外传播的波，我们只保留 $A_z(r) = C\dfrac{\mathrm{e}^{-\mathrm{j}kr}}{r}$ 的解。在一个球形体积中对式（C－10）两边积分，并将球半径趋于零，则可对系数 $C$ 进行计算

$$\int_{V\to 0}(\nabla^2 A_z + k^2 A_z)\mathrm{d}v = -\int_{V\to 0}\delta(x)\delta(y)\delta(z)\mathrm{d}v \tag{C-14}$$

因此

$$\begin{cases}\displaystyle\int_{V\to 0} k^2 A_z \mathrm{d}v = \int_{V\to 0} k^2 C \frac{\mathrm{e}^{-jkr}}{r} r^2 \sin\theta \mathrm{d}\theta \mathrm{d}\phi \mathrm{d}r \to 0 \\ \displaystyle\int_{V\to 0} \nabla^2 A_z \mathrm{d}v = \int_{V\to 0} \nabla\cdot(\nabla A_z)\mathrm{d}v = \oint_{S|_{V\to 0}} \nabla A_z \cdot \mathrm{d}\boldsymbol{s} = \hat{\boldsymbol{r}}\cdot\int_0^{\pi}\int_0^{2\pi}\nabla A_z r^2 \sin\theta \mathrm{d}\theta \mathrm{d}\phi \Big|_{r\to 0} \\ \displaystyle 4\pi r^2 \frac{\mathrm{d}}{\mathrm{d}r}\left(C\frac{\mathrm{e}^{-jkr}}{r}\right)\Big|_{r\to 0} = -4\pi C = -1 \\ \displaystyle C = \frac{1}{4\pi} \\ \displaystyle A_z(r) = \frac{\mathrm{e}^{-jkr}}{4\pi r}\end{cases} \tag{C-15}$$

式(C－15)的结果可以扩展到 $y$、$z$ 方向上的电流和体积 $V$ 中的分布，如图 C－2所示。矢量 $\boldsymbol{r}'$表示源点的矢量，$\boldsymbol{r}$ 表示观测点的矢量。

$$\boldsymbol{A}(r) = \frac{1}{4\pi}\int_V \boldsymbol{J}(\boldsymbol{r}')\frac{\mathrm{e}^{-jk|\boldsymbol{r}-\boldsymbol{r}'|}}{|\boldsymbol{r}-\boldsymbol{r}'|}\mathrm{d}v' \tag{C-16}$$

其中

$$|\boldsymbol{r}-\boldsymbol{r}'| = \sqrt{(x-x')^2+(y-y')^2+(z-z')^2} \tag{C-17}$$

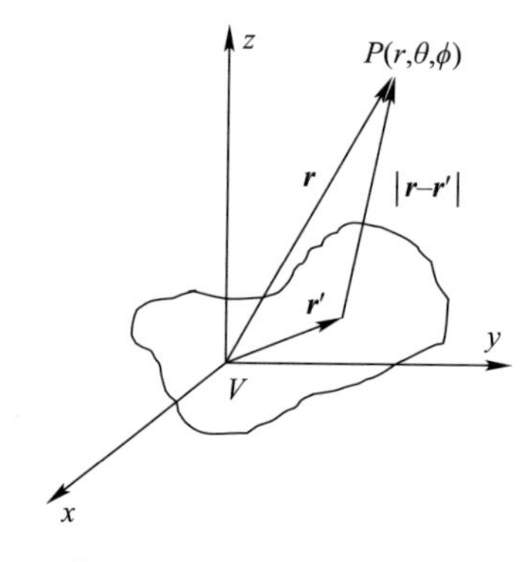


图 C－2　体积 $V$ 中的源分布和观测点 $P(r,\theta,\phi)$

用类似的方式,我们可以推导出电矢量势 $\boldsymbol{F}$ 的表达式为

$$\boldsymbol{F}(r)=\frac{1}{4\pi}\int_V \boldsymbol{J}_m(\boldsymbol{r}')\frac{\mathrm{e}^{-\mathrm{j}k|\boldsymbol{r}-\boldsymbol{r}'|}}{|\boldsymbol{r}-\boldsymbol{r}'|}\mathrm{d}v' \tag{C-18}$$

将式(C-16)和式(C-18)代入式(C-9)可获得在无限介质中分布的电荷源与磁源所辐射的电场与磁场。

## C.2　远场近似

如果我们限制观测点与辐射源的距离非常大(远场近似),那么式(C-16)和式(C-18)中的积分可以进行简化。为获得该情况下的表达式,采用牛顿级数展开 $|\boldsymbol{r}-\boldsymbol{r}'|$:

$$\begin{aligned}|\boldsymbol{r}-\boldsymbol{r}'| &= \sqrt{(r\sin\theta\cos\phi-x')^2+(r\sin\theta\sin\phi-y')^2+(r\cos\theta-z')^2}\cdots\\ &\approx r-\underbrace{(x'\sin\theta\cos\phi+y'\sin\theta\sin\phi+z'\cos\theta)}_{L}+\cdots+\\ &\quad \frac{1}{2r}\underbrace{[x'^2+y'^2+z'^2+(x'\sin\theta\cos\phi+y'\sin\theta\sin\phi+z'\cos\theta)^2]}_{\Psi}+o\left(\frac{1}{r^2}\right)\end{aligned} \tag{C-19}$$

将式(C-19)代入式(C-16),并只保留展开式的前三项,可得到菲涅耳近似

$$\boldsymbol{A}\sim\frac{1}{4\pi}\frac{\mathrm{e}^{-\mathrm{j}kr}}{r}\int_{V-}\boldsymbol{J}\mathrm{e}^{\mathrm{j}kL-\mathrm{j}k\frac{\psi}{2r}}\mathrm{d}v' \tag{C-20}$$

另外,如果只保留前两项,就可得到夫琅和费近似(远场近似)

$$\boldsymbol{A}\sim\frac{1}{4\pi}\frac{\mathrm{e}^{-\mathrm{j}kr}}{r}\int_V \boldsymbol{J}\mathrm{e}^{\mathrm{j}kL}\mathrm{d}v' \tag{C-21}$$

下一步是计算式(C-9)的远场近似。对式(C-9)进行微分操作,并保留 $o\left(\frac{1}{r}\right)$ 阶精度,此时

$$\begin{cases}\nabla\left(\dfrac{\mathrm{e}^{-\mathrm{j}k|\boldsymbol{r}-\boldsymbol{r}'|}}{|\boldsymbol{r}-\boldsymbol{r}'|}\right)\overset{\text{Fraunhoffer}}{\sim}\nabla\left(\dfrac{\mathrm{e}^{-\mathrm{j}kr+\mathrm{j}kL}}{r}\right)=-\mathrm{j}k\dfrac{\mathrm{e}^{-\mathrm{j}kr+\mathrm{j}kL}}{r}\hat{\boldsymbol{r}}\\ \nabla\cdot A=\dfrac{1}{4\pi}\displaystyle\int_V \boldsymbol{J}\cdot\nabla\left(\dfrac{\mathrm{e}^{-\mathrm{j}kR}}{R}\right)\mathrm{d}v'\overset{ff}{\sim}-\mathrm{j}k\hat{\boldsymbol{r}}\cdot\boldsymbol{A}\end{cases} \tag{C-22}$$

将式(C-22)代入式(C-9),可计算 $\boldsymbol{E}_1$ 的近似远场为

$$\begin{cases} \boldsymbol{E}_1 \overset{ff}{\sim} -\mathrm{j}\omega\mu\left[\boldsymbol{A}+\dfrac{1}{k^2}(-\mathrm{j}k)^2\hat{\boldsymbol{r}}(\hat{\boldsymbol{r}}\cdot\boldsymbol{A})\right] = -\mathrm{j}\omega\mu[\boldsymbol{A}-\hat{\boldsymbol{r}}(\hat{\boldsymbol{r}}\cdot\boldsymbol{A})] = -\mathrm{j}\omega\mu\boldsymbol{A}_T \\ \boldsymbol{A}_T \triangleq A_\theta\hat{\boldsymbol{\theta}}+A_\phi\hat{\boldsymbol{\phi}} \end{cases} \tag{C-23}$$

同样,我们可以得到电矢量势 $\boldsymbol{F}$ 和电场 $\boldsymbol{E}_2$ 的远场近似

$$\begin{cases} \boldsymbol{F} \overset{ff}{\sim} \dfrac{1}{4\pi}\dfrac{\mathrm{e}^{-\mathrm{j}kr}}{r}\displaystyle\int_V \boldsymbol{J}_m \mathrm{e}^{\mathrm{j}kL}\mathrm{d}v' \\ \boldsymbol{E}_2 = -\nabla\times\boldsymbol{F} = -\dfrac{1}{4\pi}\displaystyle\int_V \nabla\times\left(\boldsymbol{J}_m\dfrac{\mathrm{e}^{-\mathrm{j}kR}}{R}\right)\mathrm{d}v' \\ \quad = -\dfrac{1}{4\pi}\displaystyle\int_V\left[\dfrac{\mathrm{e}^{-\mathrm{j}kR}}{R}\underbrace{\nabla\times\boldsymbol{J}_m}_{=0} - \boldsymbol{J}_m\times\nabla\left(\dfrac{\mathrm{e}^{-\mathrm{j}kR}}{R}\right)\right]\mathrm{d}v' \\ \boldsymbol{E}_2 \overset{ff}{\sim} -\dfrac{1}{4\pi}\mathrm{j}k\displaystyle\int_V \boldsymbol{J}m\times\hat{\boldsymbol{r}}\dfrac{\mathrm{e}^{-\mathrm{j}kr+\mathrm{j}kL}}{r}\mathrm{d}v' = \hat{\boldsymbol{r}}\times\dfrac{1}{4\pi}\mathrm{j}k\dfrac{\mathrm{e}^{-\mathrm{j}kr}}{r}\displaystyle\int_V \boldsymbol{J}m\mathrm{e}^{\mathrm{j}kL}\mathrm{d}v' \\ \quad = \mathrm{j}k(\hat{\boldsymbol{r}}\times\boldsymbol{F}) = \mathrm{j}k\hat{\boldsymbol{r}}\times\boldsymbol{F}_T \\ \boldsymbol{F}_T \triangleq \boldsymbol{F}_\theta\hat{\boldsymbol{\theta}}+\boldsymbol{F}_\phi\hat{\boldsymbol{\phi}} \end{cases} \tag{C-24}$$

$\boldsymbol{E}_1$ 和 $\boldsymbol{E}_2$ 的远场近似相加,可得到总电场和磁场

$$\begin{cases} \boldsymbol{E} \overset{ff}{\sim} -\mathrm{j}\omega\mu\boldsymbol{A}_T+\mathrm{j}k(\hat{\boldsymbol{r}}\times\boldsymbol{F}_T) \\ \boldsymbol{H} \overset{ff}{\sim} \dfrac{1}{\eta}\hat{\boldsymbol{r}}\times\boldsymbol{E}^{ff} \end{cases} \tag{C-25}$$

式(C-21)和式(C-24)第一式乘以直角坐标系下的角单位矢量 $\hat{\boldsymbol{\theta}}$ 和 $\hat{\boldsymbol{\phi}}$,切向分量 $\boldsymbol{A}_T$ 和 $\boldsymbol{F}_T$:

$$\begin{cases} A_\theta = \displaystyle\int_V[J_x\cos\theta\cos\phi+J_y\cos\theta\sin\phi-J_z\sin\theta]\mathrm{e}^{\mathrm{j}kL}\mathrm{d}v' \\ A_\phi = \displaystyle\int_V[-J_x\sin\phi+J_y\cos\phi]\mathrm{e}^{\mathrm{j}kL}\mathrm{d}v' \\ F_\theta = \displaystyle\int_V[J_{mx}\cos\theta\cos\phi+J_{my}\cos\theta\sin\phi-J_{mz}\sin\theta]\mathrm{e}^{\mathrm{j}kL}\mathrm{d}v' \\ F_\phi = \displaystyle\int_V[-J_{mx}\sin\phi+J_{my}\cos\phi]\mathrm{e}^{\mathrm{j}kL}\mathrm{d}v' \\ L = x'\sin\theta\cos\phi+y'\sin\theta\sin\phi+z'\cos\theta \\ \boldsymbol{A}_T = \dfrac{1}{4\pi}\dfrac{\mathrm{e}^{-\mathrm{j}kr}}{r}(A_\theta\hat{\boldsymbol{\theta}}+A_\phi\hat{\boldsymbol{\phi}}) \\ \boldsymbol{F}_T = \dfrac{1}{4\pi}\dfrac{\mathrm{e}^{-\mathrm{j}kr}}{r}(F_\theta\hat{\boldsymbol{\theta}}+F_\phi\hat{\boldsymbol{\phi}}) \end{cases} \tag{C-26}$$

## C.3　方向图和增益

天线的方向图是指辐射单元在空间中一个特定方向上的辐射强度与平均辐射强度的比值

$$D(\theta,\phi)=\frac{|\boldsymbol{E}(\theta,\phi)|^2}{\frac{1}{4\pi}\int_{\Omega}|\boldsymbol{E}(\theta',\phi')|^2\sin\theta'\mathrm{d}\theta'\mathrm{d}\phi'}\tag{C-27}$$

最大辐射方向 $D_m$ 定义为在辐射最大的方向($\theta_0,\phi_0$)

$$D_m=\frac{4\pi}{\int_{4\pi}F(\theta',\phi')^2\sin\theta'\mathrm{d}\theta'\mathrm{d}\phi'}\tag{C-28}$$

其中,$F(\theta',\phi')=\left|\frac{\boldsymbol{E}(\theta',\phi')}{\boldsymbol{E}_{\max}}\right|$是天线归一化辐射方向图。天线增益 $G$ 与天线效率 $e$ 和最大辐射方向有关,即 $G=eD_{\mathrm{m}}$。对于一个锐锥形射束天线,其在 $E$ 和 $H$ 面上的 3dB 波束宽度 $\mathrm{BW}_e$ 和 $\mathrm{BW}_h$,能够方便地显示最大辐射方向和波束宽度的关系[1]

$$D_{\mathrm{m}}\approx\frac{4\pi}{\mathrm{BW}_e\mathrm{BW}_h}\tag{C-29}$$

$\mathrm{BW}_e$ 和 $\mathrm{BW}_h$ 单位均为弧度。另一个描述接收天线的重要参数是天线有效孔径 $A_{\mathrm{r}}(\theta,\phi)$。方向图和有效孔径关系如下[1]:

$$A_{\mathrm{r}}(\theta,\phi)=\frac{\lambda^2}{4\pi}D(\theta,\phi)\tag{C-30}$$

## C.4　天线噪声温度

在指定频率的单位带宽内,假设在无噪声的接收机前接一个电阻,如果接收机输出的噪声功率与接天线时的噪声功率 $P_n$ 相同,那么这个电阻的噪声温度就是该天线的噪声温度 $T_A$(K)。噪声功率的表达式如下[2]:

$$P_n=KT_A\Delta f\tag{C-31}$$

式中:$K=1.38\times10^{-23}\left(\frac{\mathrm{J}}{\mathrm{K}}\right)$为玻耳兹曼系数;$\Delta f$ 为频率带宽。换言之,天线噪声温度是描述天线在一定环境中产生噪声水平的参数,这个温度不是天线的物理温度。天线噪声温度的贡献有多种来源,如宇宙辐射、地热、太阳和天线损耗。这些贡献可以用外界噪声温度 $T_s(\theta)$来表示,它由仰角 $\theta$ 决定,在 $\theta$ 处于顶点时最小,在 $\theta=0°$(水平)时最大。天线的温度取决于天线与其环境中所有噪声源的耦合,以及天线自身产生的噪声。因此,天线在仰角 $\theta$ 处一段角度空间段 $\mathrm{d}\Omega$

内接收的噪声计算如下：

$$\mathrm{d}P_n = KT_s(\theta)\Delta f\alpha, \quad \alpha = \frac{|E(\theta,\phi)|^2\mathrm{d}\Omega}{\int_{4\pi}|E(\theta',\phi')|^2\mathrm{d}\Omega'} \tag{C-32}$$

可用式(C－27)对整个空间进行积分来描述 $\alpha$,可获得天线接收到的总噪声

$$P_n = K\Delta f\frac{1}{4\pi}\int_{4\pi}D(\theta',\phi')T_s(\theta')\mathrm{d}\Omega \tag{C-33}$$

式中:$D(\theta',\phi')$为天线的方向图。将式(C－33)代入式(C－31)得到天线噪声温度的表达式

$$T_A = \frac{1}{4\pi}\int_{4\pi}D(\theta',\phi')T_s(\theta')\mathrm{d}\Omega \tag{C-34}$$

## C.5 基本阵列理论

从式(C－26)中得到的远场近似的一般结果可以推广到天线阵列中。图C－3给出了天线阵列的一般几何形状。

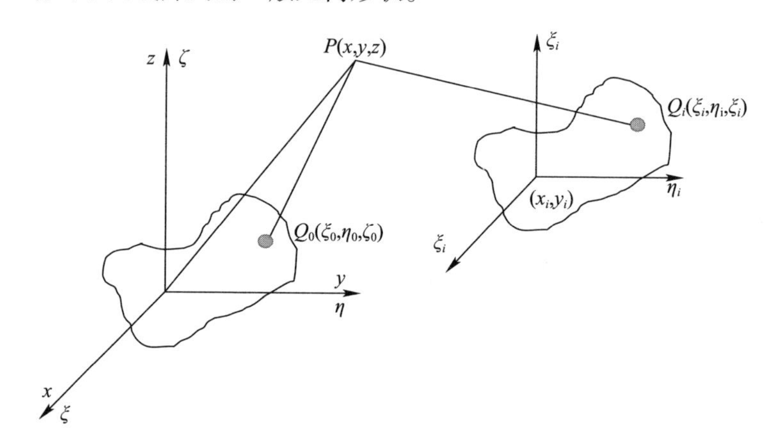


图C－3　局部坐标系和全局坐标系下的天线阵列几何排布

全局坐标系为$(x,y,z)$,观测点为$P(x,y,z)$。$(\xi,\eta,\zeta)$是源坐标系,$(\xi_i,\eta_i,\zeta_i)$是第$i$个阵元在局部坐标系下的坐标,$(x_i,y_i,z_i)$是第$i$个阵元相对局部坐标系原点的坐标。阵列中的阵元个数为$N+1$。全局坐标系和局部坐标系的关系可以描述为

$$\begin{cases}\xi = \xi_i + x_i, \\ \eta = \eta_i + y_i, \quad i=0,1,\cdots,N \\ \zeta = \zeta_i + z_i\end{cases} \tag{C-35}$$

我们假设阵列中的所有阵元在其几何形状和空间位置上都是相同的。因此,它们具有相同的电流分布,只在振幅和相位上有所不同。因此,在第 $i$ 个阵元的电流分布与坐标原点的阵元有关,其关系为

$$\boldsymbol{J}(x_i+\xi_i, y_i+\eta_i, z_i+\zeta_i)=\frac{I_i}{I_0}\boldsymbol{J}(\xi_0, \eta_0, \zeta_0) \tag{C-36}$$

式中:$\frac{I_i}{I_0}$为一个复数。将式(C－35)和式(C－36)代入式(C－26),可得

$$\begin{cases} A_\phi(\theta,\phi) = \overbrace{\int_{V_0}[-J_{x0}\sin\phi+J_{y0}\cos\phi]\mathrm{e}^{\mathrm{j}k(\xi_0\sin\theta\cos\phi+\eta_0\sin\theta\sin\phi+\zeta_0\cos\theta)}\mathrm{d}v_0}^{=A_e^\phi(\theta,\phi)}\cdot \\ \qquad \underbrace{\sum_{i=0}^{N}\frac{I_i}{I_0}\mathrm{e}^{\mathrm{j}k(x_i\sin\theta\cos\phi+y_i\sin\theta\sin\phi+z_i\cos\theta)}}_{=A_a(\theta,\phi)} \\ A_\theta(\theta,\phi) = \overbrace{\int_{V_0}[J_{x0}\cos\theta\cos\phi+J_{y0}\cos\theta\sin\phi-J_{z0}\sin\theta]\mathrm{e}^{\mathrm{j}k(\xi_0\sin\theta\cos\phi+\eta_0\sin\theta\sin\phi+\zeta_0\cos\theta)}\mathrm{d}v_0}^{A_e^\theta(\theta,\phi)}\cdot \\ \qquad \underbrace{\sum_{i=0}^{N}\frac{I_i}{I_0}\mathrm{e}^{\mathrm{j}k(x_i\sin\theta\cos\phi+y_i\sin\theta\sin\phi+z_i\cos\theta)}}_{=A_a(\theta,\phi)} \end{cases} \tag{C-37}$$

它可以用简短的符号写成

$$\begin{aligned} A_\theta &= A_e^\theta A_a \\ A_\phi &= A_e^\phi A_a \end{aligned} \tag{C-38}$$

式中:$A_e^\theta$ 和 $A_e^\phi$ 表示阵列中的单阵元辐射特性;$A_a$为阵列因子。该阵列的远场电场和磁场可以用式(C－25)来计算。通常在天线阵列设计中,各阵元的辐射模式尽可能具有各向同性,阵列因子 $A_a$决定了整个阵列的辐射特性。由于在 $x-y$ 面的二维阵列有 $2N_x+1$ 行阵元,每行都平行于 $y$ 轴,每行之间的间距为 $d_x$。每行中的 $2N_y+1$ 个阵元之间的间距为 $d_y$,如果第 $mn$ 个阵元的电流为 $I_{mn}$,那么阵因子为

$$A_a = \sum_{m=-N_x}^{N_x}\sum_{n=-N_y}^{N_y}\frac{I_{mn}}{I_{00}}\mathrm{e}^{\mathrm{j}k\sin\theta(md_x\cos\phi+nd_y\sin\phi)} \tag{C-39}$$

# 附录D

# 共轭梯度算法

利用共轭梯度算法[3]来求解一个矩阵方程,并利用正交投影的迭代过程将误差最小化,直到求得解。该算法需要生成正交矢量并计算其系数,从而得到所需的解。最初的矩阵方程可表示为

$$\boldsymbol{A}\boldsymbol{x}=\boldsymbol{b} \tag{D-1}$$

式中:$\boldsymbol{A}$ 为一个 $N\times N$ 的非奇异矩阵;$\boldsymbol{b}$ 为一个 $N\times 1$ 维的矢量;$\boldsymbol{x}$ 为 $N\times 1$ 维未知矢量。定义一个内部积和数

$$\langle \boldsymbol{x},\boldsymbol{y}\rangle=\boldsymbol{x}^{\dagger}\boldsymbol{y}$$

$$\|\boldsymbol{x}\|=\sqrt{\langle \boldsymbol{x},\boldsymbol{x}\rangle} \tag{D-2}$$

这里 † 表示厄米特共轭。此迭代的解可以表示为

$$\boldsymbol{x}_n=\boldsymbol{x}_{n-1}+\alpha_n\boldsymbol{P}_n \tag{D-3}$$

这里 $\boldsymbol{x}_{n-1}$是第 $n-1$ 阶解,$\boldsymbol{P}_n$ 是方向矢量,$\alpha_n$是 $\boldsymbol{P}_n$ 方向上的步进系数。最初,根据经验猜测,这个残差 $r_0$ 可表示为

$$\boldsymbol{r}_0=\boldsymbol{A}\boldsymbol{x}_0-\boldsymbol{b} \tag{D-4}$$

首先,这个方向矢量被定义为

$$\boldsymbol{P}_1=-\boldsymbol{A}^{\dagger}\boldsymbol{r}_0 \tag{D-5}$$

在每一阶,方向系数$\alpha_n$可表示为

$$\alpha_n=-\frac{\langle \boldsymbol{A}\boldsymbol{p}_n,\boldsymbol{r}_{n-1}\rangle}{\|\boldsymbol{A}\boldsymbol{p}_n\|^2} \tag{D-6}$$

每一步的残差可表示为

$$\boldsymbol{r}_n=\boldsymbol{r}_{n-1}+a_n\boldsymbol{A}\boldsymbol{p}_n \tag{D-7}$$

下一步的方向矢量可表示为

$$\boldsymbol{P}_{n+1}=-\boldsymbol{A}^{\dagger}\boldsymbol{r}_n+\beta_n\boldsymbol{P}_n \tag{D-8}$$

其中

$$\beta_n = \frac{\| \boldsymbol{A}^{\dagger}\boldsymbol{r}_{\mathrm{n}} \|^2}{\| \boldsymbol{A}^{\dagger}\boldsymbol{r}_{n-1} \|^2} \tag{D-9}$$

在每一阶,残差范数可表示为

$$N_n = \frac{\| \boldsymbol{r}_{\mathrm{n}} \|}{\| \boldsymbol{b} \|} \tag{D-10}$$

当 $N_n$ 低于某一阈值时,该算法就会停止。算法的每次迭代包括矩阵和矢量的 4 个积,但在实际应用中,只执行两个积:$\boldsymbol{A}^{\dagger}\boldsymbol{r}_n$,$\boldsymbol{A}\boldsymbol{p}_n$,结果保留为下一阶的迭代。

# 参 考 文 献


1 Elliott, RS. Antenna theory and design. Englewood Cliffs, NJ: Prentice Hall, 1981.
2 Balanis, CA. Antenna theory—analysis and design. Hoboken, NJ: John Wiley & Sons, 2005.
3 Peterson, AF, Ray, SL, and Mittra, R. Computational methods for electromagnetics. New York: IEEE Press, 1998.